制御工学 第2版

フィードバック制御の考え方

斉藤 制海　徐 粒　共著
Osami Saito　Li Xu

森北出版株式会社

● 本書のサポート情報を当社Webサイトに掲載する場合があります．下記のURLにアクセスし，サポートの案内をご覧ください．

https://www.morikita.co.jp/support/

● 本書の内容に関するご質問は，森北出版 出版部「(書名を明記)」係宛に書面にて，もしくは下記のe-mailアドレスまでお願いします．なお，電話でのご質問には応じかねますので，あらかじめご了承ください．

editor@morikita.co.jp

● 本書により得られた情報の使用から生じるいかなる損害についても，当社および本書の著者は責任を負わないものとします．

■ 本書に記載している製品名，商標および登録商標は，各権利者に帰属します．

■ 本書を無断で複写複製（電子化を含む）することは，著作権法上での例外を除き，禁じられています．複写される場合は，そのつど事前に（一社）出版者著作権管理機構（電話03-5244-5088，FAX03-5244-5089，e-mail：info@jcopy.or.jp）の許諾を得てください．また本書を代行業者等の第三者に依頼してスキャンやデジタル化することは，たとえ個人や家庭内での利用であっても一切認められておりません．

第 2 版 まえがき

　恩師の斉藤制海先生と共著した本書は，初版発行から早くも 12 年が経過した．基本的な考え方と全体的な流れを重視するコンセプトに対する読者の皆様のご理解とご支持により，増刷を重ねることができた．また，読者の皆様のご指摘のおかげで，誤記や誤植などを随時訂正することもできた．ここに厚くお礼を申し上げる．

　このたび，出版社のご好意によってレイアウトの変更や 2 色化を行う運びになり，これを機に次のような改訂を行った．

- より理解しやすいように，学生が難しく感じる箇所の説明の補足改善を行った．
- 初版において，学生に演習問題をしっかり解いて理解を深めてほしいとの意図もあって略解しか与えなかった．これは独学する読者にとってちょっと難しいとのご意見があったので，そのような部分に対し詳細な解答を与えた．
- 初版において紙面の都合などで作図が必要な演習問題への解答を割愛したが，今回はそのような演習問題の解答も追加した．また，ナイキスト軌跡やボード線図などの作図は，市販ソフト MATLAB またはフリーソフト Scilab を利用すればより便利にできるので，巻末に関連参考文献を追加した．
- 学んだ知識を総合的に応用する能力を高めるために，第 1 章～第 5 章の解析の部分に対する総合演習問題とその解答を追加した．

　以上の改訂に必要な紙面スペースをつくるため，また内容には実質的な影響をもたらさないことも考慮して，初版の 2 部構成の形式を取りやめた．改訂版の第 1 章から第 5 章までは初版の第 I 部にあたり，動的システムの数式によるモデル化およびその特徴と特性の解析技法を含む「動的システムのモデルと解析」について述べている．第 6 章以降は初版の第 II 部にあたり，フィードバック制御の基本的な考え方から具体的な設計法までを含む「フィードバック制御系の設計」を中心に説明している．

　より見やすく，わかりやすくなったこの改訂版は読者の皆様，特に初めて制御工学を勉強する学生諸君の一助になればと願っている．そして，皆様から忌憚のないご意見，ご指摘を賜れば幸いである．

　最後に，2008 年暮れにご逝去された斉藤制海先生に対するやみ難い追慕と感謝の念を記させていただくとともに，今回の改訂にあたり大変お世話になった森北出版の大橋貞夫氏，小林巧次郎氏に深く感謝する次第である．

2015 年 10 月　　　　　　　　　　　　　　　　　　　　　　　　　　徐　粒

まえがき

　システム技術は，現代の産業における基幹技術であり，多種多様な産業分野においてシステム技術ないしはシステム論的手法が多用されている．最近は，経済システムや社会システムなど，産業技術ではない領域においてもシステムという考えが浸透している．さらには，サッカーや将棋などの戦法にも○○システムなどの言葉が飛び交い，システムという言葉は日常用語として使われている．

　システムという言葉や考え方は，制御工学を起点に流布し始め，今ではより広い視野のもとで，制御工学はシステム制御とよばれることが多い．そのような状況のなかで本書を古いよび方である「制御工学」とあえて名づけ，執筆したのは，著者自身がもう一度制御工学の原点に立ち返り，大学学部教育向きに制御工学を見直してみたいと感じたからである．

　制御工学の柱は2つある．第一は，扱う対象は時間的に変化する物理量であり，その時間的動きを表現するのが微分方程式である．微分方程式で記述されたシステムは動的システムとよばれ，動的システムの性質を理解することが制御工学の習得の第一歩である．第二は，動的システムを制御するということは，時間的に変化する物理量を自在に操ることである．そのためには巧みにコントローラを設計する技術が必要であり，その基本がフィードバック制御である．以上，制御工学の2つの柱である解析と設計を秩序だって理解するために，本書は2部構成とした．第I部は第一の柱に即して，「動的システムのモデルと解析」，第II部は，第二の柱に即し，「フィードバック制御系の設計」とした．また第I部，第II部を貫いているのが，制御工学の普遍的思想であるフィードバック制御であるので，本書の副題を ―フィードバック制御の考え方― とした．

　第I部，第II部とも内容は主として古典制御理論とよばれるもので，周波数領域による解析と設計で，目新しいものではない．しかし，ここには制御工学を学び，実用化するうえで必ず心得ておかなくてはならない知識を出来るだけ平易に説明したつもりである．古典は文学や芸術分野だけでなく，科学においてもきわめて重要である．長い時間をかけて先人が組み立ててきた理論には，技術の本質のみが峻別されて含まれている．本書で扱う古典制御理論もまたしかりである．学部在学中に古典制御理論の枠組みの2つの柱を学び取ってほしい．その内容は，決して陳腐化することはない．

　制御技術は，電機，機械，ロボット，自動車，航空宇宙などの各産業においてますます重要になるであろう．加えて情報科学技術の発展にともない，制御工学の応用分

野は電機，機械といった従来の産業を越えた新しい産業——たとえば福祉機器産業，アミューズメント産業など——を創生していくものと思われる．

　著者らは電気電子工学科で教鞭をとっている経験で，本書は若干電気電子工学を意識した記述になっていることは否めないが，内容は機械工学や化学工学の学生が使用しても十分役立つように配慮したつもりである．本書を学んだ若者が，社会や産業界において制御工学に携わったとき，本書の内容を少しでも思い出してくれたら著者望外の喜びである．なお本書の内容に間違いや不充分な点があることを恐れているが，読者諸兄の忌憚のないご指摘，叱責をお願いしたい．

　最後に本書を書く機会を与えて頂いた池田哲夫 名古屋工業大学名誉教授 にお礼を申し上げる．また遅筆の筆者を暖かく見守ってくれた森北出版の水垣偉三夫，森崎満両氏にも深く感謝いたします．

2002年11月　　　　　　　　　　　　　　　　　　　　　　斉藤 制海，徐　粒

目 次

第0章　序　論 ... 1

第1章　数学的準備 ... 6
- 1.1　複素数とその演算 ... 6
- 1.2　制御工学で用いられる関数 ... 10
- 1.3　ラプラス変換 ... 15
- 1.4　逆ラプラス変換 ... 18
- 演習問題1 ... 23

第2章　動的システムと数式モデル ... 25
- 2.1　動的システムとモデル ... 25
- 2.2　動的システムと数式モデル ... 27
- 2.3　数式モデルの利点 ... 37
- 2.4　数式モデルの一般形 ... 40
- 演習問題2 ... 42

第3章　伝達関数 ... 44
- 3.1　微分方程式とラプラス変換 ... 44
- 3.2　伝達関数の定義 ... 46
- 3.3　基本的な伝達関数 ... 49
- 3.4　ブロック線図とシステムの結合 ... 53
- 演習問題3 ... 57

第4章　動的システムの時間応答と安定性 ... 59
- 4.1　動的システムの時間応答 ... 59
- 4.2　微分方程式の解法 ... 60
- 4.3　インパルス応答と伝達関数 ... 62

4.4　伝達関数を用いた出力応答の計算法 64
   4.5　動的システムの安定性と安定判別 72
   演習問題 4 78

第 5 章　システムの周波数応答　　80
   5.1　正弦波入力と正弦波出力 80
   5.2　周波数伝達関数 84
   5.3　周波数伝達関数の図式表現 85
   5.4　右半平面に零点をもつ伝達関数の周波数応答 97
   5.5　実験による周波数応答の求め方 98
   演習問題 5 99

総合演習問題　　101

第 6 章　フィードバック制御系の構成と考え方　　103
   6.1　制御系の構成 103
   6.2　制御系のさまざまな伝達関数 107
   6.3　フィードバック制御系の利点 109
   演習問題 6 113

第 7 章　フィードバック制御系の安定性　　115
   7.1　周波数応答によるフィードバック制御系の安定判別 . . . 115
   7.2　フィードバック制御系の安定性の数値的評価 121
   演習問題 7 125

第 8 章　フィードバック制御系の応答特性と仕様　　127
   8.1　ステップ応答と制御仕様 127
   8.2　伝達関数と制御仕様 129
   8.3　極配置と制御仕様 133
   8.4　閉ループ周波数応答による制御仕様 135
   8.5　開ループ周波数応答による制御仕様 137
   8.6　フィードバック制御系の定常特性 139
   演習問題 8 142

第 9 章　補償器の設計 I　　144

- 9.1　制御系設計の手順 144
- 9.2　周波数応答による補償器の設計 145
- 9.3　パラメータ調整によるループ整形 . . . 148
- 演習問題 9 158

第 10 章　補償器の設計 II　　159

- 10.1　根軌跡の意味と描き方 159
- 10.2　エバンズの根軌跡法 161
- 10.3　根軌跡による制御系の設計 164
- 演習問題 10 167

第 11 章　補償器の設計 III　　168

- 11.1　プロセス制御系の設計 168
- 11.2　PID 補償によるサーボ系の設計 173
- 演習問題 11 177

第 12 章　進化する制御理論と制御技術　　178

- 12.1　動的システムの新しい数学モデル . . . 178
- 12.2　新しい仕様 180
- 12.3　根軌跡を発展させたモデルマッチングと極配置による設計法 . . . 181
- 12.4　不確実さを考慮した数式モデルとロバスト制御 183
- 12.5　ソフトコンピューティングによる制御 . . . 186

演習問題解答　　187

総合演習問題解答　　218

参考文献　　224

索　引　　225

序　論

　霊長類である人間が，ほかの哺乳類と比べて基本的に違うことの1つは，火を操ることができる点である．太古の人間がいかにして火を操ることを体得したかは想像するしかないが，おおよそ次のようではないだろうか．最初は落雷か何かで起きた火が瞬く間に広がり山火事になり，そのエネルギーにただただ畏敬の念をもち，おろおろしていたに違いない．そのうち火がもつエネルギーに対して，太陽と同じような有用性を感じ取り，それを利用する手だてを模索し始め，何千年にわたる試行錯誤を重ね，火を操る方法を次第に手に入れた．それ以降，火すなわち大きな熱エネルギーを操る方法を体得した人類は，それを技術のレベルまで高めた．火を操る技術は文明を飛躍的に発展させ，現在に至る文明社会を築いたわけである．すなわち火を操ることこそ人間がホモサピエンス（霊長類）になる基礎であったに違いない．

　太古より火を操るための基本は，図1に見るように，絶対に火から目を離してはいけない，である．太古の人は，絶えず火を見て，火が燃え上がろうとするときは薪を取り出し火勢を押さえ，逆に火勢が乏しくなると薪を加えたり空気を送ったりして火勢を保つことが火を自由に操る手法であることを体得した．なぜなら火は，はかない

図1　火を操る

ものですぐに消えてしまうが，その一方ではいったんほかに燃え移れば甚大な被害を与える恐ろしいエネルギーでもあり，一瞬たりとも目が離せない．この火を操る技術に制御工学の真髄が潜んでいる．

まず，燃え移れば甚大な被害 —— これは後に学ぶシステムの不安定あるいは暴走や爆発を意味する —— をもたらし，これは避けなければならない．そのためには火から絶対に目を離さず，状況に応じて適切に対処することが必要である．これは制御工学の基本原理であるフィードバック制御を意味する．ここでいう適切ということは，制御するには暴走しないという基本的要求に加えて使用目的があり，その目的に応じて適切であるという意味である．たとえば，料理するときと土器を焼くときの火力は異なり，それぞれの目的に応じて火勢を適切に保たなければならない．

上述の火を操る行動を分析すると図2のようになる．図2の各部の意味は，まず，操る対象は —— 火の燃焼 —— である．左端の —— 目的の火力 —— は，火には料理や作陶など目的に応じた適切な火力があり，操りの目的すなわち希望の火力を意味する．下段の —— 目を離さない —— は，人間が燃焼の発生させる熱エネルギーを目や肌で観測する行動を意味する．次に，—— 適切な判断 —— とは，観測結果と目的の値と比較しながら適切な判断を下す，すなわち，必要な火力より小さければ —— 薪を増やすべし ——，大きければ —— 薪を減らすべし —— といった判断を下す．次にその判断に従って薪の増減の行動をとる．以上の一連の行動の結果，燃焼というシステムを操り，目的にあわせた火力を得ることができる．

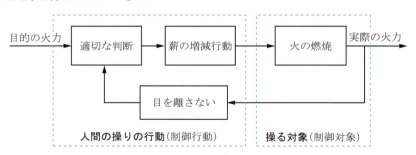

図2　火を操る基本行動の分析

火を操る技術を体得した人類に，さらなる大きな飛躍が18世紀に訪れた．それは，ジェームズ・ワットの蒸気機関に端を発した産業革命である．蒸気機関は，ボイラーで発生させた高圧の蒸気をピストンに送り込み，その往復運動の力で弾み車を回転させ，強力な回転運動エネルギーを発生させる機関である．このような仕組みはワットが蒸気機関を発明するまえからすでにわかっていたが，蒸気を供給し続けると回転運動はどんどん速さを増し，最終的には破損 —— 上で述べた山火事ないしは不安定に対

応 ─ してしまい，蒸気のエネルギーを操ることができなかった．ワットは太古の人が体得した火を操る原理 ─ 目を離さず，適切に対処する ─ を適用し，見事に蒸気機関を実現した．

目を離さない装置としてワットが取り入れたのが，図3に示すガバナーといわれる調速器である．ガバナーは弾み車の回転速度を次のように巧みに観測し，蒸気流量をフィードバック制御している．

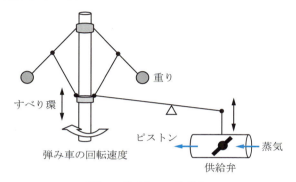

図3　ガバナーの仕組み

図3のようにガバナーは大きな重りがバーの先についており，回転が早くなると遠心力で外に重りがふくれ，回転が遅くなると重力で重りが下がることによりすべり環が上下する機構になっている．このガバナーが蒸気機関の弾み車に連結されており，速度が上がると重りが上にふくらみ，その力を利用して蒸気の供給弁を閉じ，回転を下げる仕組みになっている．逆に回転が下がると重りも下がり，その力で蒸気の供給弁を開け，蒸気の供給を増やし回転を上げることができる．

ワットはこのガバナーを巧みに用いて，蒸気機関の弾み車を安定かつ一定の回転速度で制御することに成功した．ガバナーによる回転速度制御の仕組みを火を操る行動分析に対応して考えると図4のようになる．ここで初めて自動制御装置という言葉を

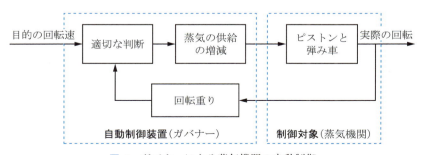

図4　ガバナーによる蒸気機関の自動制御

用いたが，自動とは図2で人間が行ってきた観測や判断をすべて機械に任せて機械が自ら考え動かしているという意味である．

強大なエネルギーを操る人類の欲望の流れはとどまることを知らず，20世紀に入り，原子力の利用が実現している．原子力は核燃料といわれるウラン ^{235}U を核分裂させ，そのときに発生する核エネルギーを利用する．現在，核エネルギーは主として原子力発電に利用されているが，これも，よく観て適切に対処するフィードバック制御技術により強大な核エネルギーを操っている．

このように，人類は意識していたかどうかはわからないが，フィードバック制御の概念をすでに太古から手に入れ，それをより発展させて強大なエネルギーを操る技術を手に入れてきた．実は，このフィードバック制御の概念は単にエネルギーの制御だけでなく，さまざまな日常生活に活かされている．

たとえば，図5は水洗トイレに用いられているタンクの調節システムである．これは，浮子が水位をよく観てかつ適切に対処し，水位を一定のレベルに調整している．この機能は，上に説明した火や蒸気さらには核エネルギーなどのエネルギーを，フィードバック制御によって操る仕組みと同じである．このように，フィードバック制御技術は，ファクトリーオートメーションあるいはロボット工学を初めさまざまな分野において重要な概念となり，ますます応用分野が広がるとともに，より高度な技法が開発されている．

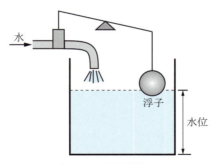

図5　トイレの水位調節システム

フィードバック制御系は，火の場合は燃焼，蒸気機関の場合はボイラーとピストンなど，操る対象と，対象の状況を観測し，適切に対処する部分とからなる．前者を制御対象，後者の観測する装置を含めた部分を補償器といい，希望の目的値を目標値という．この視点からフィードバック制御系を整理すると，その一般的な構造は図6のようになる．

先に述べたように，制御技術は，ますます高度，かつ複雑な体系になってきている．しかし，その基本はフィードバック制御であり，本書はその基本的考え方を理解でき

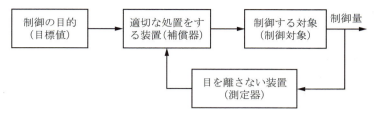

図6　フィードバック制御系の構成

るように企図された．前半の第1章～第5章は制御対象を理解するためにもうけている．制御対象をいかに数式として表現するか，さらには数式として表現された制御対象はどのような特徴をもつかを解析する手法を習得する．これは，孫子の兵法,「敵を知り己を知れば百戦あやうからず」で，よりよいフィードバック制御系を実現するためには制御対象の特徴を十分に把握する必要があり，ここではその概念を与える．

後半の第6章～第12章は，適切に対処する部分で，制御対象の特徴にあわせた補償器の設計法を示す．補償器の設計法は数多く開発されているが，本書では周波数応答による方法を主として紹介する．これは古典的な手法であるが，フィードバック制御技術の源流であり，最新の制御技術もこれを基礎として構築されている．文学において古典が必須のように，制御工学を学ぶ学生にとって周波数応答とそれによる制御系設計法は必ず理解しておく必要がある．

第1章 数学的準備
—制御工学に使用される時間関数とラプラス変換—

　制御工学を学び実問題に応用するには，かなりの数学的知識を必要とする．本書は初学者向きに書いたものなので，できるだけ数学の定理や公式を使わないようにするつもりであるが，ここでは，動的システムおよび制御工学を理解するうえで必要最小限の数学的知識の準備を行う．これに先立ち読者に復習しておいてほしいのは，まずは sin，cos，tan などの三角関数，次に多項式と多項式の因数分解，および指数関数などの初等関数である．これに加えて複素関数に関する初歩的知識を整理しておけばなお望ましい．

1.1 複素数とその演算

　まず，複素数 s（数学的には z と表示されるが本書では s と表記する）の取り扱いについて整理しておこう．

1.1.1 複素数の表示

　任意の実数ペア (a, b) と虚数単位 j を用いて，

$$s = a + jb \tag{1.1}$$

と表現された s を複素数という．ただし，虚数単位 j は $j^2 = -1$ である．a は s の実数部，b は s の虚数部とよばれ，

$$a = \mathrm{Re}[s], \quad b = \mathrm{Im}[s] \tag{1.2}$$

と表記される．ここで，Re，Im はそれぞれ複素数から実数部，虚数部を取り出す関数である．
　$b = 0$ のとき，$s = a + j0 = a$ は実数となる．実数でない（つまり，$b \neq 0$ である場合の）複素数を虚数とよび，$a = 0$ である虚数 $s = jb$ を純虚数とよぶ場合もある．2つの複素数の実数部と虚数部がそれぞれ等しいとき，この2つの複素数は等しいという．しかし，虚数の間には大小の関係はない．
　実数部を横軸，虚数部を縦軸にとると，複素数 s は図1.1のような2次元平面の点

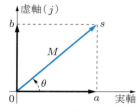

図 1.1 複素平面

(a, b) として表され，この平面を複素平面とよぶ．複素平面との対応関係から，式 (1.1) のような実数部と虚数部による表示を複素数の直角座標表示という．図 1.1 の複素平面の点 s を原点からの位置ベクトルとみなし，原点からの長さ M と，正の実数軸となす角度 θ (θ は図示のように反時計回りを $+$ にとる) で次のようにも表示できる．直角三角形の定理より，

$$a = M\cos\theta, \quad b = M\sin\theta \tag{1.3}$$

であるので，これを式 (1.1) に代入すれば，

$$s = M(\cos\theta + j\sin\theta) \tag{1.4}$$

となる．ここで，M を複素数 s の絶対値 $|s|$，θ を s の位相または偏角 $\arg s$ とよび，それぞれ，

$$M = |s| = \sqrt{a^2 + b^2} \tag{1.5}$$

$$\theta = \arg s = \tan^{-1}\frac{b}{a} \tag{1.6}$$

である．ここで，関数 $\tan^{-1}$ (arctan とも書く) は正接関数 $\tan$ の逆関数で，図 1.2 に示すように -90 度から $+90$ 度までの値をとる．$\tan^{-1}$ は第 5 章以降しばしば用いられるので，このグラフを覚えておこう．式 (1.4) の表現は複素数の極座標表示という．

ここで，オイラーの公式，

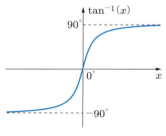

図 1.2 関数 $\tan^{-1}(x)$

$$e^{j\theta} = \cos\theta + j\sin\theta \tag{1.7}$$

を式 (1.4) に適用すれば，s は指数関数を用いて，

$$s = Me^{j\theta} \tag{1.8}$$

とも表現できる．ここでは，これを複素数の指数関数表示とよぶことにする．

このように複素数 s の表示法は，直角座標表示，極座標表示，指数関数表示と 3 つの方式があり，目的に応じて適当な表示方式を選択する必要がある．注目してほしいのは，複素数はいずれも 2 つのパラメータ（変数），すなわち式 (1.1) では a, b, 式 (1.4)，(1.8) では M, θ で表示されることである．また，3 つの表示方式の間の変換は，式 (1.3), (1.5), (1.6) と式 (1.8) を用いて行うことができる．

1.1.2 共役複素数

実数を係数とする 2 次方程式，

$$s^2 + 2\alpha s + \beta = 0 \tag{1.9}$$

において，判別式 $D = \alpha^2 - \beta < 0$ のとき，その解となる 2 根 s_1, s_2 は複素数となり，

$$s_1 = -\alpha + j\sqrt{-D} \tag{1.10a}$$
$$s_2 = -\alpha - j\sqrt{-D} \tag{1.10b}$$

である．s_1, s_2 のように虚数部の符号が反転している以外はすべて同値である複素数のペアは，（互いの）共役複素数とよぶ．上の例では，s_2 は s_1 の，また s_1 は s_2 の共役複素数である．複素数の共役関係は本書では右肩に $*$ をつけて表す．すなわち，共役複素数の関係は，直角座標表示では $s = a + jb$ ならば $s^* = a - jb$ であり，指数関数表示では $s = Me^{j\theta}$ ならば $s^* = Me^{-j\theta}$ となる．複素平面での両者の関係を図 1.3 に示す．

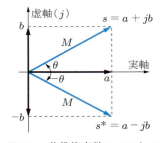

図 1.3 共役複素数のベクトル

1.1.3 複素数の加減乗除

実数の演算の基本は加減乗除算であるが，複素数の場合も同様である．以下，直角座標表示の 2 つの複素数 $s_1 = a + jb$, $s_2 = c + jd$，または指数関数表示の複素数 $s_1 = M_1 e^{j\theta_1}$, $s_2 = M_2 e^{j\theta_2}$ の加減乗除算について説明する．極座標表示の場合は，直角座標表示または指数関数表示に変換してから行う．

（1） 加減算

直角座標表示の場合は，以下のように実数部は実数部どうし，虚数部は虚数部どうしをそれぞれ加減算すればよい．

$$s_1 \pm s_2 = (a + jb) \pm (c + jd) = (a \pm c) + j(b \pm d) \tag{1.11}$$

指数関数表示の場合は，いったん直角座標表示に直してから加減算する必要がある．したがって，加減算の場合は，直角座標表示の方が便利である．

> **例題 1.1** 2 つの複素数 $s_1 = 2 + j4$, $s_2 = -5 + j3$ の加減算を行え．
>
> ［解］ $s_1 + s_2 = (2-5) + j(4+3) = -3 + j7$, $s_1 - s_2 = \{2-(-5)\} + j(4-3) = 7 + j$

（2） 乗除算

直角座標表示の場合の乗除算は，それぞれ，

$$s_1 \times s_2 = (a + jb)(c + jd) = (ac - bd) + j(ad + bc) \tag{1.12a}$$

$$\frac{s_1}{s_2} = \frac{s_1 \times s_2^*}{s_2 \times s_2^*} = \frac{(a + jb)(c - jd)}{(c + jd)(c - jd)} = \frac{ac + bd}{c^2 + d^2} + j\frac{bc - ad}{c^2 + d^2} \tag{1.12b}$$

となる．ただし，ここでは分配法則による括弧の展開，また $j^2 = -1$, $s_2 s_2^* = c^2 + d^2$ などの演算結果が用いられている．

一方，指数関数表示の場合は，

$$s_1 \times s_2 = M_1 e^{j\theta_1} \times M_2 e^{j\theta_2} = M_1 M_2 e^{j(\theta_1 + \theta_2)} \tag{1.13a}$$

$$\frac{s_1}{s_2} = \frac{M_1 e^{j\theta_1}}{M_2 e^{j\theta_2}} = \frac{M_1}{M_2} e^{j(\theta_1 - \theta_2)} \tag{1.13b}$$

となる．式 (1.12) と式 (1.13) を比べればわかるように，複素数の乗除算は指数関数表示の方が簡単なので都合がよい．

これ以降，しばしば複素数の演算を必要とするが，加減算は直角座標表示，乗除算は指数関数表示が好ましい．

例題 1.2 2つの複素数 $s_1 = 2\sqrt{3} + j2, s_2 = 1 + j\sqrt{3}$ の乗除算を行え．

[解] s_1, s_2 を指数関数表示に直すと，$s_1 = 4e^{j\frac{\pi}{6}}, s_2 = 2e^{j\frac{\pi}{3}}$ であるので，これを式 (1.13) にあてはめれば，

$$s_1 \times s_2 = 4 \times 2 \times e^{j\frac{\pi}{6}} \times e^{j\frac{\pi}{3}} = 8e^{j(\frac{\pi}{6}+\frac{\pi}{3})} = 8e^{j\frac{\pi}{2}}$$
$$= 8\cos\left(\frac{\pi}{2}\right) + j8\sin\left(\frac{\pi}{2}\right) = j8$$
$$\frac{s_1}{s_2} = \frac{4e^{j\frac{\pi}{6}}}{2e^{j\frac{\pi}{3}}} = 2e^{-j\frac{\pi}{6}} = 2\cos\left(-\frac{\pi}{6}\right) + j2\sin\left(-\frac{\pi}{6}\right) = \sqrt{3} - j$$

1.2 制御工学で用いられる関数

制御工学には信号を表すさまざまな時間関数や，複素数を変数とする複素関数が多用される．そのなかで代表的なものを挙げ，その性質などを整理しておこう．

1.2.1 デルタ関数（単位インパルス関数）

デルタ関数は $\delta(t)$ と表記され，かなり特殊な時間関数である．制御工学ではこれを単位インパルス関数ともよび，物理的には存在しないが，理論上，重要な関数である．イメージ的には，ハンマーで対象物をたたくときのパルスのようなものである．

$\delta(t)$ は，数学的には図 1.4 に示すように，時刻 $t = 0$ において，幅 h，高さ $1/h$，面積は 1 $(= h \times 1/h)$ となるパルスで，かつ h を限りなくゼロに近くとった関数である．具体的には次のような性質をもつ．

$$\delta(t) = \begin{cases} \infty & (t = 0) \\ 0 & (t \neq 0) \end{cases} \tag{1.14}$$

$$\int_{-\infty}^{\infty} \delta(t)dt = 1 \tag{1.15}$$

式 (1.14) は時刻 $t = 0$ のインパルスを表しているが，時刻 $t = \tau$ のインパルスは，$t' = t - \tau = 0$ のときのインパルス $\delta(t')$ と考えることができるので，

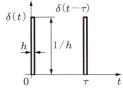

図 1.4 単位インパルス関数

$$\delta(t-\tau) = \begin{cases} \infty & (t=\tau) \\ 0 & (t \neq \tau) \end{cases} \tag{1.16}$$

と表せる．また，適当な時間関数 $f(t)$ と $\delta(t)$ を掛けた関数を時間積分すると，

$$\int_{-\infty}^{\infty} f(t)\delta(t)dt = f(0) \tag{1.17}$$

であり，さらに $\delta(t-\tau)$ は $t=\tau$ でインパルスが発生するとみなせるので，

$$\int_{-\infty}^{\infty} f(t)\delta(t-\tau)dt = f(\tau) \tag{1.18}$$

となる．つまり，インパルス関数と積分を使って，与えられた時間関数 $f(t)$ の任意の特定時刻 τ での値を"取り出す"ことができる．

1.2.2 ステップ関数

単位ステップ関数 $I(t)$ は，図 1.5 に示すように $t<0$ でゼロ，$t \geqq 0$ で高さ 1 となる階段状の関数で，次式で定義される．高さが 1 でない場合は単にステップ関数という．

$$I(t) = \begin{cases} 0 & (t<0) \\ 1 & (t \geqq 0) \end{cases} \tag{1.19}$$

制御工学においてステップ関数は，目標値や制御系の過渡特性と定常特性を検証するためのテスト信号としてよく用いられる重要な関数である．

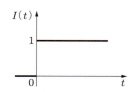
図 1.5　単位ステップ関数

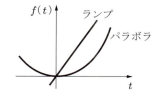
図 1.6　ランプ関数とパラボラ関数

1.2.3 ランプ（1 次）関数とパラボラ（2 次）関数

t に関して 1 次の関数，

$$f(t) = at \tag{1.20}$$

をランプ関数とよび，図 1.6 に示すように勾配 a の直線になる．

また，t に関して 2 次の関数，

$$f(t) = at^2 \tag{1.21}$$

をパラボラ関数とよび，図 1.6 に示すように 1 次関数よりも時間が経つと増加する割合がどんどん大きくなる．ランプ，パラボラ関数もテスト信号としてよく用いられる．

1.2.4 多項式関数

$t^0 = 1$ であるので式 (1.19) のステップ関数は，$I(t) = t^0\ (t \geqq 0)$ とみなせる．すると，式 (1.19)〜(1.21) までは，

$$f_i(t) = a_i t^i \qquad (i = 0, 1, 2) \tag{1.22}$$

とまとめて表すことができる．これを一般的にすれば，

$$f_i(t) = a_i t^i \qquad (i = 0, 1, 2, \ldots, n) \tag{1.23}$$

となる．式 (1.23) の右辺を冪乗式，この関数を冪乗関数という．さらに式 (1.23) のおのおのを加えた式，

$$f(t) = a_0 + a_1 t + a_2 t^2 + \cdots + a_n t^n \tag{1.24}$$

を多項式関数という．$a_n \neq 0$ のとき n を多項式 $f(t)$ の次数といい，$\deg f(t)$ で表す．ゼロも多項式とみなすが，次数がないものとする．a_i は $f(t)$ の（i 次の）係数，$a_i t^i$ を $f(t)$ の i 次の項，とくに a_0 を定数項という．また $a_n = 1$ のとき，$f(t)$ をモニック多項式とよぶ．

1.2.5 指数関数

次に，よく用いられうる関数は，指数関数 e^{at} である．指数関数は図 1.7 に示すような単調関数で，a の符号により単調減少，単調増加になる．また，指数関数は式 (1.25) のようにそれを微分しても積分してもやはり指数関数になるといった都合のよい性質をもつ．

$$\frac{de^{at}}{dt} = ae^{at}, \quad \int e^{at} dt = \frac{1}{a} e^{at} \tag{1.25}$$

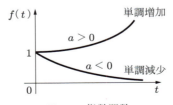

図 1.7　指数関数

1.2.6 正弦波関数

正弦関数 $\sin\phi$ の変数 ϕ は角度である．この ϕ が $\phi = \omega t$ のように一定の割合 ω（角速度）で時間 t とともに変化（回転）するとき，$\sin\phi = \sin\omega t$ の値も時間とともに変化する．このような時間関数である正弦関数のことを正弦波関数とよび，

$$f(t) = A\sin(\omega t + \theta) \tag{1.26}$$

と表現する．ここで，A は振幅，ω は角周波数または角速度，θ は位相角という．

正弦波関数は，図 1.8 に示すように $T = 2\pi/\omega$ 秒ごとに同じ波形が繰り返される，つまり，周期を T とする周期関数である．また，波形が 1 秒間に繰り返される回数を周波数 f といい，周波数 f と周期 T の間に，

$$f = \frac{1}{T} \ [\text{Hz}] \tag{1.27}$$

の関係がある．その単位はヘルツ（Hz）である．

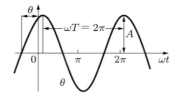

図 1.8　正弦波関数

正弦関数 $\sin\phi$ は 2π を周期とする周期関数であるので，$\phi = \omega t$ に $\phi = 2\pi$，$t = T$ を代入すると $\omega T = 2\pi$ となる．したがって，角周波数 ω とは，1 秒あたりに回転する角度であり，

$$\omega = \frac{2\pi}{T} = 2\pi f \tag{1.28}$$

と定義される．今後，本書において周波数は主として角周波数のことを意味する．この f と ω の違いを，十分理解しておくこと．

以上の理解のもとで図 1.8 を再度眺めてほしい．横軸が時間でなく ωt（したがって角度）にとってあることに気づくであろう．このように，変数をスケール変換して表示すれば，どのような周期 T の正弦波関数でも横軸 ωt の周期は 2π となり，異なる正弦波関数のグラフを同一に表示できる．このような考え方はさまざまな分野で取り入れられているので，覚えておくと役にたつ．

次に，位相角 θ は，図 1.8 に示すように原点 0 を通る正弦波形 $\sin\omega t$ からの角度のずれを表す．θ が正のとき，位相が θ だけ進んでいるといい，逆に負のとき，θ だけ遅れているという．図は位相が進んでいる場合を示している．

正弦波関数より位相が $\pi/2$ だけ進んだ余弦波関数，

$$f(t) = A\cos(\omega t + \theta) = A\sin\left(\omega t + \theta + \frac{\pi}{2}\right) \tag{1.29}$$

もとときとして用いられる．正弦波関数は制御工学の時間信号の中核をなすもので十分理解をしておいてほしい．

1.2.7 指数関数重み付き正弦波関数

指数関数の重みがついている正弦波関数

$$f(t) = e^{at}\sin(\omega t + \theta) \tag{1.30}$$

は，図 1.9 に示すように振幅が e^{at} ($a < 0$) で減衰する正弦波関数である．

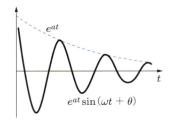

図 1.9　指数関数重み付き正弦波関数

複素関数は次節のラプラス変換から本格的にでてくるが，そのまえにこの関数と関連のある簡単な複素関数を説明しよう．

1.2.8 複素指数関数

指数関数重み付き正弦波関数 $e^{\xi t}\sin\omega t$ と，余弦波関数 $e^{\xi t}\cos\omega t$ の両者を虚数単位 j を用いて 1 つにすると，

$$e^{\xi t}(\cos\omega t + j\sin\omega t) = e^{\xi t}e^{j\omega t} = e^{(\xi+j\omega)t} = e^{st} \quad (s = \xi + j\omega) \tag{1.31}$$

となる．e^{st} は複素指数関数である．余弦波関数の部分または正弦関数の部分だけを取り出したいときは，次のように関数 Re または Im を用いればよい．

$$e^{\xi t}\cos\omega t = \mathrm{Re}\left[e^{(\xi+j\omega)t}\right] \tag{1.32}$$

$$e^{\xi t}\sin\omega t = \mathrm{Im}\left[e^{(\xi+j\omega)t}\right] \tag{1.33}$$

1.2.9 複素多項式関数

複素変数 s を変数，実数 $a_n, \ldots, a_0$ を係数とする多項式

$$p(s) = a_n s^n + \cdots + a_1 s + a_0 \tag{1.34}$$

を複素多項式関数という．次数，モニック多項式などは式 (1.24) の多項式と同じように定義される．

1.2.10 複素有理関数

式 (1.35) のように，複素多項式の比として与えられる関数を，複素有理関数という．制御工学で用いられる複素関数は主としてこの複素有理関数である．

$$F(s) = \frac{b_m s^m + b_{m-1} s^{m-1} + \cdots + b_1 s + b_0}{a_n s^n + a_{n-1} s^{n-1} + \cdots + a_1 s + a_0} \tag{1.35}$$

ここで，分母多項式の次数 n と分子多項式の次数 m の差，$r = n - m$ を有理関数 $F(s)$ の相対次数という．$r \geqq 0$，すなわち $n \geqq m$ のとき，$F(s)$ がプロパーである．また，$r > 0$，すなわち $n > m$ のとき，$F(s)$ が厳密にプロパーであるという．

1.3 ラプラス変換

制御工学を学ぶうえで，時間関数である信号 $f(t)$ のラプラス変換は必ず理解しておく必要がある．ここでは，ラプラス変換について必要最小限の項目について説明する．制御工学で扱われる信号は，時間関数として扱うより次に定義するラプラス変換を施し，複素関数として取り扱う方が何かと都合がよい．

ラプラス変換は，信号を意味する時間関数 $f(t)$ に，時間的重み e^{-st} を掛けて積分した次式で定義される．

$$F(s) = \int_0^\infty f(t) e^{-st} dt \tag{1.36}$$

ここで，s は複素数 $s = \alpha + j\beta$ にとることが重要なポイントである．さまざまな複素数 s に関して上の変換を施した結果と考えると，$F(s)$ は s を変数とする複素関数となる．すなわち，時間関数 $f(t)$ はラプラス変換により複素関数 $F(s)$ に変換（写像）される．s の属する複素平面を s 平面といい，時間関数 $f(t)$ のラプラス変換 $F(s)$ を求めることを時間領域から s 領域への変換ともいう．これ以降，時間関数 $f(t)$ にラプラス変換を施すことを

$$F(s) = \mathcal{L}[f(t)] \tag{1.37}$$

と表記する．

ここで，いくつかの典型的な時間関数のラプラス変換の例を挙げる．

（1） 単位インパルス関数のラプラス変換

$$F(s) = \int_0^\infty \delta(t) e^{-st} dt = 1 \tag{1.38}$$

（2） 単位ステップ関数のラプラス変換

$$F(s) = \int_0^\infty I(t) e^{-st} dt = -\frac{1}{s} e^{-st} \Big|_0^\infty = \frac{1}{s} \tag{1.39}$$

（3） 指数関数 $e^{-at}\ (a>0)$ のラプラス変換

$$F(s) = \int_0^\infty e^{-at} e^{-st} dt = \int_0^\infty e^{-(s+a)t} dt$$
$$= -\frac{1}{s+a} e^{-(s+a)t} \Big|_0^\infty = \frac{1}{s+a} \tag{1.40}$$

ほかのさまざまな関数についてのラプラス変換の結果を，表1.1 に示しておく．これはラプラス変換対表ともよばれ，のちにラプラス変換から時間関数をみつける逆ラプラス変換においても有効な表となる．この表から読み取ってほしいのは，$f(t)$ をラプラス変換した結果 $F(s)$ は，すべて s の有理関数になっていることである．

表 1.1 ラプラス変換対表

$f(t)$	$F(s)$	$f(t)$	$F(s)$
$\delta(t)$	1	$I(t)$	$\dfrac{1}{s}$
t	$\dfrac{1}{s^2}$	t^n	$\dfrac{n!}{s^{n+1}}$
e^{-at}	$\dfrac{1}{s+a}$	$e^{-at} t^n$	$\dfrac{n!}{(s+a)^{n+1}}$
$\sin \omega t$	$\dfrac{\omega}{s^2 + \omega^2}$	$e^{-at} \sin \omega t$	$\dfrac{\omega}{(s+a)^2 + \omega^2}$
$\cos \omega t$	$\dfrac{s}{s^2 + \omega^2}$	$e^{-at} \cos \omega t$	$\dfrac{s+a}{(s+a)^2 + \omega^2}$

もちろん，s の有理関数にならない信号もある．たとえば，$1/\sqrt{t}$ をラプラス変換すると，$F(s) = \Gamma(1/2)/\sqrt{s}$ と有理関数にならない．ここで，Γ はガンマ関数である．制御工学で $1/\sqrt{t}$ のような信号は扱わないので，この例は覚える必要はないが，よく知られている結果である．

それでは，制御工学によく用いられるラプラス変換の諸性質をまとめておこう．結果のみを挙げてあるので，証明をはじめ深く学びたい人は参考文献を挙げておいたので参考にしてほしい．

（a）線形性

$f_1(t)$ および $f_2(t)$ のラプラス変換を，それぞれ $F_1(s)$, $F_2(s)$ とすると，

$$\mathcal{L}[af_1(t) + bf_2(t)] = aF_1(s) + bF_2(s) \tag{1.41}$$

である．ここで a, b は任意の実数である．線形性は，2つの時間関数を加えたあとラプラス変換しても，それぞれをラプラス変換したあとに加えても，結果は同じであることを意味する．

（b）微　分

時間関数 $f(t)$ の導関数 $df(t)/dt$ のラプラス変換は

$$\mathcal{L}\left[\frac{df(t)}{dt}\right] = sF(s) - f(0) \tag{1.42}$$

となる．さらに，n 階の導関数 $d^n f(t)/dt^n$ の場合は，

$$\mathcal{L}\left[\frac{d^n f(t)}{dt^n}\right] = s^n F(s) - \sum_{k=1}^{n} s^{n-k} f^{(k-1)}(0) \tag{1.43}$$

となる．ただし，

$$f^{(k-1)}(0) = \left.\frac{d^{k-1}}{dt^{k-1}} f(t)\right|_{t=0} \tag{1.44}$$

である．

（c）積　分

$f(t)$ の時間積分のラプラス変換は，

$$\mathcal{L}\left[\int_0^t f(\tau)d\tau\right] = \frac{F(s)}{s} \tag{1.45}$$

となる．

以上より，初期条件 $f^{(k-1)}(0)$ をすべてゼロとすれば，時間領域での微分と積分演算は，s 領域においてはそれぞれ s, $1/s$ を $F(s)$ に掛ける単純な代数演算に置き換えられるので，面倒な微分や積分操作をしなくてもすむ．

（d）最終値定理

時間関数 $f(t)$ の $t \to \infty$ のときの値 $f(\infty)$ は，$f(t)$ の最終値とよばれ，

$$f(\infty) = \lim_{t \to \infty} f(t) = \lim_{s \to 0} sF(s) \tag{1.46}$$

となる．これより，$F(s)$ から簡単に $f(\infty)$ の値を求めることができる．これは制御系の定常特性の解析に必要不可欠の定理である．

（e） 畳み込み積分

2つの時間関数 $f_1(t)$, $f_2(t)$ があり，

$$\int_0^t f_1(t-\tau)f_2(\tau)d\tau \tag{1.47}$$

のような積分は畳み込み積分とよばれる．そのラプラス変換は，$f_1(t)$ と $f_2(t)$ のラプラス変換 $F_1(s)$ と $F_2(s)$ を用いれば，次式のように簡単に求めることができる．

$$\mathcal{L}\left[\int_0^t f_1(t-\tau)f_2(\tau)d\tau\right] = \mathcal{L}\left[\int_0^t f_1(\tau)f_2(t-\tau)d\tau\right] = F_1(s)F_2(s) \tag{1.48}$$

これは，逆の見方をすれば，2つの複素有理関数の積 $F_1(s)F_2(s)$ は，2つの時間関数 $f_1(t)$, $f_2(t)$ の畳み込み積分であることを意味する．畳み込み積分は時間関数として実行するには複雑な計算が必要となるが，ラプラス変換を用いれば複素関数の積となり，容易に求めることができる．

1.4 逆ラプラス変換

ラプラス変換は，時間関数 $f(t)$ を複素関数 $F(s)$ に変換したわけであるが，$F(s)$ から $f(t)$ を求めたいこともある．$F(s)$ から $f(t)$ を求めることを逆ラプラス変換という．数学的に逆ラプラス変換は，$t > 0$ として，

$$f(t) = \frac{1}{2\pi j}\int_{c-j\infty}^{c+j\infty} F(s)e^{st}ds \tag{1.49}$$

と，複素積分で定義され，今後，逆ラプラス変換を，

$$f(t) = \mathcal{L}^{-1}[F(s)] \tag{1.50}$$

と表示する．逆ラプラス変換も次のような線形性をもつ．ただし，$f_1(t), f_2(t)$ はそれぞれ $F_1(s), F_2(s)$ の逆ラプラス変換である．

$$\begin{aligned}\mathcal{L}^{-1}[aF_1(s)+bF_2(s)] &= a\mathcal{L}^{-1}[F_1(s)] + b\mathcal{L}^{-1}[F_2(s)] \\ &= af_1(t) + bf_2(t)\end{aligned} \tag{1.51}$$

式 (1.49) を具体的に実行するのはかなり難しいので，読者はここで逆ラプラス変換の定義を理解するだけでよい．逆ラプラス変換の具体的な計算は，線形性を利用し

て次の部分分数展開により行うのが普通であり，これは簡単に実行できる．

制御工学で扱うラプラス関数 $F(s)$ はすべて s の有理関数，すなわち，

$$F(s) = \frac{b_m s^m + \cdots + b_1 s + b_0}{s^n + a_{n-1} s^{n-1} + \cdots + a_1 s + a_0} = \frac{n(s)}{d(s)} \tag{1.52}$$

のようになることは再三述べてきた．ただし，ここでは一般性を失わずに $a_n = 1$ とした．また，$n(s), d(s)$ はそれぞれ $F(s)$ の分子，分母多項式を表す．

部分分数展開による逆ラプラス変換の基本は，ラプラス変換対表を利用することである．たとえば $F(s) = 1/(s+1)$ は，表 1.1 から $f(t) = e^{-t}$ のラプラス変換であることがわかるので，その逆ラプラス変換は，

$$\mathcal{L}^{-1}\left[\frac{1}{s+1}\right] = e^{-t} \tag{1.53}$$

とすればよい．この考え方を以下のように拡張する．逆ラプラス変換

$$\mathcal{L}^{-1}\left[\frac{3s+4}{s^2+3s+2}\right] \tag{1.54}$$

に対しては表 1.1 に対応する関数がみあたらない．そこで，分母多項式を $s^2 + 3s + 2 = (s+1)(s+2)$ と因数分解し，これをもとに部分分数展開を行う．このとき，分子の実数値を c_1, c_2 とし，通分して未定係数法で決めてやれば，次のように求められる．

$$\begin{aligned}\frac{3s+4}{s^2+3s+2} &= \frac{c_1}{s+1} + \frac{c_2}{s+2} = \frac{(c_1+c_2)s + (2c_1+c_2)}{s^2+3s+2}\\&= \frac{1}{s+1} + \frac{2}{s+2}\end{aligned} \tag{1.55}$$

ここで，表 1.1 より第 1 項は e^{-t}，第 2 項は $2e^{-2t}$ と対応しているので，全体の逆ラプラス変換は，

$$\begin{aligned}f(t) = \mathcal{L}^{-1}\left[\frac{3s+4}{s^2+3s+2}\right] &= \mathcal{L}^{-1}\left[\frac{1}{s+1}\right] + \mathcal{L}^{-1}\left[\frac{2}{s+2}\right]\\&= e^{-t} + 2e^{-2t}\end{aligned} \tag{1.56}$$

となる．

上の未定係数法による部分分数展開は，次数が小さいときは有効であるが，一般的には以下の留数の計算を用いて行う．

$F(s)$ の分母多項式 $d(s)$ の根 $p_1, p_2, \ldots, p_n$ が，すべて異なる場合

$F(s)$ は，その分母を因数分解して部分分数に展開すれば，

$$F(s) = \frac{n(s)}{(s-p_1)(s-p_2)\cdots(s-p_n)}$$
$$= \frac{c_1}{s-p_1} + \frac{c_2}{s-p_2} + \cdots + \frac{c_n}{s-p_n} \tag{1.57}$$

となる．係数 $c_1, c_2, \ldots, c_n$ は $F(s)$ の $p_1, p_2, \ldots, p_n$ における留数とよばれ，次の方法で簡単に求めることができる．

$$c_i = (s-p_i)F(s)|_{s=p_i} \qquad (i=1,2,\ldots,n) \tag{1.58}$$

式 (1.57) と表 1.1 を用いれば，$F(s)$ の逆ラプラス変換は次式となる．

$$f(t) = \mathcal{L}^{-1}\left[\frac{c_1}{s-p_1} + \frac{c_2}{s-p_2} + \cdots + \frac{c_n}{s-p_n}\right]$$
$$= c_1 e^{p_1 t} + c_2 e^{p_2 t} + \cdots + c_n e^{p_n t} \tag{1.59}$$

$F(s)$ の分母多項式 $d(s)$ が重根をもつ場合

簡単のため，根 p_1 のみが k 重根，ほかはすべて単根であるとする．このとき，$F(s)$ は次のような部分分数に展開される．

$$F(s) = \frac{n(s)}{(s-p_1)^k(s-p_{k+1})\cdots(s-p_n)}$$
$$= \frac{c_{11}}{(s-p_1)^k} + \frac{c_{12}}{(s-p_1)^{k-1}} + \cdots + \frac{c_{1k}}{(s-p_1)} \quad \text{(重根の部分)}$$
$$+ \frac{c_{k+1}}{s-p_{k+1}} + \cdots + \frac{c_n}{s-p_n} \tag{1.60}$$

ここで，$s=p_1$ における留数 $c_{11}, c_{12}, \ldots, c_{1k}$ は，

$$c_{11} = F(s)(s-p_1)^k\big|_{s=p_1},$$
$$c_{12} = \frac{d(F(s)(s-p_1)^k)}{ds}\bigg|_{s=p_1},$$
$$\vdots$$
$$c_{1i} = \frac{1}{(i-1)!}\frac{d^{i-1}(F(s)(s-p_1)^k)}{ds^{i-1}}\bigg|_{s=p_1},$$
$$\vdots$$
$$c_{1k} = \frac{1}{(k-1)!}\frac{d^{k-1}(F(s)(s-p_1)^k)}{ds^{k-1}}\bigg|_{s=p_1} \tag{1.61}$$

で求められる．$s=p_{k+1}, \ldots, p_n$ における留数 $c_{k+1}, \ldots, c_n$ は式 (1.58) の方法で求め

られる．表 1.1 の結果を用いれば $F(s)$ の逆ラプラス変換，

$$f(t) = \frac{c_{11}}{(k-1)!}t^{k-1}e^{p_1 t} + \frac{c_{12}}{(k-2)!}t^{k-2}e^{p_1 t} + \cdots + \frac{c_{1i}}{(k-i)!}t^{k-i}e^{p_1 t}$$
$$+ \cdots + c_{1k}e^{p_1 t} + c_{k+1}e^{p_{k+1} t} + \cdots + c_n e^{p_n t} \tag{1.62}$$

が得られる．

例題 1.3 次の関数の逆ラプラス変換を求めよ．

（1）$F_1(s) = \dfrac{s+1}{s(s+2)}$ （2）$F_2(s) = \dfrac{s-1}{(s+3)^2(s+1)}$

（3）$F_3(s) = \dfrac{4s^2 + 13s + 15}{s(s+3)(s^2+4s+5)}$

[解]（1）$F_1(s)$ を次の部分分数に展開する．

$$F_1(s) = \frac{c_1}{s} + \frac{c_2}{s+2} \tag{1.63}$$

ここで，係数 c_1, c_2 を留数として求めれば，

$$c_1 = \left.\frac{s+1}{s(s+2)}s\right|_{s=0} = \left.\frac{s+1}{s+2}\right|_{s=0} = \frac{1}{2},$$
$$c_2 = \left.\frac{s+1}{s(s+2)}(s+2)\right|_{s=-2} = \left.\frac{s+1}{s}\right|_{s=-2} = \frac{1}{2}$$

となり，

$$f_1(t) = \mathcal{L}^{-1}\left[\frac{1}{2s} + \frac{1}{2(s+2)}\right] = \frac{1}{2} + \frac{1}{2}e^{-2t} \tag{1.64}$$

である．

（2）$F_2(s)$ の分母は重根をもつので，部分分数展開すると，

$$F_2(s) = \frac{c_{11}}{(s+3)^2} + \frac{c_{12}}{(s+3)} + \frac{c_3}{(s+1)} \tag{1.65}$$

となり，各係数は，

$$c_{11} = \left[\frac{s-1}{s+1}\right]_{s=-3} = 2, \quad c_{12} = \left[\frac{d}{ds}\left(\frac{s-1}{s+1}\right) = \frac{2}{(s+1)^2}\right]_{s=-3} = \frac{1}{2},$$
$$c_3 = \left[\frac{s-1}{(s+3)^2}\right]_{s=-1} = -\frac{1}{2}$$

と求められる．これより逆ラプラス変換は，

$$f_2(t) = \left(2t + \frac{1}{2}\right)e^{-3t} - \frac{1}{2}e^{-t} \tag{1.66}$$

である．

（3）上と同じように $F_3(s)$ を 1 次因子の部分分数に展開してその逆ラプラス変換を求める一般的な方法を用いてもよいが，複素根をもつ 2 次因子がある場合は以下の方法でより簡単に求められる．

2 次因子を因数分解しないでそのまま用いれば，F_3 は次式のように展開できる．

$$F_3(s) = \frac{4s^2 + 13s + 15}{s(s+3)(s^2+4s+5)} = \frac{c_1}{s} + \frac{c_2}{s+3} + \frac{c_{31}s + c_{32}}{s^2+4s+5} \tag{1.67}$$

係数 c_1, c_2 は留数として次のように求められる．

$$c_1 = sF_3(s)|_{s=0} = \left.\frac{4s^2 + 13s + 15}{(s+3)(s^2+4s+5)}\right|_{s=0} = 1$$

$$c_2 = (s+3)F_3(s)|_{s=-3} = \left.\frac{4s^2 + 13s + 15}{s(s^2+4s+5)}\right|_{s=-3} = -2$$

c_1, c_2 を (1.67) に代入すれば，次の結果が得られる．

$$\begin{aligned}F_3(s) &= \frac{1}{s} - \frac{2}{s+3} + \frac{c_{31}s + c_{32}}{s^2+4s+5} \\ &= \frac{(c_{31}-1)s^3 + (3c_{31}+c_{32}-1)s^2 + (3c_{32}+7)s + 15}{s(s+3)(s^2+4s+5)}\end{aligned} \tag{1.68}$$

各項の係数を比較すると，

$$\begin{cases} c_{31} - 1 = 0 \\ 3c_{31} + c_{32} - 1 = 4 \\ 3c_{32} + 7 = 13 \end{cases} \tag{1.69}$$

となる．式 (1.69) の方程式を解くと，$c_{31} = 1, c_{32} = 2$ が得られる．したがって，

$$F_3(s) = \frac{1}{s} - \frac{2}{s+3} + \frac{s+2}{s^2+4s+5} = \frac{1}{s} - \frac{2}{s+3} + \frac{s+2}{(s+2)^2+1} \tag{1.70}$$

となる．これより逆ラプラス変換は，

$$f_3(t) = 1 - 2e^{-3t} + e^{-2t}\cos t \tag{1.71}$$

である．

　以上，制御工学を学ぶための数学的準備として，複素数とその演算，制御工学でよく使う時間関数と複素関数，および時間関数のラプラス変換とその逆変換などを説明した．

　ラプラス変換は，図 1.10 に示すように，時間関数である信号の集合を複素関数の集合に変換する．これより，信号 $f(t)$ をそのまま時間の関数として取り扱うことを，時間領域で取り扱う，という．一方，$f(t)$ のかわりにそのラプラス変換 $F(s)$ を取り扱うことを，複素領域ないしは周波数領域で取り扱う，という．また，ここで明確にして

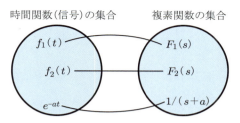

図 1.10　ラプラス変換・逆変換

おきたいのは，制御の対象とする物理量は，エネルギーであったり，ロケットの高度や姿勢などさまざまな形態をとるが，制御工学で扱うのは時間関数で表せるそれぞれの測定値や信号であり，エネルギーや高度，姿勢そのものではないということである．

　古典制御理論は，信号である $f(t)$ をそのまま取り扱うのではなく，それをラプラス変換し，主として $F(s)$ の集合のうえで組み立てられ，必要に応じて逆変換を用いて時間関数に変換する仕組みになっている．その理由は，$F(s)$ が次章以降明らかにされるさまざまな都合のよい性質をもっているからである．

演習問題 1

1.1　次に与えられる複素数 s の実数部 $\mathrm{Re}[s]$，虚数部 $\mathrm{Im}[s]$ を求めよ．ただし，a, b, A は実数である．

　　(1)　$s = a$　　　　　(2)　$s = jb$　　　　　(3)　$s = -a - jb$
　　(4)　$s = \dfrac{1}{a + jb}$　　(5)　$s = a + \dfrac{1}{jb}$　　(6)　$s = 2a - j\dfrac{a}{\sqrt{3}}$
　　(7)　$s = Ae^{j\frac{\pi}{2}}$　　(8)　$s = \dfrac{1}{Ae^{j\phi}}$　　(9)　$s = Ae^{-j\phi}$

1.2　次に与えられる複素数 s の大きさ $|s|$，偏角 $\arg s$ を求めよ．a, b は実数である．

　　(1)　$s = -jb$　　　　(2)　$s = -a + jb$　　　(3)　$s = a - jb$
　　(4)　$s = \dfrac{1}{a} + \dfrac{1}{jb}$　　(5)　$s = \dfrac{1}{a - jb}$　　(6)　$s = \dfrac{a - jb}{j}$

1.3　問題 1.2 で与えられている複素数 s の共役複素数 s^* を求めよ．

1.4　次の等式が成り立つように x, y の値を求めよ．

$$\dfrac{x + 2 + j(y - 3)}{5 + 4j} = 2 + j$$

1.5　次の複素数 s_1, s_2 に対し，$s_1 + s_2$，$s_1 \cdot s_2$，s_1/s_2 をそれぞれ求めよ．

　　(1)　$s_1 = 5 - 5j, \quad s_2 = -3 + 4j$　　(2)　$s_1 = 3 + 6j, \quad s_2 = -1 + 5j$
　　(3)　$s_1 = 1 + 3j, \quad s_2 = 4e^{-j\frac{\pi}{4}}$　　(4)　$s_1 = 4e^{-0.2j}, \quad s_2 = 2e^{0.3j}$

1.6 複素数に関する次の関係式を証明せよ．

(1) $|s|^2 = ss^*$ (2) $\left|\dfrac{1}{s}\right| = \dfrac{1}{|s|}$

(3) $(s_1 \pm s_2)^* = s_1^* \pm s_2^*$ (4) $(s_1 s_2)^* = s_1^* s_2^*$

(5) $\mathrm{Re}[s] = \dfrac{1}{2}(s + s^*)$ (6) $\mathrm{Im}[s] = \dfrac{1}{2j}(s - s^*)$

1.7 次の関数のラプラス変換 $F(s)$ を求めよ．

(1) $f(t) = 1 + 2t + t^2$ (2) $f(t) = 1 + 3t + e^{-2t}$

(3) $f(t) = 2t + \sin \omega t + e^{-2t}$ (4) $f(t) = e^{-2t} \sin t$

(5) $f(t) = e^{-3t} \cos 2t$ (6) $f(t) = e^{-t} t^2$

1.8 関数 $f(t)$ に比べて時間 τ だけ遅れた関数 $f(t-\tau)I(t-\tau)$ について，

$$\mathcal{L}[f(t-\tau)I(t-\tau)] = e^{-\tau s} F(s)$$

であることを証明せよ．

1.9 図 1.11 で与えられている時間信号のラプラス変換 $F(s)$ を求めよ．

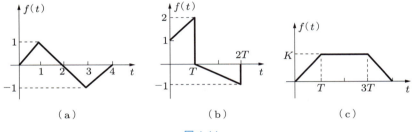

図 1.11

1.10 ラプラス変換の定義式を用いて，次の関係式を証明せよ．$f(0)$ は $f(t)$ の $t=0$ における初期値であり，$F(s) = \mathcal{L}[f(t)]$ である．

(1) $\mathcal{L}\left[\dfrac{df(t)}{dt}\right] = sF(s) - f(0)$ (2) $\mathcal{L}[e^{-at} f(t)] = F(s+a)$

1.11 次の複素有理関数の逆ラプラス変換を求めよ．

(1) $F(s) = \dfrac{s+2}{s(s+4)}$ (2) $F(s) = \dfrac{s+3}{s^2 + 3s + 2}$

(3) $F(s) = \dfrac{s+1}{s^2 + 2s + 3}$ (4) $F(s) = \dfrac{6(s+2)}{s(s^2 + 6s + 12)}$

(5) $F(s) = \dfrac{s}{(s+1)^2 (s+2)}$ (6) $F(s) = \dfrac{3s^2 + 2s + 8}{s(s+2)(s^2 + 2s + 4)}$

動的システムと数式モデル
―制御対象がもつ入力と出力の時間的関係―

　本書を学ぶ最終目的は，制御対象を自在に操る制御系を設計することである．そのための第一歩として，制御対象や制御系となるシステムとはどのようなものであるかを知る必要がある．本章では，動的システムの挙動は微分方程式として表現されることを説明する．また，微分方程式はどのように導かれるか具体的な例を示しながら学ぶ．
　このように，システムの挙動を数式で表すことをモデル化といい，制御工学の技術体系は基本的にこの数式モデルをもとに構築されている．

2.1 動的システムとモデル

　制御対象や制御系は，より幅広くとらえればシステムとよばれることが多い．システムとは，特定の機能を備えた要素が複数個相互結合したものである．個々の要素は，図 2.1（a）に示すように，入力を受け取り，要素がもつ機能に応じて入力を加工し，出力する．このとき，各要素の機能は，入力が出力に及ぼす影響を関係付ける入出力関係として表現される．
　システムは，図 2.1（b）に示すように，1つの要素の出力をほかの要素の入力，ときとして複数の要素への入力として次々と結合して構成され，システムの機能に応じた入出力関係をもつ．この入出力関係を数学的に表現したのが数式モデルで，システム

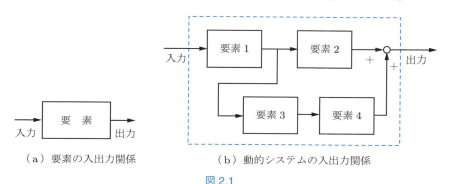

　（a）要素の入出力関係　　　（b）動的システムの入出力関係

図 2.1

がもつ特徴や性質を表し，制御技術者にとってもっとも重要な情報である．

以上はきわめて抽象的な表現なので，具体的な例を図 2.2 に示す．図は単なる水道栓の蛇口であるが，ノブの握りの回転角 θ を入力，排出される水量 y を出力とみなすことができる．この入出力関係の数式モデルは，

$$y = K\theta \tag{2.1}$$

図 2.2 蛇　口

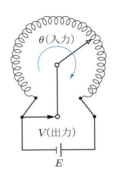

図 2.3 ポテンショメータ

であり，ノブの回転角が大きくなるほど排出水量が多くなるといった，簡単な入出力関係をもつ．K は比例定数で，蛇口の口径が大きければ値は大きくなる．次に図 2.3 のポテンショメータの入出力関係を見てみよう．ポテンショメータの回転角 θ を入力とすると，出力としての端子電圧 V は θ に比例して大きくなり，V と θ の比例定数を K で表せば，この入出力関係の数式モデルは，

$$V = K\theta \tag{2.2}$$

となる．

式 (2.1) と式 (2.2) の入出力関係の数式モデルはともに比例関係である．このように，蛇口とポテンショメータは，物理的構造は異なるが入出力関係の数式モデルは同じになる．この事実はシステム工学ないしは制御工学においてきわめて重要である．すなわち，物理的にまったく異なるシステムも，数式モデルを用いて入出力関係を表せば同じになり，両者を同一視でき，統一的な理論が確立できる．これがこののち，すべて数式モデルで理論を展開する理由の 1 つである．それでは，制御対象である動的システムの数式モデルが，どのように構築されるかを説明しよう．

2.2 動的システムと数式モデル —微分方程式—

システムには，静的システムと動的システムがあるが，制御工学が対象とするシステムは主として動的システムである．ここでは，動的システムとは何か，具体的な例を挙げながら説明し，動的システムの入出力関係の数式モデルが微分方程式で表せることを示す．

制御の対象となるものは，電気冷蔵庫などの家電製品から，自動車，産業用ロボット，原子力発電プラントやジャンボジェット機などのハイテクシステムまで，われわれの生活に非常に密着したものである．これらの制御対象は，電気機器あるいは機械機器など特定の分野の部品（要素）のみからなることはなく，電気，機械，化学などさまざまな部品の複合体で構成されているのが普通である．しかし，読者に数式モデルの意味や導出法を的確に理解してもらうために，まず単純な制御対象を取り上げて説明することにする．

2.2.1 電気系の動的システム

電気系の動的システムを説明するまえに，図 2.4 に示す電気回路の 3 つの基本要素（部品）の入出力関係について整理しておく．3 要素はそれぞれ，入力に対する比例，積分および微分動作をもち，これらは動的システムの基本機能である．電気回路の動的システムはこの 3 要素の機能の集合体であり，3 要素の入出力関係を理解することが動的システム理解の第一歩である．

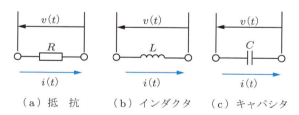

（a）抵　抗　　（b）インダクタ　　（c）キャパシタ

図 2.4　電気回路の 3 基本要素

電気回路の基本要素に現れる物理量は，電圧 $v(t)$ と電流 $i(t)$ であるが，両者の入出力関係を示すには，まず入出力をどちらにとるかを決めなくてはならない．ここでは，あとで学ぶ機械系との対応が容易なので，$v(t)$ を入力，$i(t)$ を出力とする．

（1）基本要素 1：抵抗

抵抗 R の両端の電圧 $v(t)$ と R に流れる電流 $i(t)$ の間に，オームの法則

$$i(t) = \frac{1}{R}v(t) \tag{2.3}$$

が成り立つ．また，ここでは毎秒，

$$E(t) = Ri^2(t) \tag{2.4}$$

のエネルギーが消費される．

（2） 基本要素2：インダクタ

インダクタ L に流れる電流 $i(t)$ と端子間電圧 $v(t)$ の間には，

$$\frac{di(t)}{dt} = \frac{1}{L}v(t) \tag{2.5}$$

が成り立つ．ここで式 (2.5) を積分すると，

$$i(t) = \frac{1}{L}\int v(t)dt \tag{2.6}$$

となる．このときインダクタには電磁界エネルギーとして，

$$E(t) = \frac{1}{2}Li^2(t) \tag{2.7}$$

が蓄えられる．

（3） 基本要素3：キャパシタ

キャパシタ C に流れ込む電流 $i(t)$ と端子間電圧 $v(t)$ の間に，

$$i(t) = C\frac{dv(t)}{dt} \tag{2.8}$$

が成り立つ．ここで，キャパシタ C に貯まる電荷を $q(t)$ とすると，

$$q(t) = \int i(t)dt = Cv(t) \tag{2.9}$$

であり，C には静電エネルギーとして

$$E(t) = \frac{1}{2C}q^2(t) \tag{2.10}$$

が蓄えられる．

ここで，3要素の v-i 入出力関係と性質について考えてみる．まずは抵抗 R であるが，その v-i 入出力関係は，式 (2.3) のような比例関係である．したがって，これを比例要素とよぶ．次に，インダクタ L の v-i 入出力関係は，式 (2.6) のように入力 $v(t)$ が積分され，$i(t)$ として出力される．したがって，これを積分要素という．最後にキャパシタ C の v-i 入出力関係は，式 (2.8) が示すように入力 $v(t)$ が微分されて出力され，

これを微分要素という．

ここで注意すべきは，キャパシタとインダクタは理想的な微分要素と積分要素であるようにみえるが，現実的には必ずエネルギーの損失があり，等価的に抵抗を含むことである．のちに述べる機械系の場合も含め，現実の世界では理想的な微分要素と積分要素は存在せず，それらの機能を近似したものしか実在しない．

以上，電気回路の 3 基本要素は，それぞれ比例，積分，微分機能をもつことを明らかにした．続いて，複数の基本要素からなる電気回路に対する入出力関係を考えてみる．まず，図 2.5 の 2 つの抵抗からなる簡単な電気回路を考える．

回路の左端に印加する電圧 $v_i(t)$ を入力（電圧），抵抗 R' の両端間の電圧 $v_o(t)$ を出力（電圧）とすると，その v_i-v_o 入出力関係は，分圧の法則により，

$$v_o(t) = \frac{R'}{R + R'} v_i(t) \tag{2.11}$$

となる．すなわち，図 2.5 の入出力関係は，式 (2.3) と同様比例関係である．抵抗要素は微分・積分動作を含まないので，時刻 t の出力値が，同時刻 t の入力値だけから定まり，入力がゼロになると出力もただちにゼロになる．このような入出力関係をもつシステムを静的システムという．

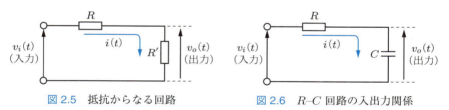

図 2.5 抵抗からなる回路　　図 2.6 R–C 回路の入出力関係

図 2.5 において，抵抗 R' の代わりにキャパシタ C を挿入した図 2.6 の R–C 回路を考えてみる．回路の左端に印加する電圧 $v_i(t)$ を入力（電圧），キャパシタ C の両端の電圧 $v_o(t)$ を出力（電圧）として v_i-v_o 入出力関係を求める．

回路に流れる電流を $i(t)$ とし，回路全体にキルヒホッフの法則を用いれば，入出力関係は，

$$v_i(t) = Ri(t) + v_o(t) \tag{2.12}$$

となる．

式 (2.12) には，入出力変数 $v_i(t)$，$v_o(t)$ 以外の変数 $i(t)$ が含まれている．このような変数を中間変数といい，入出力関係を求めるために便宜的に導入した変数である．中間変数である電流 $i(t)$ を消去するには 2 つの方法がある．1 つは，C の両端の電圧 $v_o(t)$ と電流 $i(t)$ との関係は式 (2.8) より，

$$i(t) = C\frac{dv_o(t)}{dt} \tag{2.13}$$

であるので，これを式 (2.12) に代入すると中間変数 $i(t)$ が消去され，$v_i(t)$ と $v_o(t)$ を関係づける 1 階の微分方程式

$$RC\frac{dv_o(t)}{dt} + v_o(t) = v_i(t) \tag{2.14}$$

が得られる．ただし，微分方程式の初期条件は，キャパシタの初期電圧で，

$$v_o(0) = V_o \tag{2.15}$$

とする．

　第 2 の方法は，$v_o(t)$ の代わりにキャパシタの電極に蓄えられた電荷 $q(t)$ を新たな出力変数とし，v_i-q 入出力関係を以下のように求める．C の両端電圧 $v_o(t)$ と蓄積される電荷 $q(t)$ の間には，式 (2.9) により，

$$Cv_o(t) = q(t) \tag{2.16}$$

なる関係が成立し，電流 $i(t)$ と $q(t)$ の間には，式 (2.8) と式 (2.9) より，

$$i(t) = \frac{dq(t)}{dt} \tag{2.17}$$

が成り立つ．両式を式 (2.12) に代入すれば，$q(t)$ に関する 1 階の微分方程式

$$R\frac{dq(t)}{dt} + \frac{1}{C}q(t) = v_i(t) \tag{2.18}$$

が得られる．このとき，C に蓄えられている初期電荷

$$q(0) = Q_o = CV_0 \tag{2.19}$$

が初期値となる．式 (2.14) と式 (2.18) は，一見，異なる方程式のように見えるが，式 (2.16) の関係を用いれば同じである．

　以上，R–C 回路の入出力関係の数式モデルは，1 階の微分方程式とそれにともなう初期条件で与えられる．抵抗 R はエネルギーを消費するエネルギー消散要素，一方，キャパシタ C はエネルギー蓄積要素である．R–C 回路は，入力エネルギーがキャパシタ C に蓄積され，それがエネルギー消散要素 R で消費される仕組みになっている．その結果，時刻 t の出力電圧値は時刻 t の入力値だけでなく，t 以前の入力の履歴にも依存する．つまり，時刻 t の入力値がゼロとなっても，過去の入力によって蓄積されたエネルギーの影響で，出力電圧はただちにゼロになることはなく，そのエネルギーを消費し切るまで時々刻々変化し続ける．このような入出力関係をもつシステムを動

的システムという．逆にいえば，過去の入力が現在の出力値に反映される動的システムには必ずどこかにエネルギー蓄積要素が存在する．この性質の数式的な意味合いは，のちほど第 3 章において因果律として明らかにする．

以上のことをふまえて，図 2.7 のように抵抗とキャパシタとの間にさらにエネルギー蓄積要素であるインダクタ L を挿入した R–L–C 回路を考えてみる．とくにインダクタ L を挿入したとき，微分方程式はどのように変わるかに注目したい．R–C 回路と同様，印加電圧 $v_i(t)$ を入力，C の両端の電圧 $v_o(t)$ を出力として入出力関係を求める．

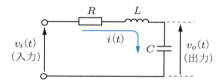

図 2.7　R–L–C 回路の入出力関係

回路に流れる電流を $i(t)$ とすると，キルヒホッフの法則より，

$$Ri(t) + L\frac{di(t)}{dt} + v_o(t) = v_i(t) \tag{2.20}$$

となる．まず，式 (2.20) に含まれる中間変数 $i(t)$ を第 1 の方法に従って消去する．

式 (2.8) を用いると，

$$i(t) = C\frac{dv_o(t)}{dt} \tag{2.21}$$

であり，さらにこれを時間微分すれば，

$$\frac{di(t)}{dt} = C\frac{d^2v_o(t)}{dt^2} \tag{2.22}$$

となる．式 (2.20) に上の関係式を代入し，整理すると

$$LC\frac{d^2v_o(t)}{dt^2} + RC\frac{dv_o(t)}{dt} + v_o(t) = v_i(t) \tag{2.23}$$

となる 2 階の微分方程式が得られる．また，初期条件は，

$$v_o(0) = V_0, \qquad \left.\frac{dv_o(t)}{dt}\right|_{t=0} = \dot{V}_0 = \frac{1}{C}I_0 \tag{2.24}$$

とする．V_0, I_0 は，それぞれ C の初期電圧と，回路に流れる初期電流である．

一方，第 2 の方法では，式 (2.16) と同様に，$v_o(t)$ の代わりに $q(t) = Cv_o(t)$ を出力として用いれば，

$$L\frac{d^2q(t)}{dt^2} + R\frac{dq(t)}{dt} + \frac{1}{C}q(t) = v_i(t) \tag{2.25}$$

となる．このとき，初期条件は，

$$q(0) = Q_0 = CV_0, \qquad \left.\frac{dq(t)}{dt}\right| = \dot{Q}_0 = I_0 \tag{2.26}$$

である．式 (2.20) から式 (2.25) の導出は読者への演習問題とする．

このように，R–L–C 回路の場合は，その入出力関係の数式モデルは 2 階の微分方程式になる．一般的には，回路中のエネルギー蓄積要素が増えるほど，動的システムの入出力関係を表す微分方程式の階数は増すことになる．

2.2.2 機械系の動的システム

次に，機械系の動的システムを考えてみよう．まず，電気系と同様，機械系のなかによく現れる基本要素について簡単に整理する．機械系の動的システムも電気系と同様，図 2.8 に示す 3 つの基本要素からなる．各要素における入出力関係は，力 $f(t)$ を入力，位置 $x(t)$ の微分である速度 $v(t)$ を出力とすると，以下のようになる．

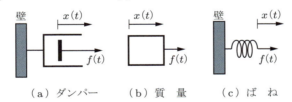

（a）ダンパー　　（b）質量　　（c）ばね

図 2.8　直動機械系の 3 基本要素

（1）基本要素 1：ダンパー

図 2.8(a) はダンパーといい，油が満たされたシリンダ内に，可動ピストンが入っている構造である．ピストンの移動速度 $v(t) = dx(t)/dt$ と，外部から加えられる水平方向の力 $f(t)$ の間には，

$$v(t) = \frac{1}{B}f(t) \tag{2.27}$$

の関係が成り立つ．ただし，B は油の粘性抵抗係数である．また，ダンパーで消費されるエネルギー（毎秒）は次式となる．

$$E(t) = Bv^2(t) \tag{2.28}$$

（2）基本要素 2：質量

図 2.8(b) は質量といい，重みのある物体である．水平方向に運動をする質量 M [kg]

の位置を $x(t)$ とし，速度を $v(t) = dx(t)/dt$，加速度を $dv/dt = d^2x(t)/dt^2$ とする．水平方向の力 $f(t)$ が物体にかかると，ニュートンの第 2 法則により，加速度と力の間に，

$$f(t) = M\frac{d^2x(t)}{dt^2} \tag{2.29}$$

が成り立つ．これより，力 $f(t)$ と速度 $v(t)$ との入出力関係は，

$$\frac{dv(t)}{dt} = \frac{1}{M}f(t) \tag{2.30}$$

すなわち，

$$v(t) = \frac{1}{M}\int f(t)dt \tag{2.31}$$

となる．また，質量には速度に応じて，

$$E(t) = \frac{1}{2}Mv^2(t) \tag{2.32}$$

なる運動エネルギーが蓄積される．

（3）基本要素 3：ばね

図 2.8(c) のばねに力 $f(t)$ を加えると，縮んだり伸びたりする．伸び縮みする距離 $x(t)$ と力 $f(t)$ の間には，ばね係数を K とすると，

$$f(t) = Kx(t) \tag{2.33}$$

が成り立つ．この式の両辺を時間微分し整理すると，次の，力 $f(t)$ と速度 $v(t)$ との入出力関係が得られる．

$$v(t) = \frac{1}{K}\frac{df(t)}{dt} \tag{2.34}$$

また，ばねには位置エネルギーが蓄積され，その値は次式となる．

$$E(t) = \frac{1}{2}Kx^2(t) \tag{2.35}$$

それでは，複数の基本要素から構成される簡単な機械系の動的システムの入出力関係を調べてみよう．

質量−ダンパー−ばね力学系

図 2.9 に示すように，質量 M の物体にダンパーとばねが並列に接続され，物体は水平に往復運動できるものとする．なお，ダンパーとばねの左端は壁に固定されている．

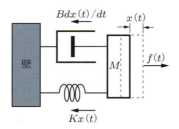

図 2.9　直動機械系

質量に外部から加える力 $f(t)$ を入力，質量 M の変位 $x(t)$ を出力とする入出力関係を求める．この力学系において，質量 M に加わる力 =（外力）−（ダンパーの抗力）−（ばねの引力）となる．これにニュートンの第 2 法則を適用すれば，

$$M\frac{d^2 x(t)}{dt^2} = f(t) - B\frac{dx(t)}{dt} - Kx(t) \tag{2.36}$$

または，

$$M\frac{d^2 x(t)}{dt^2} + B\frac{dx(t)}{dt} + Kx(t) = f(t) \tag{2.37}$$

となる 2 階の微分方程式が得られる．ただし，初期条件は時刻 $t=0$ での質量の位置 x_0 と速度 $\dot{x}_0$ により，

$$x(0) = x_0, \qquad \frac{dx(0)}{dt} = \dot{x}_0 \tag{2.38}$$

で与えられる．この動的システムは，2 つのエネルギー蓄積要素であるばねと質量，およびエネルギー消散要素であるダンパーからなり，R–L–C 回路と同様に，2 階の微分方程式となる．

以上は直動運動を考えたが，機械系ではモータやエンジンのような回転運動体が実用上のシステムに多く見られる．図 2.8 の直動機械系の 3 要素に対応する回転機械系の基本要素は図 2.10 になる．ここで，位置 $x(t)$ に対して回転角 $\theta(t)$，速度 $v(t)$ に対して回転角速度 $\omega(t) = d\theta(t)/dt$，外力 $f(t)$ に対してトルク $\tau(t)$ と対応させれば，各要素の入出力関係や蓄積，消費されるエネルギーなどは同じように導かれる．ただし，

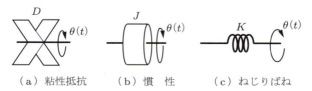

図 2.10　回転機械系の 3 基本要素

回転角速度 $\omega(t)$ を出力，トルク $\tau(t)$ を入力としている．

(1) 基本要素1：粘性抵抗（回転ダンパー）

回転体には，空気などの粘性抵抗により回転速度に比例したトルク（ブレーキ）が生じ，その間に，

$$\omega(t) = \frac{1}{D}\tau(t) \tag{2.39}$$

が成り立つ．ただし，D は粘性抵抗係数である．また，粘性抵抗で毎秒消費されるエネルギーは，

$$E(t) = D\omega^2(t) \tag{2.40}$$

である．

(2) 基本要素2：慣性

慣性モーメント J にトルク $\tau(t)$ が加えられると，回転角加速度 $\omega(t)$ との間に，

$$\frac{d\omega(t)}{dt} = \frac{1}{J}\tau(t) \tag{2.41}$$

すなわち，

$$\omega(t) = \frac{1}{J}\int \tau(t)dt \tag{2.42}$$

が成り立ち，J には回転運動エネルギー

$$E(t) = \frac{1}{2}J\omega^2(t) \tag{2.43}$$

が蓄えられる．

(3) 基本要素3：ねじりばね

ねじりばねの回転角と外から加えるトルクの間には，ねじりばねのばね係数を K とすれば，

$$\theta(t) = \frac{1}{K}\tau(t) \tag{2.44}$$

が成り立つ．その両辺を時間微分すると，

$$\omega(t) = \frac{1}{K}\frac{d\tau(t)}{dt} \tag{2.45}$$

を得る．ねじりばねには位置エネルギー

$$E(t) = \frac{1}{2}K\theta(t)^2 \tag{2.46}$$

が蓄えられる．

以上，回転機械系の 3 基本要素の入出力関係やエネルギー消費，蓄積の関係式は，直動機械系の変数やパラメータ間に表 2.1 に示すような対応をとれば同一になる．

図 2.9 の直動機械系に対応する回転機械系の構造は，図 2.11 のように，ねじりばね，粘性抵抗，慣性からなる．この回転機械系において，入力をトルク $\tau(t)$，出力を回転角 $\theta(t)$ として，入出力関係を求めてみよう．

表 2.1　直動機械系と回転機械系の変数対応関係

直動機械系	回転機械系
力 $f(t)$	トルク $\tau(t)$
質量 M	慣性モーメント J
伸縮ばね係数 K	ねじりばね係数 K
粘性抵抗係数 B	粘性抵抗係数 D
位置 $x(t)$	回転角 $\theta(t)$
速度 $v(t)$	回転角速度 $\omega(t)$

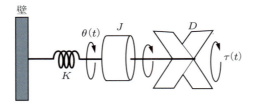

図 2.11　回転機械系

上で示した直動機械系と回転機械系の対応をとれば，その入出力関係は，

$$J\frac{d^2\theta(t)}{dt^2} + D\frac{d\theta(t)}{dt} + K\theta(t) = \tau(t) \tag{2.47}$$

$$\theta(0) = \theta_0, \quad \left.\frac{d\theta(t)}{dt}\right|_{t=0} = \dot{\theta}_0 \tag{2.48}$$

であり，式 (2.36) と同様，2 階の微分方程式および初期条件からなる．この場合も，加えられた回転トルクは，慣性モーメント，ねじりばねの 2 つのエネルギー蓄積要素に蓄えられ，粘性抵抗によりエネルギー消散が行われ，その結果，回転角 $\theta(t)$ は動的な挙動をとる．

2.3 数式モデルの利点

2.2 節では,制御対象として電気回路,直動機械系,回転機械系を取り上げ,それぞれの入出力関係は微分方程式としてモデル化できることを示した.ここでは,制御対象を数式でモデル化する利点は何かを整理しておこう.

2.3.1 数式モデルの等価性

2.1 節で,蛇口とポテンショメータの入出力関係は同一になることを示した.前節で R–L–C 回路,直動機械系,回転機械系において 2 つのエネルギー蓄積要素と 1 つのエネルギー消散要素からなる動的システムは,2 階の微分方程式になることを示した.そこでこの三者間に,蛇口とポテンショメータと同様の関係があるか調べてみよう.

ここで式 (2.25),(2.37),(2.47) に示された R–L–C 電気回路,直動機械系と回転機械系の微分方程式を再掲すると,

$$L\frac{d^2q(t)}{dt^2} + R\frac{dq(t)}{dt} + \frac{1}{C}q(t) = v_i(t) \tag{2.49}$$

$$M\frac{d^2x(t)}{dt^2} + B\frac{dx(t)}{dt} + Kx(t) = f(t) \tag{2.50}$$

$$J\frac{d^2\theta(t)}{dt^2} + D\frac{d\theta(t)}{dt} + K\theta(t) = \tau(t) \tag{2.51}$$

となる.3 式を比較すれば,変数やパラメータを読み換えれば三者の数式モデルはまったく等価(同じ形の式)であることが容易にわかる.すなわち,制御対象が電気系,機械系と変わっても,数式モデルとして取り扱えば三者はまったく同じである.このことは,制御工学だけではなくほかの技術の体系化にも大変重要な考え方である.電気回路の数式モデルをもとに得られた知識や結果は,それと等価な機械系の制御対象にもそのまま転用でき,これは大変な利点である.さらに,数式モデル化すれば,さまざまな制御対象間の等価の要素,変数,パラメータ,機能を見わけることもできる.

上で示した電気回路,直動機械系,回転機械系の等価関係を表 2.2 にまとめておいた.表 2.2 は電気回路と機械系だけの数式モデルの等価関係を示したが,この考えは本書では取り扱わなかった化学プロセス系や熱力学系など,あらゆる分野の対象にも適用できる.

2.3.2 複合系の統一モデル

数式モデルの第 2 の利点は,複合的な動的システムも統一して取り扱えることである.すなわち,制御対象が電気系や機械系など異なる技術分野の部品から構成されて

表 2.2　電気−機械系の等価関係

変数	電気回路系	直動機械系	回転機械系
出力変数	電流 $i(t) = \dfrac{dq(t)}{dt}$	速度 $v(t) = \dfrac{dx(t)}{dt}$	回転角速度 $\omega(t) = \dfrac{d\theta(t)}{dt}$
入力変数	電圧 $v(t)$	力 $f(t)$	トルク $\tau(t)$
基本要素 1	抵抗	ダンパー	粘性抵抗
パラメータ	$\dfrac{1}{R}$	$\dfrac{1}{B}$	$\dfrac{1}{D}$
入出力関係	$i(t) = \dfrac{1}{R}v(t)$	$v(t) = \dfrac{1}{B}f(t)$	$\omega(t) = \dfrac{1}{D}\tau(t)$
(エネルギー消散)	$E(t) = Ri^2(t)$	$E(t) = Bv^2(t)$	$E(t) = D\omega^2(t)$
基本要素 2	インダクタ	質量	慣性
パラメータ	$\dfrac{1}{L}$	$\dfrac{1}{M}$	$\dfrac{1}{J}$
入出力関係	$\dfrac{di(t)}{dt} = \dfrac{1}{L}v(t)$	$\dfrac{dv(t)}{dt} = \dfrac{1}{M}f(t)$	$\dfrac{d\omega(t)}{dt} = \dfrac{1}{J}\tau(t)$
または	$i(t) = \dfrac{1}{L}\int v(t)dt$	$v(t) = \dfrac{1}{M}\int f(t)dt$	$\omega(t) = \dfrac{1}{J}\int \tau(t)dt$
(速度エネルギー)	$E(t) = \dfrac{1}{2}Li^2(t)$	$E(t) = \dfrac{1}{2}Mv^2(t)$	$E(t) = \dfrac{1}{2}J\omega^2(t)$
基本要素 3	コンデンサ	ばね	ねじりばね
パラメータ	C	$\dfrac{1}{K}$	$\dfrac{1}{K}$
入出力関係	$i(t) = C\dfrac{dv(t)}{dt}$	$v(t) = \dfrac{1}{K}\dfrac{df(t)}{dt}$	$\omega(t) = \dfrac{1}{K}\dfrac{d\tau(t)}{dt}$
(位置エネルギー)	$E(t) = \dfrac{1}{2C}q^2(t)$	$E(t) = \dfrac{1}{2}Kx^2(t)$	$E(t) = \dfrac{1}{2}K\theta^2(t)$

いても，数式モデルにすればその境は何ら意識する必要がない．具体的な例を見てみよう．

電気−機械複合系の動的システム —DC サーボシステム—：図 2.12 は，直流（DC）モータを用いて，回転角度 $\theta(t)$ を自在に変化させる装置で，DC サーボシステムとよばれる．これは，ロボットアームの関節を始めとする多くの産業機器に応用されている．このシステムは，2.2 節で説明した電気系システムである DC モータと回転機械系の複合システムである．ここで，R_a，L_a は DC モータの電機子の抵抗とインダクタンス，$v_i(t)$，$i_a(t)$ は電機子への印加電圧と電流，$v_b(t)$ はモータの逆起電力，$\tau(t)$，$\theta(t)$ はモータの発生トルクと回転角とする．このシステムは印加電圧 $v_i(t)$ を入力，軸の回転角 $\theta(t)$ を出力とする動的システムである．

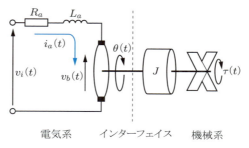

図 2.12 DC サーボモータ

ここで，この複合系の v_i-θ 入出力関係を表す微分方程式を求めてみよう．電気系と機械系の複合系であるので，まず 2.2 節の例に従ってそれぞれについて微分方程式を求める．

電気系サブシステム：L_a の値はきわめて小さいとし，電機子に印加する電圧を $v_i(t)$，電機子回路に流れる電流を $i_a(t)$ として微分方程式を求めると，

$$L_a \frac{di_a(t)}{dt} + R_a i_a(t) = v_i(t) - v_b(t) \tag{2.52}$$

となる．モータは，見方を変えれば発電機であるので，モータの回転に応じて起電力 $v_b(t)$ が生じる．$v_b(t)$ は印加電圧 $v_i(t)$ と極性（電圧の正負の方向）が逆になるので，符号が負になることより逆起電力とよばれる．

機械系サブシステム：モータの発生トルクを $\tau(t)$ とすると，これを機械系の入力としたとき，すでに導いた回転体の運動方程式 (2.47) より，

$$J \frac{d^2\theta(t)}{dt^2} + D \frac{d\theta(t)}{dt} = \tau(t) \tag{2.53}$$

となる．ただし，ねじりばねはないので，$K = 0$ としてある．

インターフェイス：電気系と機械系とを結びつける関係は，発生トルク（機械系）と電流（電気系），および逆起電力（電気系）と回転速度（機械系）の間に，

$$\tau(t) = K_a i_a(t) \tag{2.54}$$

$$v_b(t) = K_b \frac{d\theta(t)}{dt} \tag{2.55}$$

が成り立つ．ただし，K_a, K_b はモータ定数といい，モータにより決まった値である．

以上をもとに電機子電圧 v_i を入力，モータの回転角 θ を出力とする複合系の入出力関係の微分方程式を導く．式 (2.54) に式 (2.53) を代入して電流 $i_a(t)$ を求めると，

$$i_a(t) = \frac{J}{K_a}\frac{d^2\theta(t)}{dt^2} + \frac{D}{K_a}\frac{d\theta(t)}{dt} \tag{2.56}$$

となり，さらに，もう一度時間微分すると，

$$\frac{di_a(t)}{dt} = \frac{J}{K_a}\frac{d^3\theta(t)}{dt^3} + \frac{D}{K_a}\frac{d^2\theta(t)}{dt^2} \tag{2.57}$$

となる．両式と式 (2.55) を式 (2.52) に代入すると，次の入出力関係の微分方程式

$$L_a J\frac{d^3\theta(t)}{dt^3} + (L_a D + R_a J)\frac{d^2\theta(t)}{dt^2} + (R_a D + K_a K_b)\frac{d\theta(t)}{dt} = K_a v_i(t) \tag{2.58}$$

を得る．

以上，複合系の微分方程式は，インターフェイスの関係を使って両者を統合すれば得られる．いったん得られた微分方程式は電気系，機械系の区別はない．

2.4 数式モデルの一般形

動的システムの具体的な例を挙げながら，それらの入出力関係はすべて線形微分方程式で表されることを示した．また，微分方程式になる理由は，それぞれのシステムに何らかのエネルギー蓄積要素が存在することに起因することを示した．ここでは，一般的な数式モデルはどのような微分方程式の形になるか説明する．

そのまえに今までの入出力微分方程式とは少しようすが異なるケースを見てみよう．

R–R–C 回路：図 2.13 の R–R–C 回路において，図中の $v_i(t), v_o(t)$ を入出力とする微分方程式を導いてみる．

C の初期電圧 $V_0 = 0$ とすると，キルヒホッフの法則により，印加電圧 $v_i(t)$ と回路中に流れる電流 $i(t)$ に，

$$v_i(t) = R_1 i(t) + v_o(t) \tag{2.59}$$

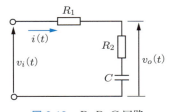

図 2.13　R–R–C 回路

$$v_o(t) = R_2 i(t) + \frac{1}{C}\int_0^t i(\sigma)d\sigma \tag{2.60}$$

が成り立つ．ここで，式 (2.60) の中間変数 $i(t)$ を消去して整理すると，入出力関係の微分方程式は，

$$C(R_1 + R_2)\frac{dv_o(t)}{dt} + v_o(t) = CR_2\frac{dv_i(t)}{dt} + v_i(t) \tag{2.61}$$

となる．

ここで，なぜこのような例を挙げたかであるが，今までの例と異なり，この数式モデルには入力 $v_i(t)$ の時間微分が現れているからである．つまり，動的システムの構造によっては，上の式のように出力の微分だけでなく，入力の微分も出現することがある．

これより，一般的に，動的システムの入出力関係の微分方程式は，入力を $u(t)$，出力を $y(t)$ とすれば，

$$\begin{aligned}a_n\frac{d^n y(t)}{dt^n} &+ a_{n-1}\frac{d^{n-1} y(t)}{dt^{n-1}} + \cdots + a_1\frac{dy(t)}{dt} + a_0 y(t) \\ &= b_m\frac{d^m u(t)}{dt^m} + b_{m-1}\frac{d^{m-1} u(t)}{dt^{m-1}} + \cdots + b_1\frac{du(t)}{dt} + b_0 u(t)\end{aligned} \tag{2.62}$$

なる n 階の線形微分方程式と，初期条件

$$\left.\frac{d^i y(t)}{dt^i}\right|_{t=0} = y_i \qquad (i = 0, 1, \ldots, n-1) \tag{2.63}$$

$$\left.\frac{d^k u(t)}{dt^k}\right|_{t=0} = u_k \qquad (k = 0, 1, \ldots, m-1) \tag{2.64}$$

で与えられる．ここで，n は動的システムの次数とよばれる．また，実際のシステムでは右辺に出現する入力の微分の回数 m は，一般的に $m \leqq n$ でなければならない．その物理的意味を詳しく説明するには多くの紙面を必要とするので，ここでは理想的微分要素は存在しないからであると述べるにとどめておく．

本章では，制御対象は動的システムであり，その挙動は微分方程式でモデル化できることを示した．動的システムの入出力関係の微分方程式を求める手順としては，基本的には次のように考える．

① 複雑な制御対象を分析し，いくつかの基本要素ないしはそれらの複合体である部分システム（サブシステム）に分解する．
② 各部分システムの入出力関係に物理法則を適用し，入出力関係（微分方程式）を立てる．このとき，方程式中に積分が含まれる場合は，式の両辺を時間微分するなどの方法で微分のみの式に変形する．

③ 部分システム間のインターフェイスを見つけ，関連の微分方程式を結合する．
④ ③の操作を繰り返し，全体の微分方程式を立てる．この過程において，入出力変数以外の中間変数が現れる場合，変数変換ないしは時間微分を施すなどの方法で中間変数を消去し，最終的に入出力変数のみからなる微分方程式を得る．

なお，複雑な力学系を制御対象とするときは，直接微分方程式を求めるのではなく，ラグランジアンを用いた解析力学による手法が一般的であるが，ここでは参考文献を挙げるにとどめる．また，実際のシステムには物理法則がわからない制御対象もある．そのときは，入出力データから入出力関係を導く方法もあり，その方法は第5章で説明する．

―――― 演習問題 2 ――――

2.1 図 2.14 に示す各電気回路の入出力関係の微分方程式を求めよ．$v_i(t)$ と $v_o(t)$ はそれぞれ入力と出力電圧である．

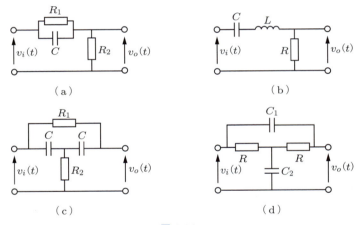

図 2.14

2.2 図 2.15 に示す各機械系の入出力関係の微分方程式を求めよ．$x_i(t)$，$f_i(t)$ はそれぞれ位置と力の入力であり，$x_o(t)$ は位置出力である．

2.3 図 2.16 に示す各システムの入出力関係の微分方程式を求め，得られた数式モデルの相違を比較せよ．

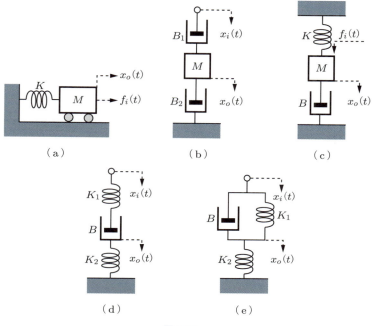

図 2.15

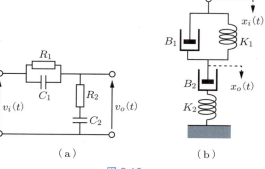

図 2.16

第3章 伝達関数

　第2章では，動的システムの入出力関係を微分方程式で表せることを示した．本章では，微分方程式にラプラス変換を施し，入出力関係を伝達関数として表すこともできることを示し，伝達関数のもつ利点や性質について説明する．また，部分（サブ）システムを1つのブロックとみなし，制御対象を複数のブロックの結合として表現する方法にも言及する．

3.1　微分方程式とラプラス変換

　1.3節で，時間関数 $f(t)$ に対するラプラス変換を説明した．ラプラス変換は単に時間関数だけでなく，微分方程式に対しても有効である．以下，ラプラス変換と微分方程式の関係を説明しよう．まず，簡単な例から考える．

　R–L–C 回路の微分方程式 (2.23) と初期条件式 (2.24) を再度示すと，

$$LC\frac{d^2 v_o(t)}{dt^2} + RC\frac{dv_o(t)}{dt} + v_o(t) = v_i(t) \tag{3.1}$$

$$v_o(0) = V_0, \qquad \left.\frac{dv_o(t)}{dt}\right|_{t=0} = \dot{V}_0 \tag{3.2}$$

であり，これにラプラス変換を適用してみる．まず，式 (3.1) の両辺をラプラス変換すると，

$$\mathcal{L}\left[LC\frac{d^2 v_o(t)}{dt^2} + RC\frac{dv_o(t)}{dt} + v_o(t)\right] = \mathcal{L}\left[v_i(t)\right] \tag{3.3}$$

となる．ここで，入出力電圧 $v_i(t)$, $v_o(t)$ のラプラス変換を，

$$\mathcal{L}\left[v_i(t)\right] = V_i(s) \tag{3.4}$$

$$\mathcal{L}\left[v_o(t)\right] = V_o(s) \tag{3.5}$$

とする．式 (3.3) の左辺に対して，式 (1.43) の微分に関するラプラス変換を適用すると，

$$\mathcal{L}\left[\frac{dv_o(t)}{dt}\right] = sV_o(s) - v_o(0) = sV_o(s) - V_0 \tag{3.6}$$

$$\mathcal{L}\left[\frac{d^2v_o(t)}{dt^2}\right] = s^2V_o(s) - sv_o(0) - \left.\frac{dv_o(t)}{dt}\right|_{t=0}$$
$$= s^2V_o(s) - sV_0 - \dot{V}_0 \tag{3.7}$$

が得られる．これらを式 (3.3) に代入し，ラプラス変換の線形性を考慮して整理すれば，

$$\underbrace{(LCs^2 + RCs + 1)V_o(s) = V_i(s)}_{\text{(微分方程式部分)}} + \underbrace{(LCs + RC)V_0 + LC\dot{V}_0}_{\text{(初期条件部分)}} \tag{3.8}$$

となる．

同様の操作を，一般的な動的システムである式 (2.62) の微分方程式

$$a_n\frac{d^ny(t)}{dt^n} + a_{n-1}\frac{d^{n-1}y(t)}{dt^{n-1}} + \cdots + a_1\frac{dy(t)}{dt} + a_0y(t)$$
$$= b_m\frac{d^mu(t)}{dt^m} + b_{m-1}\frac{d^{m-1}u(t)}{dt^{m-1}} + \cdots + b_1\frac{du(t)}{dt} + b_0u(t) \tag{3.9}$$

および式 (2.63) の初期条件

$$\left.\frac{d^iy(t)}{dt^i}\right|_{t=0} = y_i \qquad (i = 0, 1, \ldots, n-1) \tag{3.10}$$

$$\left.\frac{d^ku(t)}{dt^k}\right|_{t=0} = u_k \qquad (k = 0, 1, \ldots, m-1) \tag{3.11}$$

に施してみよう．ただし，一般性を失わずに，これ以降 $a_n = 1$ とする．式 (3.9) をラプラス変換すると，

$$s^nY(s) - \sum_{k=1}^{n}s^{n-k}y_{k-1} + a_{n-1}\left(s^{n-1}Y(s) - \sum_{k=1}^{n-1}s^{n-k-1}y_{k-1}\right)$$
$$+ \cdots + a_0Y(s)$$
$$= b_m\left(s^mU(s) - \sum_{k=1}^{m}s^{m-k}u_{k-1}\right) + b_{m-1}\left(s^{m-1}U(s) - \sum_{k=1}^{m-1}s^{m-k-1}u_{k-1}\right)$$
$$+ \cdots + b_0U(s) \tag{3.12}$$

となる．これを整理し，式 (3.8) にならって微分方程式部分と初期値部分に分けて表すと，

$$\underbrace{(s^n + a_{n-1}s^{n-1} + \cdots + a_0)Y(s) = (b_ms^m + b_{m-1}s^{m-1} + \cdots + b_0)U(s)}_{\text{(微分方程式部分)}}$$

$$+ \sum_{k=1}^{n} s^{n-k} y_{k-1} + a_{n-1} \sum_{k=1}^{n-1} s^{n-k-1} y_{k-1} + \cdots + a_1 y_0$$

$$\underbrace{- b_m \sum_{k=1}^{m} s^{m-k} u_{k-1} - b_{m-1} \sum_{k=1}^{m-1} s^{m-k-1} u_{k-1} - \cdots - b_1 u_0}_{\text{(初期値部分)}} \quad (3.13)$$

となる．このように，微分方程式をラプラス変換すれば，微分方程式と初期条件を 1 つの式として表すことができる．さらに，式 (3.13) に示すように，微分方程式部分のラプラス変換は，単に $y(t) \to Y(s)$, $u(t) \to U(s)$ とし，1 階微分は $d/dt \to s$, 2 階微分 $d^2/dt^2 \to s^2$, n 階微分は $d^n/dt^n \to s^n$ と置き換えてやればよい．なお，式 (3.8)，(3.13) を用いて微分方程式の解を求める方法は第 4 章で明らかにする．

3.2 伝達関数の定義

3.1 節の結果をもとに，動的システムの数式モデルとして，微分方程式とは別に伝達関数を導入する．第 2 章の抵抗 R のオームの法則を思い出してみよう．図 3.1 のように抵抗をシステムとみなし，抵抗に流れる直流電流 I を出力信号，端子間の直流電圧 V を入力信号とすると，入出力関係として有名なオームの法則

$$I = GV \quad (3.14)$$

が成り立つ．G はコンダクタンスとよばれ，$G = 1/R$ である．

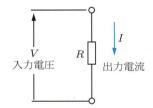

図 3.1 抵抗要素の入出力関係

ここで，抵抗の機能を特徴付ける値 G は，出力電流 I と入力電圧 V の比として，

$$G = \frac{I}{V} \quad (3.15)$$

で与えられる．

式 (3.15) に準じて，動的システムの特徴を出力と入力の比として表せないであろうか．すでに述べたように，動的システムの入出力 $u(t)$, $y(t)$ は微分方程式で関係づけられていて，単純に時刻 t における出力と入力の比 $y(t)/u(t)$ ではその入出力関係を

表すことができない．そこで，入力関数のラプラス変換 $U(s)$ と出力関数のラプラス変換 $Y(s)$ を用いて考えた場合はどうであろうか．

動的システムの入出力関係は一般的に，式 (3.9) の微分方程式と式 (3.10) の初期条件で与えられていることを示した．ところが実際の場合は，システムの初期値はゼロであることが多い．たとえば，電気回路の場合は，コンデンサに蓄えられている初期電荷はゼロ，機械振動系ではゼロの平衡状態に静止しているというような状況はよくある．したがって，動的システムのすべての入出力信号に関する初期条件をゼロ，すなわち，

$$\left.\frac{d^i y(t)}{dt^i}\right|_{t=0} = y_i = 0 \qquad (i = 0, 1, \ldots, n-1) \tag{3.16}$$

$$\left.\frac{d^k u(t)}{dt^k}\right|_{t=0} = u_k = 0 \qquad (k = 0, 1, \ldots, m-1) \tag{3.17}$$

と仮定したうえで，動的システムの入出力関係を考える．このとき，式 (3.13) の初期値部分はゼロとなり，

$$(s^n + a_{n-1}s^{n-1} + a_{n-2}s^{n-2} + \cdots + a_0)Y(s)$$
$$= (b_m s^m + b_{m-1}s^{m-1} + \cdots + b_0)U(s) \tag{3.18}$$

となる．式 (3.18) の両辺を $(s^n + a_{n-1}s^{n-1} + \cdots + a_0)$ と $U(s)$ で割れば，$Y(s)$ と $U(s)$ の比 $G(s)$ が，

$$G(s) = \frac{Y(s)}{U(s)} = \frac{b_m s^m + b_{m-1}s^{m-1} + \cdots + b_0}{s^n + a_{n-1}s^{n-1} + a_{n-2}s^{n-2} + \cdots + a_0} \tag{3.19}$$

と得られる．すなわち，初期条件がゼロであるときの $U(s)$，$Y(s)$ の入出力関係は，

$$G(s) = \frac{Y(s)}{U(s)} \tag{3.20}$$

あるいは，

$$Y(s) = G(s)U(s) \tag{3.21}$$

と定義できる．

上式は，形式上入力 $U(s)$ が動的システムにより $G(s)$ 倍され，出力 $Y(s)$ になると解釈でき，$G(s)$ は式 (3.15) に示すコンダクタンス $G = I/V$ に準じるものといえる．入力 $U(s)$ が $G(s)$ を介して出力 $Y(s)$ に伝達されるという意味で，$G(s)$ を伝達関数とよぶ．このように，微分方程式で記述された動的システムは，すべての初期状態をゼロとし，微分方程式をラプラス変換して得られる伝達関数としてもモデル化できる．

伝達関数 $G(s)$ は，次の特徴をもつ．

① $G(s)$ は，s を変数とする複素有理関数となる．すなわち分母多項式

$$d(s) = s^n + a_{n-1}s^{n-1} + a_{n-2}s^{n-2} + \cdots + a_0 \tag{3.22}$$

と，分子多項式

$$n(s) = b_m s^m + b_{m-1}s^{m-1} + \cdots + b_0 \tag{3.23}$$

との比

$$G(s) = \frac{n(s)}{d(s)} \tag{3.24}$$

となる．
② 分母多項式の次数 n を伝達関数の次数とよぶ．伝達関数は必ずプロパー，すなわち $n \geqq m$ である．
③ ただし，$G(s)$ は微分方程式に現われる初期条件はすべてゼロとしたときの結果である．

　動的システムの入出力関係において，入出力信号を時間関数として扱う場合と，ラプラス変換して複素関数として扱う場合の関係は図 3.2 のようになる．これから本書では，動的システムの数式モデルとして微分方程式ではなく，この伝達関数を主として用いることとする．

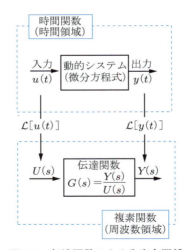

図 3.2　伝達関数による入出力関係

3.3 基本的な伝達関数

本節では，制御工学で用いられる基本的な伝達関数を，実例として電気回路を挙げながら説明しよう．

（1）比例要素

式 (2.3) で与えられた抵抗 R の入力電圧と出力電流の比例関係をラプラス変換すれば，伝達関数

$$G(s) = \frac{I(s)}{V(s)} = \frac{1}{R} \tag{3.25}$$

を得る．一般的に，時刻 t の出力信号 $y(t)$ が，時刻 t の入力信号 $u(t)$ のみで決まる入出力関係

$$y(t) = Ku(t) \tag{3.26}$$

をもつ要素は比例要素とよばれ，その伝達関数は，

$$G(s) = \frac{Y(s)}{U(s)} = K : 定数 \tag{3.27}$$

と表される．比例要素においては，入力信号は変形なしに一定の倍率で拡大または縮小され，出力される．

（2）積分要素

式 (2.6) のインダクタ L の入力電圧と出力電流との積分関係に対しラプラス変換を行うと，伝達関数

$$G(s) = \frac{I(s)}{V(s)} = \frac{1}{Ls} \tag{3.28}$$

を得る．一般的に，入力 $u(t)$ と出力 $y(t)$ には，

$$y(t) = \frac{1}{T_I} \int u(t)dt \tag{3.29}$$

となる関係をもつ積分要素の伝達関数は，

$$G(s) = \frac{Y(s)}{U(s)} = \frac{1}{T_I s} \tag{3.30}$$

となる．入力が単位ステップ信号 $I(t)$ であるとき，積分要素の出力は，

$$y(t) = \frac{1}{T_I} \int_0^t 1 dt = \frac{1}{T_I} t \tag{3.31}$$

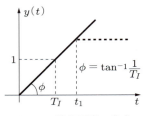

図 3.3 積分要素の出力

となり，図 3.3 に実線で示すように時間の増加とともに直線的に増加する．増加の速度が $1/T_I$ によって決められ，T_I が小さいほど増加は速い．したがって，T_I は積分時定数とよばれる．

ある時刻 (t_1) で入力を除去しても，すなわち $u(t) = 0$ ($t > t_1$) としても，積分は停止するが，出力が太い破線で示すようにその時刻の値のまま持続される．したがって，積分要素は過去の入力に対する記憶機能をもつ．

（3） 微分要素

式 (2.8) のキャパシタ C の入力電圧と出力電流との微分関係に対しラプラス変換を行うと，伝達関数

$$G(s) = \frac{I(s)}{V(s)} = Cs \tag{3.32}$$

が得られる．一般的に，入出力関係

$$y(t) = T_D \frac{du(t)}{dt} \tag{3.33}$$

をもつ微分要素の伝達関数は，

$$G(s) = \frac{Y(s)}{U(s)} = T_D s \tag{3.34}$$

となる．微分要素の出力は入力の 1 階微分に比例する．入力が単位ステップ信号 $I(t)$ であるとき，微分要素の出力は，

$$y(t) = T_D \frac{dI(t)}{dt} = T_D \delta(t) \tag{3.35}$$

となり，インパルス信号である．また，入力がランプ関数のとき，微分要素の出力はステップ信号となる．

（4） 1 次遅れ系の伝達関数

式 (2.14) に示す R–C 回路の微分方程式において，$v_o(t) \to y(t)$，$CR \to T$，

$v_i(t) \to u(t)$ と置き換えると，

$$T\frac{dy(t)}{dt} + y(t) = u(t) \tag{3.36}$$

となる．初期条件を $y(0) = 0$ とし，式 (3.36) の両辺を式 (3.1) と同様にラプラス変換すれば，

$$(Ts + 1)Y(s) = U(s) \tag{3.37}$$

を得る．これより，1 次遅れ系の伝達関数 $G(s)$ は，

$$G(s) = \frac{1}{1 + sT} \tag{3.38}$$

となる．入力にゲイン K をもたせて，より一般的な 1 階の微分方程式を，

$$T\frac{dy(t)}{dt} + y(t) = Ku(t) \tag{3.39}$$

とすれば，その伝達関数は，

$$G(s) = \frac{K}{1 + sT} \tag{3.40}$$

となる．

（5） 2 次遅れ系の伝達関数

式 (2.23) の R–L–C 回路の微分方程式は，入力にゲイン K をもたせて一般的に書き換えると，

$$\frac{d^2y(t)}{dt^2} + a\frac{dy(t)}{dt} + by(t) = K'u(t) \tag{3.41}$$

となる．ただし，$a = R/L$, $b = 1/(LC)$, $K' = K/(LC)$ である．ここで初期条件をすべてゼロとしてラプラス変換すると，

$$(s^2 + as + b)Y(s) = K'U(s) \tag{3.42}$$

となり，2 次の伝達関数，

$$G(s) = \frac{K'}{s^2 + as + b} \tag{3.43}$$

が得られる．ここで，$a > 0, b > 0$ の場合，$a = 2\zeta\omega_n$, $b = \omega_n^2$, $K' = K\omega_n^2$ と置き換えると，式 (3.43) は次の 2 次遅れ系の標準形として表現される．

$$G(s) = K\frac{\omega_n^2}{s^2 + 2\zeta\omega_n s + \omega_n^2} \tag{3.44}$$

ここで，ζ を減衰係数，ω_n を自然（固有）角周波数とよぶ．式 (3.44) が標準形とよばれる意味は第 4 章で明らかにする．

以上，伝達関数の基本要素を電気回路を中心に説明したが，これをまとめると表 3.1 のようになる．2.3 節で等価システムについて説明したように，機械系においても同様な基本要素が存在する．

表 3.1 伝達関数の基本要素

伝達関数要素名	伝達関数
比例要素	$G(s) = K$
微分要素	$G(s) = T_D s$
積分要素	$G(s) = \dfrac{1}{T_I s}$
1 次遅れ系	$G(s) = \dfrac{K}{1 + Ts}$
2 次遅れ系	$G(s) = \dfrac{K'}{s^2 + as + b}$
（標準形）	$G(s) = \dfrac{K\omega_n^2}{s^2 + 2\zeta\omega_n s + \omega_n^2}$

さて，代数学の基本定理により n 次の項の係数が 1 であるモニックな n 次多項式を実数係数多項式に因数分解すると，

$$s^n + a_{n-1}s^{n-1} + \cdots + a_1 s + a_0 = \prod_{i=1}^{r_1}(s + \alpha_i)\prod_{k=1}^{r_2}(s^2 + \beta_k s + \delta_k) \quad (3.45)$$

のように，1 次と 2 次の因子に分解される．ただし，$r_1 + 2r_2 = n$ である．$\alpha_i = 0$ になる場合も考慮すれば，n 次の分母多項式と m 次の分子多項式からなる式 (3.19) の一般の伝達関数は，分母分子をそれぞれ因数分解すれば，

$$G(s) = K \dfrac{\prod_{i=1}^{m_1}(s + c_i)\prod_{k=1}^{m_2}(s^2 + d_k s + e_k)}{s^l \prod_{i=1}^{n_1}(s + \alpha_i)\prod_{k=1}^{n_2}(s^2 + \beta_k s + \delta_k)} \quad (3.46)$$

となる．ここで，$m_1 + 2m_2 = m$, $l + n_1 + 2n_2 = n$, $l \geqq 0$ である．これより，伝達関数は比例要素，積分要素，1 次遅れ系，2 次遅れ系および 1 次，2 次遅れ系の逆伝達関数（その伝達関数の逆数）の積に分解できる．これは，任意の伝達関数は，次節で示すように基本要素を直列に結合した複合系と見なせることを意味する．このことが上の要素を基本要素とよぶ理由の 1 つである．

例題 3.1 次の伝達関数を基本伝達関数の積に分解せよ．

$$G(s) = \frac{s^2 + 2s - 3}{s^4 + 3s^3 + 4s^2 + 2s}$$

［解］

$$G(s) = \frac{(s+3)(s-1)}{s(s+1)(s^2+2s+2)}$$

3.4 ブロック線図とシステムの結合

動的システムの入出力関係は，伝達関数で表現できることを示してきた．制御対象が複雑になると，対象をいくつかのサブシステムに分割し，各サブシステムの伝達関数を求め，特性を解析する方法がよく用いられる．サブシステムの伝達関数をブロック（塊），各ブロック間の信号の結合を結線で表したものをブロック線図とよぶ．ブロック線図は，制御対象全体の構造と信号の流れを把握しやすくするためにしばしば用いられる．

ブロック線図は，図 3.4 に示すような（a）伝達ブロック，（b）信号の加え合わせ点，（c）信号の引き出し点，の 3 つの部品から構成される．ブロック線図には信号の伝達を矢印で示しているが，これは矢印の一方向にのみ信号が伝達されることを意味し，後ろ方向には何ら影響を与えないことに注意を要する．また，ここでより明確にするために，黒点をつけて引き出し点を表しているが，とくに強調しない場合はつけないことにも注意されたい．

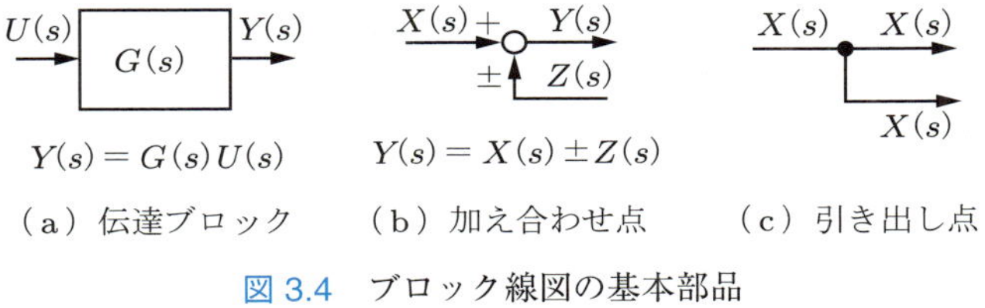

（a）伝達ブロック　$Y(s) = G(s)U(s)$

（b）加え合わせ点　$Y(s) = X(s) \pm Z(s)$

（c）引き出し点

図 3.4　ブロック線図の基本部品

各部品の入出力関係は，図の下段に示す式のとおりである．すなわち，伝達ブロックは入力を伝達関数 $G(s)$ により出力に変換する機能をもつ．加え合わせ点は図中に示した符号 $\pm$ に応じて信号 $X(s)$，$Z(s)$ の加減算が実行される．引き出し点は，同じ信号 $X(s)$ がブロックや加え合わせ点に供給される．

3.4.1 ブロックの結合と簡約化

制御系のブロック線図には，2 つの伝達ブロックの結合法として図 3.5 に示す 3 つ

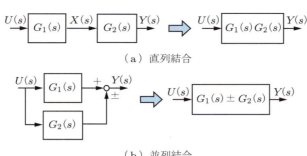

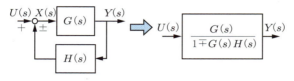

図 3.5 伝達ブロックの結合法

のケースがあり，それらは矢印の右側に示すように 1 つのブロックに統合される．

ケース 1: 直列結合　図 3.5（a）のように 2 つのブロックが直列に結合された場合は，

$$G(s) = \frac{Y(s)}{U(s)} = \frac{Y(s)}{X(s)} \frac{X(s)}{U(s)} = G_1(s) G_2(s) \tag{3.47}$$

となり，2 つの伝達関数の積になる．

ケース 2: 並列結合　図 3.5（b）のように，2 つのブロックが並列に結合された場合は，

$$G(s) = \frac{Y(s)}{U(s)} = \frac{G_1(s) U(s) \pm G_2(s) U(s)}{U(s)} = G_1(s) \pm G_2(s) \tag{3.48}$$

となり，2 つの伝達関数の加減算になる．

ケース 3: フィードバック結合　図 3.5（c）のような 2 つの伝達関数の結合をフィードバック結合といい，その閉ループ伝達関数 $G_{uy}(s) = Y(s)/U(s)$ は次のように求められる．ここで，

$$X(s) = U(s) \pm H(s) Y(s), \quad Y(s) = G(s) X(s) \tag{3.49}$$

より，$X(s)$ を消去し，$Y(s)/U(s)$ を求めると，

$$G_{uy}(s) = \frac{Y(s)}{U(s)} = \frac{G(s)}{1 \mp G(s) H(s)} \tag{3.50}$$

となる．式 (3.50) の分母における符号が反転していることに注意が必要である．

以上の結合例で示したように，動的モデルを伝達関数で表現した利点は，① 2 つの

伝達関数の加減乗除算が自由に行える，② さまざまな演算とブロック線図の構図が対応できる，の2点である．

3.4.2 ブロック線図の等価変換

3.4.1項で2つのブロックの結合とその統合の結果を示したが，複雑なブロック線図を簡略化するには上の操作に加えて，図3.6（a）〜（e）の等価変換の法則を理解する必要がある．これらの変換が等しいことは図より明らかと思われるので，各自で計算を行い確かめてほしい．

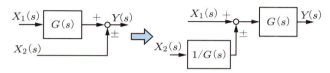

（a）加え合わせ点の移動 1

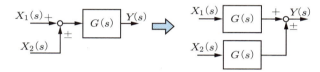

（b）加え合わせ点の移動 2

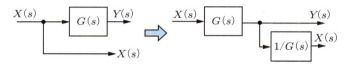

（c）引き出し点の移動 1

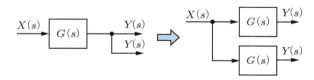

（d）引き出し点の移動 2

（e）伝達ブロックの互換

図 3.6　ブロック線図の等価変換

例題 3.2 簡約化と等価変換規則を用いて 2.3.2 項の DC サーボシステムの電機子電圧 $v_i(t)$(入力)から回転角 $\theta(t)$(出力)までの伝達関数を求めよ.

[解] まず,各部品の伝達ブロックを作成する.電気系の伝達ブロックは式 (2.52) にラプラス変換を施し入出力関係を整理すれば図 3.7(a)になる.同様に,機械系の伝達ブロックは式 (2.53) より図 3.7(b)のようになる.さらに,式 (2.54), (2.55) で与えられるインターフェイス部をブロック化すれば,図 3.7(c)のように求められる.これらの部品を $I_a(s)$ は $I_a(s)$ どうし,$\Theta(s)$ は $\Theta(s)$ どうしを逐次結線していけば,DC サーボシステムのブロック線図が図 3.8(a)のように得られる.

さらに,これにブロック線図の簡約化を適用すれば,$V_i(s)$ から $\Theta(s)$ までの伝達関数を次のように求めることができる.まず,上段の直列結合のブロックを 1 つのブロックにすれば図 3.8(b)となり,さらにフィードバック結合を 1 つにすれば図 3.8(c)に示す伝達関数が求められる

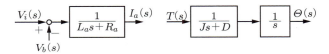

(a)電気系の伝達ブロック　　(b)機械系の伝達ブロック

(c)電流−トルク関係・逆起電力の伝達ブロック

図 3.7

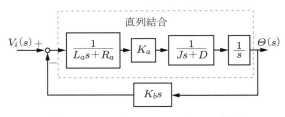

(a)DC サーボシステムのブロック線図

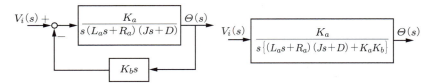

(b)直結結合の簡約化　　(c)フィードバック結合の簡約化

図 3.8

演習問題 3

3.1 次の各微分方程式より $u(t)$ を入力，$y(t)$ を出力とするシステムの伝達関数 $G(s)$ を求めよ．ただし，分母多項式はモニック多項式となるように変形せよ．

(1) $\dfrac{d^2y(t)}{dt^2} + 3\dfrac{dy(t)}{dt} + 4y(t) = 5u(t)$

(2) $3\dfrac{d^3y(t)}{dt^3} + 9\dfrac{d^2y(t)}{dt^2} - 6\dfrac{dy(t)}{dt} + 2y(t) = 3\dfrac{d^2u(t)}{dt^2} - 2\dfrac{du(t)}{dt} + 12u(t)$

(3) $L\dfrac{dy(t)}{dt} + Ry(t) = u(t)$

(4) $a_3\dfrac{d^3y(t)}{dt^3} + a_2\dfrac{d^2y(t)}{dt^2} + a_1\dfrac{dy(t)}{dt} + a_0y(t) = b_1\dfrac{du(t)}{dt} + b_0u(t)$

3.2 演習問題 2.1 で与えられている各電気回路の伝達関数を求めよ．

3.3 演習問題 2.2 で与えられている各機械系の伝達関数を求めよ．

3.4 図 3.9 の各システムの伝達関数 $Y(s)/U(s)$ を求めよ．

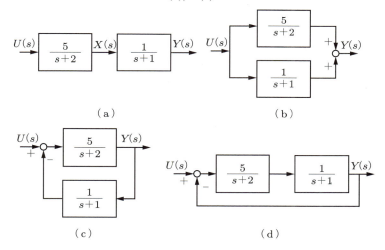

図 3.9

3.5 図 3.10 の各システムのブロック線図を簡約し，その伝達関数 $Y(s)/U(s)$ を求めよ．

3.6 図 3.11 のフィードバックシステムの閉ループ伝達関数 $G(s) = Y(s)/U(s)$ を求めよ．

第 3 章 伝達関数

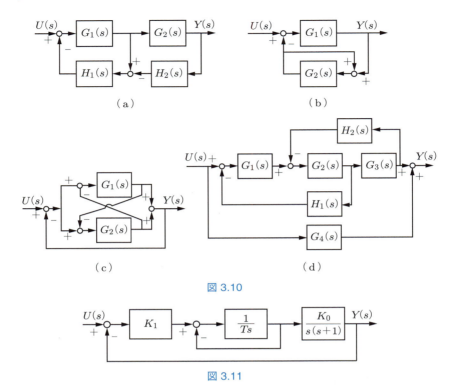

図 3.10

図 3.11

第4章 動的システムの時間応答と安定性

　第2章,第3章において,動的システムの入出力モデルとして微分方程式と伝達関数を示した.それでは,動的システムに $u(t)$ を入力したとき出力 $y(t)$ は時間的にどのような応答をするであろうか.ここでは,微分方程式と伝達関数から,動的システムの時間応答をいかに求めるかを考え,求めた応答をもとに,さまざまな動的システムがもつ時間応答の特性を説明する.さらに,動的システムの時間応答のなかでもっとも重要な性質である,安定性を判別する方法について説明する.

4.1 動的システムの時間応答

　動的システムに入力 $u(t)$ を加えたとき,出力 $y(t)$ は時間とともに変化する.その時間応答を見極めることは,制御工学では重要な意味をもつ.それでは,$u(t)$ から $y(t)$ を求めるにはどのようにすればよいであろうか.これには2つの方法がある.

　1つは,図 4.1(a)に示すように実システムに実入力を加え,その出力応答を実験的に観察する方法である.この方法には多くの問題がある.第1は経済性の問題である.実システムを稼働させることは,一般にコストがかさむ.加えてさまざまな入力に対する応答を調べるには,複数回の実験を必要とするため,さらに多くの費用や労力を必要とする.第2は,安全性の問題である.対象とするシステムが,あとに説明する「不安定」な場合,実験に暴走や爆発などの危険がともなう.ただし,実験で得られた応答はまさしく実システムの応答であり,多くの情報が得られる.実際の現場では,第6章～第12章で説明するフィードバック制御系を構成したあと,出力応答を実験的に確認することは必ず行われる.制御対象単体で応答を求める実験は,不安定な場合もあるので慎重に行わなくてはならない.

　もう1つは,図 4.1(b)に示すように,数式モデルをもとに $y(t)$ を計算で求める方法である.この方法はさまざまな入力に対する時間応答を容易に求めることができ,コストもかからず,危険もともなわない.ただし,数式モデルが実システムの挙動を十分反映していないと正しい応答が求められない.実際の場合は,数式モデルを十分

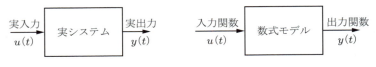

(a) 実験による応答　　　　(b) 数式モデルによる応答

図 4.1　時間応答を見つける方法

検討し，正確なモデルを得ることにより，この第2の方法を用いるのが一般的である．

ここでは，数式モデルは実システムを正確に反映しているとし，計算で得られる応答は実システムの応答特性を示していると考える．本章では，1次遅れ系や2次遅れ系などの時間応答の特徴は，どのようになるのかもあわせて理解してほしい．

4.2　微分方程式の解法

ここでは，微分方程式モデルから出力応答を求めてみる．入力に対する出力の時間的変化のようすを微分方程式から求めることを，微分方程式を解くという．

それでは，もっとも簡単な1次遅れ系である式 (2.14)，式 (2.15) の R–C 回路の微分方程式を解いてみる．式 (2.14)，(2.15) を再掲すると，

$$\frac{dv_o(t)}{dt} = -\frac{1}{CR}v_o(t) + \frac{1}{CR}v_i(t) \tag{4.1}$$

$$v_o(0) = V_0 \tag{4.2}$$

となる．

まず，入力をゼロとした微分方程式

$$\frac{dv_o(t)}{dt} = -\frac{1}{CR}v_o(t) \tag{4.3}$$

の解を見つける．

式 (4.3) において，2つの変数 v_o，t を，左辺に v_o，右辺に t と分離するように変形すると，

$$\frac{dv_o(t)}{v_o(t)} = -\frac{1}{CR}dt \tag{4.4}$$

となる．上のような微分方程式は，変数を分離できるので，変数分離形とよばれる．さて，式 (4.4) の両辺をそれぞれの変数で積分すれば，

$$左辺：\int \frac{1}{v_o(t)} dv_o(t) = \log|v_o(t)| \tag{4.5}$$

$$\text{右辺}: \quad \int -\frac{1}{CR}dt = -\frac{1}{CR}t + c \tag{4.6}$$

となる．これを等しいとおいて変形すれば，

$$v_o(t) = c' e^{-\frac{1}{CR}t} \tag{4.7}$$

となり，入力をゼロとしたときの出力 $v_o(t)$ が求められる．ただし，c は積分定数であり，c' は $c' = e^c$ なる定数である．

次に，入力がゼロでない場合を，定数変化法を用いて解いてみよう．式 (4.7) の c' を定数でなく，t の関数として考え，

$$v_o(t) = c'(t) e^{-\frac{1}{CR}t} \tag{4.8}$$

とおく．両辺を t で微分すれば，

$$\frac{dv_o(t)}{dt} = \frac{dc'(t)}{dt} e^{-\frac{1}{CR}t} - \frac{1}{CR}c'(t) e^{-\frac{1}{CR}t} \tag{4.9}$$

となる．式 (4.8)，(4.9) の結果を式 (4.1) に代入して整理すると，$c'(t)$ の 1 次導関数，

$$\frac{dc'(t)}{dt} = \frac{1}{CR} e^{\frac{1}{CR}t} v_i(t) \tag{4.10}$$

が得られる．さらに式 (4.10) を区間 $[0, t]$ で積分すれば，

$$c'(t) = \frac{1}{CR} \int_0^t e^{\frac{1}{CR}\tau} v_i(\tau) d\tau + c'' \tag{4.11}$$

となる．ただし，c'' は積分定数である．これを式 (4.8) に代入して整理すれば，

$$v_o(t) = \frac{1}{CR} \int_0^t e^{-\frac{1}{CR}(t-\tau)} v_i(\tau) d\tau + e^{-\frac{1}{CR}t} c'' \tag{4.12}$$

となる．このとき，式 (4.12) は，初期値 $v_o(0) = V_0$ を満たす必要があるので，積分定数 c'' は $c'' = V_0$ となる．

以上，任意の入力 $v_i(t)$ が $t = 0$ で加えられたとき，微分方程式 (4.1) の解は，

$$v_o(t) = \frac{1}{CR} \int_0^t e^{-\frac{1}{CR}(t-\tau)} v_i(\tau) d\tau + e^{-\frac{1}{CR}t} V_0 \tag{4.13}$$

となる．右辺第 1 項は入力 $v_i(\tau)$ $(0 < \tau \leqq t)$，第 2 項は初期値に対する応答である．

ここで，R–C 回路の具体的な入力を $v_i(t)$ として，単位インパルス信号 $\delta(t)$ と単位ステップ信号 $I(t)$ を用いて，それぞれに対応する出力を求めてみよう．

（1）単位インパルス応答

初期条件を $V_0 = 0$，入力を単位インパルス信号としたときの出力を求める．式 (4.13)

に $v_i(t) = \delta(t)$ を代入し，式 (1.15) のインパルス関数の積分の性質を使うと，

$$v_o(t) = \frac{1}{CR}e^{-\frac{1}{CR}t} \tag{4.14}$$

となる．$CR > 0$ なので，その出力は図 4.2 に示す指数関数になる．

このように，初期条件をゼロ，単位インパルス $\delta(t)$ を入力としたときの応答を，インパルス応答という．インパルス応答は動的システムを取り扱うのに重要な役割をなす．

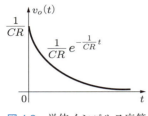

図 4.2　単位インパルス応答

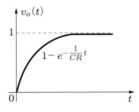

図 4.3　単位ステップ応答

（2）単位ステップ応答

初期条件を $V_0 = 0$，入力を単位ステップ信号 $v_i(t) = I(t)$ としたときの出力は単位ステップ応答とよばれ，その解は式 (4.13) より，

$$v_o(t) = 1 - e^{-\frac{1}{CR}t} \tag{4.15}$$

となる．式 (4.15) のステップ応答の時間的変化を図 4.3 に示す．

以上，R–C 回路の入出力関係を表す微分方程式を解いて，出力の時間応答を求めてみた．これは，1 階の変数分離型の微分方程式であるので比較的簡単に解けるが，それでも積分など煩雑な手続きを必要とする．2 階以上の微分方程式を解くこともできるが，本書ではこれ以上微分方程式の解法には立ち入らない．伝達関数の逆ラプラス変換を用いてより簡単に出力応答を求める方法を，4.4 節で明らかにする．

4.3　インパルス応答と伝達関数

前節の R–C 回路の例においては，式 (4.13) の第 1 項の入力による出力応答 $\frac{1}{CR}\int_0^t e^{-\frac{1}{CR}(t-\tau)}v_i(\tau)d\tau$ は，式 (4.14) のインパルス応答 $\frac{1}{CR}e^{-\frac{1}{CR}t}$ の変数 t を，$t-\tau$ に置き換えた重み関数 $\frac{1}{CR}e^{-\frac{1}{CR}(t-\tau)}$ を入力 $v_i(\tau)$ に掛け，τ を区間 $[0,t]$ で積分した値とみなせる．このような時間関数の重みを掛けた積分を，畳み込み積分とよぶ．この考えを一般的なシステムに拡張すると，次のようになる．

図 4.4 に示すように，一般的な動的システムにおいて，初期値をゼロ，単位インパルス $\delta(t)$ を入力としたときのインパルス応答を $g(t)$ としよう．

4.3 インパルス応答と伝達関数

図 4.4　動的システムのインパルス応答

このとき，入力 $u(t)$ に対する初期値ゼロの動的システムの出力 $y(t)$ は，$g(t)$ を用いて，

$$y(t) = \int_0^t g(t-\tau)u(\tau)d\tau \tag{4.16}$$

と，畳み込み積分として与えられる．式 (4.16) の証明は難しいので，ここでは省略するが，興味のある読者は参考文献を参照してほしい．

式 (4.16) は，時刻 t の出力値 $y(t)$ は，同時刻の入力だけでなく，過去の入力 ($u(\tau)$ $(0 \leq \tau \leq t)$) にも依存していることを示している．すなわち，時刻 t の出力 $y(t)$ は，区間 $[0,t]$ の入力とインパルス応答との畳み込み積分で決まり，決して未来の入力には依存しない．この性質を因果律といい，動的システムに関する重要な概念である．

以上，動的システムの入出力関係は，インパルス応答 $g(t)$ と入力 $u(\tau)$ $(0 \leq \tau \leq t)$ の畳み込み積分としても表せることを説明した．それでは，$g(t)$ と第3章で定義した伝達関数 $G(s)$ とはどのような関係があるであろうか．式 (4.16) に式 (1.48) の畳み込み積分のラプラス変換の公式をあてはめると，

$$Y(s) = \mathcal{L}[y(t)] = \mathcal{L}\left[\int_0^t g(t-\tau)u(\tau)\right] = G(s)U(s) \tag{4.17}$$

が得られる．これより，伝達関数 $G(s)$ とインパルス応答 $g(t)$ の間には，

$$G(s) = \mathcal{L}[g(t)] \tag{4.18}$$

なる関係が成り立つ．ここまで，伝達関数 $G(s)$ は微分方程式から定義してきたが，じつは，インパルス応答 $g(t)$ をラプラス変換したものでもある．

例題 4.1　式 (4.14) の R–C 回路のインパルス応答をラプラス変換し，式 (4.1) の微分方程式から導いた伝達関数と一致することを確かめよ．

[解]　表 1.1 のラプラス変換表を用いて，式 (4.14) の単位インパルス応答をラプラス変換すると，

$$G(s) = \mathcal{L}\left[\frac{1}{CR}e^{-\frac{1}{CR}t}\right] = \frac{1}{CRs+1}$$

となる．一方，式 (4.1) の微分方程式の初期条件はゼロ，すなわち $V_0 = 0$，とすれば，そのラプラス変換は，

$$sV_o(s) = -\frac{1}{CR}V_o(s) + \frac{1}{CR}V_i(s)$$

となる．したがって，次式となり，両者の結果は一致する．

$$G(s) = \frac{V_o(s)}{V_i(s)} = \frac{1}{CRs+1}$$

4.4 伝達関数を用いた出力応答の計算法

微分方程式の求解や入力とインパルス応答の畳み込み積分で出力を求めるには，積分など煩雑な計算を必要とする．ここでは，入力が与えられたときの出力応答を，伝達関数の逆ラプラス変換を用いて簡単に求める方法を説明する．なお，本節以降，断りがない限り，入力は $u(t)$ ないしは $U(s)$，出力は $y(t)$，$Y(s)$ と表すこととする．

式 (4.17) より，$y(t)$ は $G(s)U(s)$ の逆ラプラス変換，

$$y(t) = \mathcal{L}^{-1}[G(s)U(s)] \tag{4.19}$$

でも求められることがわかる．第 2 章で，逆ラプラス変換は部分分数展開を用いるのが実用的であることを説明した．式 (4.19) を部分分数展開で求めるには，伝達関数 $G(s)$ の分母多項式の因数分解が必要である．それでは，伝達関数の分母および分子多項式を因数分解することは，動的システムにおいてどのような意味があるのであろうか．

4.4.1 伝達関数の極と零点

式 (3.19) の一般伝達関数 $G(s)$ の n 次分母多項式 $d(s)$ および m 次分子多項式 $n(s)$ を因数分解すると，

$$G(s) = \frac{n(s)}{d(s)} = \frac{b_m(s-z_1)(s-z_2)\cdots(s-z_m)}{(s-p_1)(s-p_2)\cdots(s-p_n)} \tag{4.20}$$

となる．$n(s), d(s)$ の多項式の係数は実数であるが，$z_i\,(i=1,\ldots,m)$，$p_j\,(j=1,\ldots,n)$ は複素数でもよい．ここで，伝達関数 $G(s)$ の分母多項式 $d(s)$ を特性多項式とよび，$d(s) = 0$ とした次式を特性方程式とよぶ．

$$d(s) = (s-p_1)(s-p_2)\cdots(s-p_n) = 0 \tag{4.21}$$

式 (4.21) を満たす n 個の根，$p_1, p_2, \ldots, p_n$ を伝達関数 $G(s)$ の特性根という．特性根

は伝達関数 $G(s)$ の極ともよばれ，動的システムの特性を示す重要なパラメータである．また，次式を満たす分子多項式 $n(s)$ の m 個の根 $z_1, z_2, \ldots, z_m$ を伝達関数 $G(s)$ の零点とよび，これも動的システムの特徴を表す重要なパラメータである．

$$n(s) = b_m(s - z_1)(s - z_2) \cdots (s - z_m) = 0 \tag{4.22}$$

> **例題 4.2** 次の伝達関数の零点と極を求めよ．
> $$G(s) = \frac{s^2 + 2s - 3}{s^4 + 5s^3 + 10s^2 + 10s + 4}$$
>
> ［解］ $G(s)$ を次のように因数分解する．
> $$G(s) = \frac{(s-1)(s+3)}{(s+1)(s+2)(s^2+2s+2)}$$
> さらに，$s^2 + 2s + 2$ の 2 根を求めれば，零点は $1, -3$，極は $-1, -2, -1 \pm j$ となる．

以下，伝達関数の極をもとに，逆ラプラス変換による出力応答の求め方を説明する．

4.4.2 極とインパルス応答

インパルス応答を，逆ラプラス変換を用いて求めてみる．まず，もっとも簡単な伝達関数である 1 次遅れ系

$$G(s) = \frac{b_0}{a_1 s + a_0} \tag{4.23}$$

のインパルス応答を考える．$a_0, a_1, b_0 > 0$ の場合，式 (4.23) の分母分子を a_0 で割ると，

$$G(s) = K\frac{1}{Ts + 1}, \quad K = \frac{b_0}{a_0} > 0, \quad T = \frac{a_1}{a_0} > 0 \tag{4.24}$$

となる．ここで，$K = 1$ としてインパルス応答 $g(t)$ を求める．このとき，式 (4.24) の極は $p = -1/T$ である．

単位インパルス信号のラプラス変換は $U(s) = 1$ であるので，$g(t)$ は $G(s)$ をそのまま逆ラプラス変換すればよく，

$$g(t) = \mathcal{L}^{-1}\left[\frac{1}{Ts+1}\right] = \mathcal{L}^{-1}\left[\frac{1}{T}\frac{1}{s+\frac{1}{T}}\right] \tag{4.25}$$

となる．ここで，ラプラス変換対表を用いて逆ラプラス変換をすれば，1 次遅れ系のインパルス応答は，

$$g(t) = \frac{1}{T}e^{-\frac{1}{T}t} \qquad (4.26)$$

である．1次遅れ系のインパルス応答関数は，その極 $p = -1/T$ を指数係数とする指数関数 e^{pt} に，$1/T$ を掛けたものである．極 p を指数係数とする指数関数 e^{pt} のことを，動的システムのモードという．式 (4.24) において極は $p < 0$ なので，図1.7に示すように $t \to \infty$ のときモード e^{pt} はゼロに収束する．もし，a_0 と a_1 の符号が異なる場合は $p > 0$ となり，モード e^{pt}，そして $g(t)$ は無限大に発散する．

それでは，一般の伝達関数のインパルス応答を求めてみよう．

（1） 特性方程式が異なる実数根をもつ場合

式 (4.21) の特性方程式がすべて異なる実数根 $p_1, p_2, \ldots, p_n$ をもつとする．これより $G(s)$ を部分分数展開し，逆ラプラス変換すれば，

$$\begin{aligned} g(t) &= \mathcal{L}^{-1}\left[\frac{A_1}{s-p_1} + \frac{A_2}{s-p_2} + \cdots + \frac{A_n}{s-p_n}\right] \\ &= A_1 e^{p_1 t} + A_2 e^{p_2 t} + \cdots + A_n e^{p_n t} \end{aligned} \qquad (4.27)$$

となる．すなわち，インパルス応答は，特性根（極）$p_i\ (i=1,\ldots,n)$ を指数係数とする n 個のモード $e^{p_i t}$ に，係数 A_i を掛けて和をとったものである．ここで，各係数 A_i は式 (1.58) に示した留数であり，

$$\begin{aligned} A_i &= (s - p_i)G(s)|_{s=p_i} \\ &= \left.\frac{n(s)}{(s-p_1)\cdots(s-p_{i-1})(s-p_{i+1})\cdots(s-p_n)}\right|_{s=p_i} \quad (i=1,2,\ldots,n) \end{aligned}$$

$$(4.28)$$

と計算される．1次遅れ系の場合と同様，$p_i > 0$ のモード $e^{p_i t}$ は発散し，$p_j < 0$ のモード $e^{p_j t}$ はゼロに収束する．

（2） 特性方程式が共役複素根をもつ場合

式 (4.21) の特性根 p_i，p_{i+1} が共役複素根，つまり，$p_i = \alpha_i + j\beta_i$，$p_{i+1} = p_i^* = \alpha_i - j\beta_i$ で，ほかの特性根は実数単根であるとしよう．このとき，p_i，p_{i+1} に対応する $G(s)$ の部分分数の係数 A_i，A_{i+1} も共役複素数となり，$A_i = \sigma_i - j\mu_i$ とすれば，$A_{i+1} = A_i^* = \sigma_i + j\mu_i$ となる．このときのインパルス応答は，

$$g(t) = A_1 e^{p_1 t} + \cdots + \boxed{A_i e^{p_i t} + A_i^* e^{p_i^* t}} + A_{i+2} e^{p_{i+2} t} + \cdots + A_n e^{p_n t} \quad (4.29)$$

となる．ここで，p_i，p_i^* に対する2つのモードを単振動合成すれば，

$$A_i e^{p_i t} + A_i^* e^{p_i^* t} = 2e^{\alpha_i t}(\sigma_i \cos \beta_i t + \mu_i \sin \beta_i t)$$
$$= 2\sqrt{\sigma_i^2 + \mu_i^2} e^{\alpha_i t} \sin(\beta_i t + \theta_i) \tag{4.30}$$

となる．ただし，$\theta_i = \tan^{-1}(\sigma_i/\mu_i)$ である．これは，第 1 章に示した指数関数重み付き正弦波関数で，図 1.9 に示すように，$\alpha_i < 0$ ならば振動しながらゼロに指数減衰する．また，$\alpha_i = 0$ ならば $e^0 = 1$ なので，持続的振動し，$\alpha_i > 0$ ならば振動しながら発散する．ほかの実数根のモードは（1）と同様の応答を示す．

（3） 特性方程式が重根をもつ場合

式 (4.21) が k 重根 p_1，単根 $p_{k+1}, \ldots, p_n$ をもつとすれば，式 (4.20) の伝達関数 $G(s)$ は，

$$G(s) = \frac{n(s)}{(s-p_1)^k(s-p_{k+1})\cdots(s-p_n)} \tag{4.31}$$

となる．この場合のインパルス応答は次のように求められる．重根をもつ場合の部分分数展開に注意すると，

$$\begin{aligned}
g(t) = &\mathcal{L}^{-1}\left[\frac{A_{11}}{(s-p_1)^k} + \frac{A_{12}}{(s-p_1)^{k-1}} + \cdots + \frac{A_{1k}}{(s-p_1)} + \frac{A_{k+1}}{(s-p_{k+1})} \right. \\
&\left. + \cdots + \frac{A_n}{(s-p_n)}\right] \\
= &\frac{A_{11}}{(k-1)!}t^{k-1}e^{p_1 t} + \frac{A_{12}}{(k-2)!}t^{k-2}e^{p_1 t} + \cdots + A_{1k}e^{p_1 t} \\
&+ A_{k+1}e^{p_{k+1} t} + \cdots + A_n e^{p_n t}
\end{aligned} \tag{4.32}$$

となる．ここで，重根 p_1 に対応する係数 A_{1i} は，留数の計算式 (1.61) より

$$A_{1i} = \frac{1}{(i-1)!}\left[\frac{d^{i-1}}{ds^{i-1}}\left\{(s-p_1)^k \frac{n(s)}{d(s)}\right\}\right]_{s=p_1} \quad (i=1,\ldots,k) \tag{4.33}$$

である．そのほかの単根に対応する係数 $A_{k+1}, \ldots, A_n$ は，式 (4.28) で求められる．

インパルス応答と同じように，次のステップ応答も制御工学では重要な応答であり，逆ラプラス変換を用いて求める．

4.4.3 極と単位ステップ応答 (インディシャル応答)

インパルス応答は，数式のうえでは取り扱いやすいが，インパルス信号は実現しにくい．制御工学で一番用いられる応答は，入力に単位ステップ信号を用いた単位ステップ応答である．ここでは，単位ステップ応答について少し詳しく見てみることにしよう．

入力を単位ステップ信号 $u(t) = I(t)$ とすれば，そのラプラス変換は $U(s) = 1/s$ で

ある.これを式 (4.19) に代入し,また,特性根がすべて異なる単根であるとすると出力は,

$$y(t) = \mathcal{L}^{-1}\left[G(s)\cdot\frac{1}{s}\right] = \mathcal{L}^{-1}\left[\frac{1}{s}\cdot\frac{b_m(s-z_1)(s-z_2)\cdots(s-z_m)}{(s-p_1)(s-p_2)\cdots(s-p_n)}\right]$$
$$= \mathcal{L}^{-1}\left[\frac{B_0}{s} + \frac{B_1}{(s-p_1)} + \frac{B_2}{(s-p_2)} + \cdots + \frac{B_n}{(s-p_n)}\right]$$
$$= B_0 + B_1 e^{p_1 t} + \cdots + B_n e^{p_n t} \tag{4.34}$$

である.

したがって,すべての特性根(極)p_i ($i=1,\ldots,n$) が異なる負の実数根の場合は,モード $e^{p_i t}$ ($i=1,\ldots,n$) は単調に減衰するので,式 (4.34) の右辺第 2 項以降は時間が経てばゼロに収束し,$y(t)$ は一定値 B_0 に収束する.また,$p_i, p_{i+1} = p_i^*$ が共役複素数で,その実数部が負,虚数部が非零であるとき,モード $e^{p_i t}$, $e^{p_i^* t}$ を合成した応答は振動的に収束するので,$y(t)$ は図 4.5 に示すように振動的に一定値 B_0 に収束する.もし,1 つでも極の実数部が正であると,その極に対応するモードが発散する.したがって $y(t)$ は,$t\to\infty$ のとき,$y(t)\to\infty$ と発散してしまう.

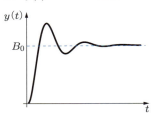

図 4.5 振動的なステップ応答

ここで,$G(s)$ に掛けた $1/s$ は単位ステップのラプラス変換であるが,見方を変えれば $G(s)$ に $1/s$ の伝達関数をもつブロックを直列に接続しているともみなせる.$1/s$ は積分機能であるので,単位ステップ応答はインパルス応答 $\mathcal{L}^{-1}[G(s)] = g(t)$ を積分した値

$$y(t) = \int_0^t g(\tau)d\tau \tag{4.35}$$

と考えることもできる.

例題 4.3 1 次遅れ系のインパルス応答式 (4.26) を積分して 1 次遅れ系のステップ応答を求めよ.

[解] 結果は次のようになり,あとで求められる式 (4.40) の結果に一致する.

$$y(t) = \int_0^t \frac{1}{T} e^{-\frac{1}{T}\tau} d\tau = \left. -e^{-\frac{1}{T}\tau} \right|_0^t = 1 - e^{-\frac{1}{T}t} \tag{4.36}$$

それでは，2つの基本的伝達関数のステップ応答を求めてみよう．

（1）1次遅れ系の単位ステップ応答

式 (4.24) において，$K=1$ とした1次遅れ系の伝達関数の単位ステップ応答を求めてみる．単位ステップ関数のラプラス変換は $U(s) = 1/s$ であるので，出力 $y(t)$ は逆ラプラス変換によって，次のように求められる．

$$y(t) = \mathcal{L}^{-1}\left[\frac{1}{Ts+1} \cdot \frac{1}{s}\right] = \mathcal{L}^{-1}\left[\frac{A_1}{s} + \frac{A_2}{s+1/T}\right] \tag{4.37}$$

ここで A_1, A_2 はそれぞれ，

$$A_1 = \left. \frac{1}{Ts+1} \cdot \frac{1}{s} \cdot s \right|_{s=0} = 1 \tag{4.38}$$

$$A_2 = \left. \frac{1}{Ts+1} \cdot \frac{1}{s} \cdot \left(s + \frac{1}{T}\right) \right|_{s=-\frac{1}{T}} = -1 \tag{4.39}$$

である．よって，

$$y(t) = 1 - e^{-\frac{1}{T}t} \tag{4.40}$$

となる．$T=2$, $T=5$ としたときの応答の概形を図 4.6 に示す．

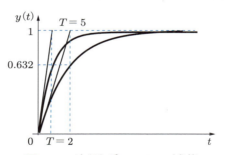

図 4.6　1次遅れ系のステップ応答

1次遅れ系の単位ステップ応答 $y(t)$ は，振動的振る舞いは見せずに単調に増加し，やがて 1 に収束する．時刻 $t=T$ で $y(T) = 1 - e^{-1} \approx 0.632$ となり，およそ定常値の 63.2% に達する．また，

$$\left. \frac{dy(t)}{dt} \right|_{t=0} = \frac{1}{T} \tag{4.41}$$

であるので，$1/T$ は応答の $t=0$ における接線となる．このように，T は応答の速さを支配するパラメータで，時定数とよばれる．T が小さければステップ応答は早く，逆に大きければ遅くなる．

（2） 2 次遅れ系の単位ステップ応答

2 次遅れ系の伝達関数

$$G(s) = K' \frac{1}{s^2 + as + b} \tag{4.42}$$

において，$a>0$，$b>0$ なるときは，式 (3.44) で示されたように，減衰係数 ζ，自然角周波数 ω_n を用いた標準形

$$G(s) = K \frac{\omega_n^2}{s^2 + 2\zeta\omega_n s + \omega_n^2} \tag{4.43}$$

に書き直すことができる．まず，この標準形において $K=1$ としたときの単位ステップ応答を求める．特性方程式，

$$s^2 + 2\zeta\omega_n s + \omega_n^2 = 0 \tag{4.44}$$

の 2 根は，

$$p_1, p_2 = -\omega_n \zeta \pm \omega_n \sqrt{\zeta^2 - 1} \tag{4.45}$$

である．2 根のタイプを $\zeta^2 - 1$ の値に応じて次の 3 つのケースに分け，その単位ステップ応答を調べてみよう．

（I）$\zeta > 1$，すなわち $\zeta^2 - 1 > 0$ の場合は，2 根 $p_1 = -\omega_n(\zeta - \sqrt{\zeta^2 - 1})$，$p_2 = -\omega_n(\zeta + \sqrt{\zeta^2 - 1})$ は相異なる負の実数根となる．このとき，$y(t)$ は，

$$y(t) = \mathcal{L}^{-1}\left[\frac{\omega_n^2}{(s-p_1)(s-p_2)} \cdot \frac{1}{s}\right] = \mathcal{L}^{-1}\left[\frac{A_1}{s} + \frac{A_2}{s-p_1} + \frac{A_3}{s-p_2}\right] \tag{4.46}$$

である．A_1, A_2, A_3 は留数の計算式により，

$$A_1 = \frac{\omega_n^2}{(s-p_1)(s-p_2)} \cdot \frac{1}{s} \cdot s \bigg|_{s=0} = 1 \tag{4.47}$$

$$A_2 = \frac{\omega_n^2}{(s-p_1)(s-p_2)} \cdot \frac{1}{s} \cdot (s-p_1) \bigg|_{s=p_1} = \frac{\omega_n^2}{(p_1-p_2)p_1} = -\frac{\sqrt{\zeta^2-1}+\zeta}{2\sqrt{\zeta^2-1}} \tag{4.48}$$

$$A_3 = \frac{\omega_n^2}{(s-p_1)(s-p_2)} \cdot \frac{1}{s} \cdot (s-p_2) \bigg|_{s=p_2} = \frac{\omega_n^2}{(p_2-p_1)p_2} = -\frac{\sqrt{\zeta^2-1}-\zeta}{2\sqrt{\zeta^2-1}} \tag{4.49}$$

である．よって，$y(t)$ は，

$$\begin{aligned}y(t) &= A_1 + A_2 e^{p_1 t} + A_3 e^{p_2 t} \\ &= 1 - \frac{\sqrt{\zeta^2-1}+\zeta}{2\sqrt{\zeta^2-1}} e^{p_1 t} - \frac{\sqrt{\zeta^2-1}-\zeta}{2\sqrt{\zeta^2-1}} e^{p_2 t}\end{aligned} \quad (4.50)$$

となり，非振動的な応答をする．

（II）$\zeta=1$ の場合，$\zeta^2-1=0$ となり，重根 $p_1=p_2=-\omega_n$ をもつ．したがって，表 1.1 より，

$$\begin{aligned}y(t) &= \mathcal{L}^{-1}\left[\frac{\omega_n^2}{(s+\omega_n)^2} \cdot \frac{1}{s}\right] = \mathcal{L}^{-1}\left[\frac{1}{s} - \frac{\omega_n}{(s+\omega_n)^2} - \frac{1}{s+\omega_n}\right] \\ &= 1 - (1+\omega_n t) e^{-\omega_n t}\end{aligned} \quad (4.51)$$

となる．

（III）$0 \leqq \zeta < 1$ の場合 $\zeta^2-1<0$ となり，2 根は複素共役根 $p_1=-\omega_n(\zeta-j\sqrt{1-\zeta^2})$, $p_2=-\omega_n(\zeta+j\sqrt{1-\zeta^2})$ となる．この場合は少し複雑になり，

$$\begin{aligned}y(t) &= \mathcal{L}^{-1}\left[\frac{\omega_n^2}{(s-p_1)(s-p_2)} \cdot \frac{1}{s}\right] \\ &= \mathcal{L}^{-1}\left[\frac{\omega_n^2}{(s+\omega_n\zeta - j\omega_n\sqrt{1-\zeta^2})(s+\omega_n\zeta + j\omega_n\sqrt{1-\zeta^2})} \cdot \frac{1}{s}\right] \\ &= \mathcal{L}^{-1}\left[\frac{1}{s} - \frac{s+2\zeta\omega_n}{(s+\zeta\omega_n)^2 + (\sqrt{1-\zeta^2}\omega_n)^2}\right] \\ &= \mathcal{L}^{-1}\left[\frac{1}{s} - \frac{s+\zeta\omega_n}{(s+\zeta\omega_n)^2 + (\sqrt{1-\zeta^2}\omega_n)^2} \right. \\ &\qquad \left. - \frac{\zeta}{\sqrt{1-\zeta^2}} \frac{\sqrt{1-\zeta^2}\omega_n}{(s+\zeta\omega_n)^2 + (\sqrt{1-\zeta^2}\omega_n)^2}\right]\end{aligned} \quad (4.52)$$

を得る．これより，表 1.1 を用いて逆ラプラス変換すれば $y(t)$ は，

$$y(t) = 1 - e^{-\zeta\omega_n t}\cos\beta t - \frac{\zeta}{\sqrt{1-\zeta^2}} e^{-\zeta\omega_n t}\sin\beta t \quad (4.53)$$

となる．さらに，これを単振動合成し，整理すれば，

$$y(t) = 1 - \frac{1}{\sqrt{1-\zeta^2}} e^{-\zeta\omega_n t}\sin(\beta t + \varphi) \quad (4.54)$$

となり，単位ステップ応答は振動的な応答を示す．ここで，$\beta=\sqrt{1-\zeta^2}\omega_n$, $\varphi=\tan^{-1}(\sqrt{1-\zeta^2}/\zeta)$ である．式 (4.54) において，$\zeta=0$ とすると，

$$y(t) = 1 - \sin\left(\omega_n t + \frac{\pi}{2}\right) = 1 - \cos \omega_n t \tag{4.55}$$

となり，自然角周波数 ω_n での振動が持続する．

以上，2次遅れ系の単位ステップ応答は，減衰係数 ζ が $0 \leqq \zeta < 1$ のとき振動的，$\zeta \geqq 1$ のとき1次遅れ系に似た非振動的応答を示す．ζ を $\zeta = 0.1, 0.5, 0.7, 1, 1.5$ と変化させたときの具体的なステップ応答を図 4.7 に示す．ζ とステップ応答の概形との関係を理解してほしい．

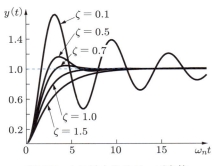

図 4.7 ζ に対するステップ応答

式 (4.42) の伝達関数において，a, b の一方でも負になると，特性根

$$p_1, p_2 = \frac{-a \pm \sqrt{a^2 - 4b}}{2} \tag{4.56}$$

のどちらか一方，または，両方の実数部の値は正となり，対応するモードは発散し，結果的にステップ応答も発散することになる．

以上，インパルスおよびステップ入力に対する応答を求め，1次遅れ系と2次遅れ系の応答の特徴を説明した．一般の入力に対しても部分分数展開に対する逆ラプラス変換を用いれば，微分方程式を解くことなく出力の時間応答を求めることができる．

4.5 動的システムの安定性と安定判別

4.5.1 安定性の定義

前節では，システムのすべての特性根（極）の実数部が負ならば，インパルス応答 $g(t)$ はゼロに，ステップ応答は一定値に収束し，1つでも特性根の実数部が正のときインパルス応答もステップ応答も発散すると説明してきた．現実の制御系において，応答が発散するということは正常な稼動ができず，場合によってシステムの破壊や暴走を意味し，大変なことである．このように，出力が収束する，あるいは発散すること

をシステムの安定性といい，大変重要な概念である．本節では，動的システムの安定性の定義およびモデルが伝達関数で与えられるときの安定判別の方法を説明する．

安定性の定義には大別して内部安定性と入出力安定性があるが，本書では入出力安定性の1つであるBIBO（有界入力有界出力）安定性を考える．動的システムは，いかなる有界な入力信号 $u(t)$ に対してもその出力 $y(t)$ が有界になるならば，BIBO安定であるという．

BIBO安定であるための必要十分条件は，システムのインパルス応答 $g(t)$ が，

$$\int_0^\infty |g(t)|dt < \infty \tag{4.57}$$

を満たすことである．伝達関数 $G(s)$ が有理式で与えられるとき，$g(t)$ は前節の式 (4.27), (4.29), (4.32) であるので，すべての特性根（極）$p_1, \ldots, p_n$ の実数部が $\mathrm{Re}[p_i] < 0$ $(i = 1, 2, \ldots, n)$ ならば，$g(t)$ は図 4.8 (a) のようになる．このとき，$|g(t)|$ の積分は図 4.8 (b) の青色の部分となり，式 (4.57) の条件を満たすので，BIBO安定となる．

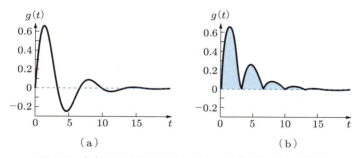

図 4.8　安定なシステムのインパルス応答と $|g(t)|$ の積分

一方，1つでも特性根の実数部が $\mathrm{Re}[p_i] > 0$ ならば，$g(t)$ はたとえば図 4.9 のようになり，このとき $|g(t)|$ の積分は明らかに発散し，上の条件を満たさない．したがって，BIBO不安定となる．

これより，伝達関数 $G(s)$ が与えられたときその（BIBO）安定性は，特性根が次のような性質を満たせばよいといい換えることができる．伝達関数の特性根，すなわち極の実数部がすべて負であれば，安定である．また，1つでも実数部が正の極をもつ場合は出力が発散し，不安定になる．

制御工学では複素平面のことをしばしば s 平面とよぶ．s 平面上の安定根（極）と不安定根（極）の配置を図 4.10 に示す．以後，実数部が負の複素平面を左半平面あるいは安定領域，実数部が正の複素平面を右半平面あるいは不安定領域とよぶ．

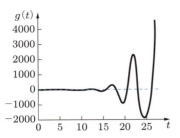

図 4.9　不安定なシステムのインパルス応答

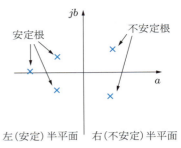

図 4.10　安定根と不安定根

前節でインパルス応答と極の関係を述べてきた．その結果を安定性の視点からまとめ，図 4.11 に極 $p, p^* = a \pm jb$ の配置とインパルス応答の概形の関係を示しておいた．図より明らかなように，極の実数部が負 ($a < 0$) の場合は，インパルス応答はゼロに収束し安定である．安定な応答を詳細にみると，虚軸から遠くなる ($a \ll 0$) ほど収束のスピードは速い．また，虚数部 b が大きくなると振動的応答の周波数が増す．極が虚軸上 ($a = 0$) にあるときは持続的な振動をし，極の実数部が正 ($a > 0$) になると応答は振動しながら発散する．このとき，虚数部の値 b が大きいほど振動数が増す．極が実軸上 ($b = 0$) にあるときは，$a < 0$ ならば非振動的にゼロに収束し，$a = 0$ ならばステップ状の応答になり，$a > 0$ ならば非振動的に発散する．

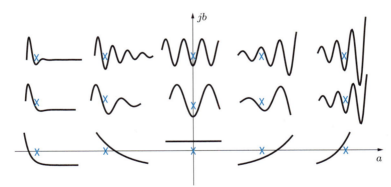

図 4.11　極の位置とインパルス応答の関係

4.5.2　安定性の判別

伝達関数 $G(s)$ で与えられる動的システムの安定性を調べるには，$G(s)$ の分母多項式をゼロとおいた特性方程式 $d(s) = 0$ の（特性）根の実数部がすべて負であるかどうかを調べればよい．1 次遅れ系の場合は，$d(s)$ が 1 次式

$$d(s) = s + a \tag{4.58}$$

であるので，$d(s) = 0$ の根は $s = -a$ であり，$a > 0$ ならば，$s = -a$ は負の実根となり，$G(s)$ は安定であると簡単に判別できる．また，2次系の $d(s)$ は，

$$d(s) = s^2 + a_1 s + a_0 \tag{4.59}$$

となるので，$d(s) = 0$ の特性根 p_1, p_2 は根と係数の関係より，

$$p_1, p_2 = \frac{-a_1 \pm \sqrt{a_1^2 - 4a_0}}{2} \tag{4.60}$$

である．これより，$a_1, a_0 > 0$ ならば $G(s)$ は安定，どちら一方が負，あるいは両方が負ならば不安定と判別できる．

$d(s)$ が3次以上になると根を見つけるのは極端に難しくなる．さらに，5次以上の多項式には根と係数の解析的な関係がないことは数学的に証明されている．しかし，根の具体的な値を求めることはできなくても，根の実数部がすべて負であるかどうかを，与えられた特性方程式の係数から判定する手法はいろいろ考案されている．ここでは2つの有名な安定判別の手法を紹介する．

（1） ラウスの安定判別法

ステップ1 n 次の特性方程式

$$a_0 s^n + a_1 s^{n-1} + \cdots + a_{n-1} s + a_n = 0 \tag{4.61}$$

の係数 $a_0, a_1, \ldots, a_n$ がすべて非零でその符号が正ならば次に進む．ただし，符号がすべて負ならば $-$ を掛けて正符号にする．ここで，係数が異なる符号をもったりゼロであったりするときは，ただちに不安定と判定する．

ステップ2 係数 a_i をもとに，次のような $n+1$ 行からなるラウス表とよばれる係数の配列表を作成する．

ここで，表中3行目以降の係数は，次に与える 2×2 行列式を用いた計算式で逐次求められる．

表 4.1 ラウス表

第1行	(s^n)	a_0	a_2	a_4	a_6	$\cdots$
第2行	(s^{n-1})	a_1	a_3	a_5	a_7	$\cdots$
第3行	(s^{n-2})	b_1	b_2	b_3	b_4	$\cdots$
第4行	(s^{n-3})	c_1	c_2	c_3	$\cdots$	$\cdots$
第5行	(s^{n-4})	d_1	d_2	d_3	$\cdots$	$\cdots$
$\vdots$	$\vdots$					
第n行	(s^1)	p_1				
第$n+1$行	(s^0)	a_n				

$$b_i = -\frac{1}{a_1}\begin{vmatrix} a_0 & a_{2i} \\ a_1 & a_{2i+1} \end{vmatrix}, \quad c_i = -\frac{1}{b_1}\begin{vmatrix} a_1 & a_{2i+1} \\ b_1 & b_{i+1} \end{vmatrix},$$

$$d_i = -\frac{1}{c_1}\begin{vmatrix} b_1 & b_{i+1} \\ c_1 & c_{i+1} \end{vmatrix}, \quad \cdots \quad (i=1,2,\ldots)$$

ステップ3 ラウス表の左端の列の係数 $a_0, a_1, b_1, c_1, d_1, \ldots, p_1, a_n$ がすべて正のとき，特性根の実数部はすべて負になり安定．1つでも負の値をもつときは不安定と判定する．不安定となったときは，係数の符号の反転する回数に等しい個数の不安定根をもつ．

実は，ステップ2で示した係数 $b_i, c_i, d_i, \ldots$ などの計算式は，次の統一的な方法で容易に構築できるので，いちいち覚える必要はない．ラウス表の第4行にある係数 c_2 を例に考えよう．まず，各式中のマイナス分数の分母は，求めたい係数の直前の行の先頭係数である．c_2 の場合は第3行の先頭係数 b_1 が分母となる．そして，2×2 の行列式の第1列は求めたい係数の直前2行の先頭係数，第2列はこの同じ2行のなか，求めたい係数から見て1つ右の列に位置する2つの係数からなる．c_2 の場合は，その直前の2行，すなわち第2行と第3行の先頭係数 a_1，b_1，および，この2行のなか，c_2 より1つ右の列にある係数 a_5，b_3 となる．よって，c_2 の計算式は次のように構成される．

$$c_2 = -\frac{1}{b_1}\begin{vmatrix} a_1 & a_5 \\ b_1 & b_3 \end{vmatrix}$$

例題 4.4 特性方程式が，$d(s) = s^4 + s^3 - s^2 + 5s + 6 = 0$ で与えられたときの安定性をラウスの安定判別法を用いて判別せよ．不安定の場合は不安定特性根の数をみつけよ．

[解] $d(s)$ の係数は異符号なので明らかに不安定である．不安定根の個数を調べるためにラウス表を作成すると，表4.2のようになる．

これより，左端の係数列は 1, 1, −6, 6, 6 となり，2度符号が反転しているので不安

表 4.2 例題 4.4 のラウス表

第1行 (s^4)	1	−1	6
第2行 (s^3)	1	5	0
第3行 (s^2)	−6	6	
第4行 (s^1)	6		
第5行 (s^0)	6		

定根は 2 つあることになる．

実際 $d(s) = (s+1)(s+2)\{s-(1+j\sqrt{2})\}\{s-(1-j\sqrt{2})\}$ となり，安定な根 -1，-2，不安定根 $1 \pm j\sqrt{2}$ をもつ．

（2） フルビッツの安定判別法

ラウスの安定判別法とは別に，特性方程式の係数から安定判別する方法として，次のフルビッツの安定判別法がある．

ステップ1 特性方程式

$$a_0 s^n + a_1 s^{n-1} + \cdots + a_{n-1}s + a_n = 0 \tag{4.62}$$

の係数 $a_0, a_1, \ldots, a_n$ がすべて非零で正ならば次に進む．ただし，すべてが負ならば $-$ を掛けて正符号にする．ここで，係数が異なる符号をもったりゼロであったりするときは不安定と判定する．

ステップ2 次の $n \times n$ フルビッツ行列をつくる．

$$H = \begin{bmatrix} a_1 & a_3 & a_5 & \cdots & \cdots & 0 \\ a_0 & a_2 & a_4 & \cdots & \cdots & 0 \\ 0 & a_1 & a_3 & \cdots & \cdots & \cdots \\ 0 & a_0 & a_2 & \cdots & \cdots & \cdots \\ 0 & 0 & a_1 & a_3 & \cdots & \cdots \\ 0 & 0 & a_0 & a_2 & \cdots & \cdots \\ \vdots & \vdots & \vdots & \vdots & \ddots & \vdots \\ \cdots & \cdots & \cdots & \cdots & \cdots & a_n \end{bmatrix} \tag{4.63}$$

ステップ3 以下の n 個の行列式を求め，すべてが正であれば安定，1つでも負の場合は不安定と判定する．H の下添え字は正方行列のサイズを意味する．

$$H_1 = a_1, \quad H_2 = \begin{vmatrix} a_1 & a_3 \\ a_0 & a_2 \end{vmatrix}, \quad H_3 = \begin{vmatrix} a_1 & a_3 & a_5 \\ a_0 & a_2 & a_4 \\ 0 & a_1 & a_3 \end{vmatrix},$$

$$\cdots, \quad H_n = |H| = \begin{vmatrix} a_1 & a_3 & \cdots & 0 \\ a_0 & a_2 & \cdots & 0 \\ \vdots & \vdots & \ddots & \vdots \\ 0 & 0 & \cdots & a_n \end{vmatrix}$$

例題 4.5 パラメータ K を含む特性方程式が $d(s) = s^3 + 5s^2 + 6s + K = 0$ であるとき，特性根が安定である K の範囲をフルビッツの判別法を用いて求めよ．

[解]　フルビッツ行列をつくると，

$$H = \begin{bmatrix} 5 & K & 0 \\ 1 & 6 & 0 \\ 0 & 5 & K \end{bmatrix} \tag{4.64}$$

となる．係数がすべて正である条件より $K > 0$，次にステップ 2 の条件より，

$$H_1 = 5 > 0, \quad H_2 = \begin{vmatrix} 5 & K \\ 1 & 6 \end{vmatrix} = 30 - K > 0,$$

$$H_3 = |H| = \begin{vmatrix} 5 & K & 0 \\ 1 & 6 & 0 \\ 0 & 5 & K \end{vmatrix} = K \begin{vmatrix} 5 & K \\ 1 & 6 \end{vmatrix} = K(30 - K) > 0$$

となる．これより，安定となる K の範囲は，$0 < K < 30$ と得られる．

演習問題 4

4.1 次の伝達関数 $G(s)$ を式 (4.20) の形に因子分解し，零点と極を示せ．

(1) $G(s) = \dfrac{5}{s^2 + 3s + 2}$　　(2) $G(s) = \dfrac{2s + 1}{s^2 + 3s + 4}$

(3) $G(s) = \dfrac{s^2 + 6s + 8}{s^3 + 2s^2 - 5s - 6}$　　(4) $G(s) = \dfrac{s + 1}{s^2 + 5s + 4}$

4.2 演習問題 4.1 で与えられている $G(s)$ のインパルス応答と単位ステップ応答を求めよ．

4.3 図 4.12 のフィードバック制御系に対し，
(1) 自然角周波数 ω_n と減衰係数 ζ を求めよ．
(2) $K = 40$，$T = 0.1$ のときの単位ステップ応答を求めよ．

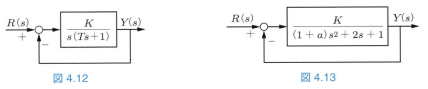

図 4.12　　　　　　　　　図 4.13

4.4 図 4.13 のフィードバック制御系に対し，自然角周波数は $\omega_n = 2$ [rad/s]，減衰係数は $\zeta = 0.8$ となるときのパラメータ K と a の値を求めよ．

4.5 次の特性方程式をもつシステムの安定性をラウスの安定判別法で判別せよ．不安定な場合，不安定特性根の数を求めよ．

(1) $s^2 + s + 1 = 0$ (2) $s^3 + 2s^2 + s + 1 = 0$
(3) $s^4 + 2s^3 + s^2 + 2s + 1 = 0$ (4) $s^5 + 2s^4 + s^3 + 3s^2 + 4s + 5 = 0$
(5) $s^5 + 2s^4 + 3s^3 + 6s^2 - 4s - 8 = 0$ (6) $s^5 + 2s^4 + 3s^3 + 2s^2 + s + 1 = 0$

4.6 図4.14のフィードバック制御系が安定になるためのパラメータ T の範囲を求めよ．ただし，$T \neq 0$ とする．

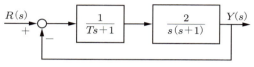

図 4.14

4.7 図 4.15 のフィードバック制御系に対し，
(1) 制御系が安定となるための K と ζ の範囲を求めよ．
(2) $\zeta = 2$ のとき，制御系の極はすべて $s = -1$ より左側の平面にあるための K の値を求めよ．

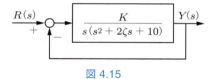

図 4.15

第5章 システムの周波数応答

時間信号に含まれるさまざまな周波数の正弦波成分を抽出し，信号がもつ特徴をみつけることを，信号を周波数領域で解析するといい，きわめて有効な手法である．ここでは，動的システムの入出力関係を周波数領域で解析してみる．まず，伝達関数のもつ特徴は周波数領域でもとらえることができることを説明する．次に，その特徴を周波数領域でいかに把握するかを示す．伝達関数の周波数領域での解釈は制御理論の根幹をなすものなので，ぜひとも習得してほしい．

5.1 正弦波入力と正弦波出力

正弦波関数，
$$u(t) = A\sin(\omega t + \theta) \tag{5.1}$$

は，式 (5.1) より明らかなように，振幅 A，角周波数 ω [rad/s]，位相 θ [rad または deg] の3つのパラメータにより決定される．すなわち，A, ω, θ の値がわかればすべての時刻 t における $u(t)$ の値を決めることができる．

ここで，さまざまな正弦波信号を入力としたときの，動的システムの出力信号の波形を観測してみよう．図 5.1 は，簡単な1次遅れ系であるシステム $G(s) = 1/(1+s)$ に，振幅 $A=1$，位相 $\theta=0$ と固定したうえで，角周波数 ω をいろいろ変えて正弦波信号を入力したときの出力の観測結果である．

図 5.1 より，正弦波信号を1次遅れ系に入力したとき，その出力も正弦波信号になることがわかる．さらに，異なる周波数に対する応答の観測結果を詳細に見てみると，次のことがいえる．

① 出力信号は，入力の正弦波信号と同じ角周波数 ω の正弦波信号となる．
② 出力信号の振幅は，入力信号の振幅と異なる．入力信号の周波数が変わると，出力信号と入力信号の振幅比も変わる．ここで示した1次遅れ系の場合は，おおむね高い周波数に対して振幅比は小さくなる．

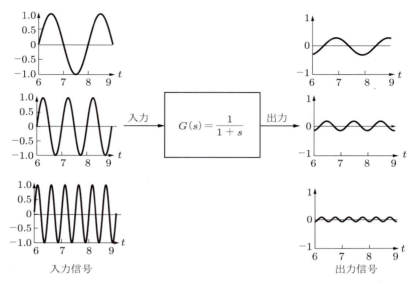

図 5.1　1 次遅れ系の正弦波応答

③ 出力信号の位相も，入力信号の位相と異なり，その位相のずれは周波数の変化にともなって変化する．1 次遅れ系の場合，周波数が高くなるにつれて位相はより遅れる傾向にある．

上の性質は，動的システムの線形性によるものである．システムの線形性についてはこれ以上言及しないが，制御対象の多くは線形であり，この性質を満たすものと理解してほしい．②，③ の性質は，入出力信号の振幅比と位相差の関係を示すものであり，各周波数に対して振幅比と位相差を調べる必要があることを意味している．

以上は 1 次遅れ系を例に，動的システムに正弦波関数を入力したときの出力がもつ特徴を定性的に説明したものである．少し難しくなるが，正弦波信号を動的システムに入力したとき，十分時間が経過したのちには，出力も正弦波信号になることを理論的に示そう．

位相 θ を $\theta = 0$ とした正弦波信号

$$u(t) = A \sin \omega t \tag{5.2}$$

を，安定な動的システムに入力したときの出力 $y(t)$ を求めてみる．ここで，簡単のために伝達関数 $G(s)$ の極 (特性根) がすべて異なり，

$$G(s) = \frac{b_m s^m + b_{m-1} s^{m-1} + \cdots + b_1 s + b_0}{(s-p_1)(s-p_2)\cdots(s-p_n)} \tag{5.3}$$

で与えられるとする．ただし，システムは安定としたので，極 $p_i\ (i=1,\ldots,n)$ の実数部はすべて負である．重根をもつ場合も以下の考え方は基本的に同じである．

　正弦波信号を $G(s)$ に入力したときの出力 $y(t)$ を 4.4 節で述べた逆ラプラス変換による方法を用いて求めてみる．式 (5.2) の $u(t)$ をラプラス変換すると，表 1.1 のラプラス変換対表より，

$$U(s) = \frac{A\omega}{s^2+\omega^2} \tag{5.4}$$

である．出力信号 $y(t)$ をラプラス変換した $Y(s)$ は，$G(s)$ と $U(s)$ の積であり，

$$Y(s) = \frac{b_m s^m + b_{m-1}s^{m-1}+\cdots+b_1 s+b_0}{(s-p_1)(s-p_2)\cdots(s-p_n)} \frac{A\omega}{(s+j\omega)(s-j\omega)} \tag{5.5}$$

となる．ここで，逆ラプラス変換のために式 (5.5) の右辺を部分分数展開すると，

$$Y(s) = A\left\{\frac{G(j\omega)}{2j(s-j\omega)}+\frac{G(-j\omega)}{-2j(s+j\omega)}\right\} + \sum_{i=1}^{n}\frac{c_i}{s-p_i} \tag{5.6}$$

となる．ただし，c_i は式 (1.58) を用いて，

$$\begin{aligned}c_i &= (s-p_i)G(s)\frac{A\omega}{s^2+\omega^2}\bigg|_{s=p_i} \\ &= \frac{b_m s^m + b_{m-1}s^{m-1}+\cdots b_1 s+b_0}{(s-p_1)\cdots(s-p_{i-1})(s-p_{i+1})\cdots(s-p_n)}\frac{A\omega}{(s^2+\omega^2)}\bigg|_{s=p_i}\end{aligned} \tag{5.7}$$

と求められる．式 (5.6) の { } のなかに含まれる $G(j\omega)$，$G(-j\omega)$ は，それぞれ $G(s)$ に $s^2+\omega^2=0$ の 2 根，$s=j\omega$，$s=-j\omega$ を代入したときの複素数である．$G(j\omega)$，$G(-j\omega)$ は，次節で説明するが，互いに複素共役 $G^*(j\omega)=G(-j\omega)$ の関係にある．複素共役である $G(j\omega)$，$G(-j\omega)$ を指数関数表示すれば，

$$G(j\omega) = |G(j\omega)|e^{j\phi}, \quad G(-j\omega)=|G(j\omega)|e^{-j\phi}, \quad \phi=\arg G(j\omega) \tag{5.8}$$

である．これを式 (5.6) の右辺の $G(j\omega)$，$G(-j\omega)$ の項に代入すると，

$$Y(s) = A|G(j\omega)|\left\{\frac{e^{j\phi}}{2j(s-j\omega)}+\frac{e^{-j\phi}}{-2j(s+j\omega)}\right\} + \sum_{i=1}^{n}\frac{c_i}{s-p_i} \tag{5.9}$$

となる．ここで，$\mathcal{L}^{-1}[1/(s+j\omega)]=e^{-j\omega t}$ を思い出せば，式 (5.9) の逆ラプラス変換は，

$$y(t) = A|G(j\omega)|\left(\frac{e^{j\phi}e^{j\omega t}-e^{-j\phi}e^{-j\omega t}}{2j}\right) + \sum_{i=1}^{n}c_i e^{p_i t}$$

$$= A\,|G(j\omega)|\left\{\frac{e^{j(\omega t+\phi)}-e^{-j(\omega t+\phi)}}{2j}\right\} + \sum_{i=1}^{n} c_i e^{p_i t}$$

$$= A\,|G(j\omega)|\sin(\omega t+\phi) + \sum_{i=1}^{n} c_i e^{p_i t} \tag{5.10}$$

となる．ただし，{ }のなかに公式 $(e^{j\theta}-e^{-j\theta})/(2j)=\sin\theta$ を適用している．式 (5.10) において，p_i の実数部は負であるので，十分時間が経つと $c_i e^{p_i t}$ の項はすべてゼロに収束する．したがって，十分時間が経ったときの出力 $y(t)$ は，

$$y(t) = A\,|G(j\omega)|\sin(\omega t+\phi) = A\,|G(j\omega)|\sin\{\omega t + \arg G(j\omega)\} \tag{5.11}$$

と，正弦波信号となる．

以上，角周波数 ω の正弦波信号を安定な動的システムに入力したとき，その出力は入力と同じ角周波数 ω の正弦波信号になることを理論的に示した．さらに，式 (5.11) より，出力の振幅は入力の振幅の $|G(j\omega)|$ 倍，位相はゼロから $\phi=\arg G(j\omega)$ に変化し，それらの値は ω の関数になっていることがわかる．なお，位相 ϕ が正ならば，入力信号に比べて出力信号は位相が進み，負ならば位相が遅れることになる．

正弦波信号は角周波数，位相，振幅の 3 つのパラメータで決まるわけであるから，制御対象の伝達関数 $G(s)$ と入力の正弦波信号が与えられれば，十分時間が経過したときの出力の正弦波信号は式 (5.11) から $G(j\omega)$ を用いて一意に決定できる．

例題 5.1 伝達関数が $G(s)=1/(1+0.5s)$ なるシステムに正弦波信号 $u(t)=3\sin 2t$ を入力し，十分時間が経過したあとの出力 $y(t)$ を求めよ．

[解] $\omega=2$ と式 (5.11) を用いれば，時間が十分経ったときの出力は，

$$y(t) = 3\,|G(2j)|\sin\{2t + \arg G(2j)\} \tag{5.12}$$

である．ここで，

$$G(2j) = \frac{1}{1+0.5(2j)} = \frac{1}{2} - j\frac{1}{2} = \frac{1}{\sqrt{2}}e^{-j\frac{\pi}{4}} \tag{5.13}$$

であるので，

$$y(t) = 3\cdot\frac{1}{\sqrt{2}}\sin\left(2t-\frac{\pi}{4}\right) \tag{5.14}$$

となる．これより，出力信号は入力信号と比べて，振幅は $1/\sqrt{2}$ 倍小さくなり，位相は $\pi/4=45°$ 遅れる．

5.2 周波数伝達関数

前節で，正弦波信号を安定なシステムに入力したとき，時間が十分経過したときの出力は，式 (5.11) により求められることを示した．このとき，正弦波出力信号を決定するのに大きな役割をはたすのが $G(j\omega)$ である．伝達関数 $G(s)$ に $s = j\omega$ を代入した $G(j\omega)$ は，周波数 ω の正弦波信号を入力したときの正弦波出力を決定するのに必要な情報を与えるため，周波数伝達関数 (Frequency Transfer Function) あるいは周波数応答関数 (Frequency Response Function) とよばれる．

ある周波数 ω に対する $G(j\omega)$ は複素数である．その実数部を $a(\omega)$，虚数部を $b(\omega)$ とすれば，

$$G(j\omega) = a(\omega) + jb(\omega) \tag{5.15}$$

となり，図 5.2 に示すように複素平面の点 s として表せる．

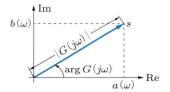

図 5.2 複素平面上での $G(j\omega)$

また，$G(j\omega)$ の絶対値 $|G(j\omega)|$ および偏角 $\arg G(j\omega)$ は，$a(\omega)$, $b(\omega)$ を用いて，

$$|G(j\omega)| = \sqrt{a^2(\omega) + b^2(\omega)} \tag{5.16}$$

$$\arg G(j\omega) = \tan^{-1}\frac{b(\omega)}{a(\omega)} = \phi(\omega) \tag{5.17}$$

と求められる．さらに，$G(j\omega)$ を絶対値と偏角を用いて指数関数表示すれば，

$$G(j\omega) = |G(j\omega)|e^{j\phi(\omega)} \tag{5.18}$$

となる．

式 (5.11) に示すように，$|G(j\omega)|$ は入出力信号の振幅比を与えるので，周波数 ω における伝達関数のゲインといい，$\arg G(j\omega)$ は入出力信号の位相差を与えるので，周波数 ω における伝達関数の位相という．

$|G(j\omega)|$, $\arg G(j\omega)$ の値は，入力信号の角周波数 ω の値に大きく依存する．表 5.1 は，$G(s) = 4/(s^2 + s + 4)$ に対し，ω を変化させたときの具体的なゲインと位相を求めたものである．表に示すように，ω を変化させるとゲイン $|G(j\omega)|$, 位相 $\arg G(j\omega)$

表 5.1　$G(s) = 4/(s^2 + s + 4)$ のゲイン特性と位相特性

ω	点 s の番号	$G(j\omega)$	$|G(j\omega)|$	$20\log|G(j\omega)|$ [dB]	$\arg G(j\omega)$
0	s_0	$1.00 + 0.00j$	1.00	0.00	$0.0°$
1	s_1	$1.20 - 0.40j$	1.27	2.08	$-18.4°$
2	s_2	$0.00 - 2.00j$	2.00	6.02	$-90.0°$
3	s_3	$-0.59 - 0.35j$	0.69	-3.27	$-147.3°$
10	s_4	$-0.04 - 0.00j$	0.04	-27.96	$-180.0°$

がさまざまな値をとる．このように，ω を変化させたときの $|G(j\omega)|$ をゲイン特性，$\arg G(j\omega)$ を位相特性とよぶ．

ここで，$G(s) = n(s)/d(s)$ に $s = -j\omega$ を代入したときの，$G(-j\omega)$ と $G(j\omega)$ の関係を整理しておく．分母多項式 $d(s)$ と分子多項式 $n(s)$ の係数はともに実数であるので，$d(j\omega)$ と $d(-j\omega)$，$n(j\omega)$ と $n(-j\omega)$ は互いに複素共役の関係にある．したがって，

$$G^*(j\omega) = \frac{n^*(j\omega)}{d^*(j\omega)} = \frac{n(-j\omega)}{d(-j\omega)} = G(-j\omega) \tag{5.19}$$

という関係が成り立つ．この関係を指数関数で表示したものが式 (5.8) であり，ゲインと位相で見るならば，

$$|G(j\omega)| = |G(-j\omega)| \tag{5.20}$$

$$\arg G(j\omega) = -\arg G(-j\omega) \tag{5.21}$$

となる．

> **例題 5.2**　$d(s) = s^3 + 2s^2 + 4s + 1$ としたとき，$d^*(j\omega) = d(-j\omega)$ なることを確かめよ．
>
> [解]　$d(j\omega) = (j\omega)^3 + 2(j\omega)^2 + 4(j\omega) + 1 = (1 - 2\omega^2) + j(4\omega - \omega^3)$
> 　　　$d(-j\omega) = (-j\omega)^3 + 2(-j\omega)^2 + 4(-j\omega) + 1 = (1 - 2\omega^2) - j(4\omega - \omega^3)$
> となり，$d(j\omega) = d^*(-j\omega)$ である．

5.3　周波数伝達関数の図式表現

周波数伝達関数 $G(j\omega)$ には，動的システムがもつ特徴が色濃く反映されている．表 5.1 の例が示したように，ω を変えると $G(j\omega)$ はさまざまな値をとるが，その特徴は表では読み取りにくい．$G(j\omega)$ がもつ特性を解析したり，視覚的に特徴をとらえる方法として，周波数伝達関数の図式的表現法がいくつか開発されている．ここでは，その代表的な方法であるベクトル軌跡とボード線図について説明する．それぞれの表現

法の長所・短所を理解し，制御系の解析・設計に的確に利用できるようになることが必要である．

5.3.1 ベクトル軌跡とナイキスト軌跡

あるωに対する$G(j\omega)$は，図5.2に示したように複素平面上の1点sとして，また，この点sは，原点を起点とする位置ベクトルとして表現できる．今，ωをゼロから$+\infty$まで変化させたとき，ベクトル$G(j\omega)$の先端の点sは複素平面上で軌跡を描く．この軌跡をベクトル軌跡という．また，ωを$-\infty$から$+\infty$まで変化させたときの軌跡をナイキスト軌跡という．ただし，ナイキスト軌跡は式(5.19)の関係より，$-\infty<\omega<0$と$0<\omega<\infty$の軌跡が実軸に対して対称であるので，$\omega=0\sim+\infty$までの軌跡を描けば，その実軸対称の点として$\omega=-\infty\sim 0$までの軌跡が描ける．

ここで，読者のなかには，ナイキスト軌跡はωを$-\infty$から$+\infty$まで変化させるということは，負の周波数の応答，たとえば$G(-2j)$はω$=-2$なる負の周波数を考えているのかと，疑問をもたれた人もいるであろう．ここではこの疑問に対し，$G(-j\omega)$は，$G(j\omega)$と複素共役の関係にあり，すでに式(5.6)で示したように，周波数応答を求めるとき，重要な情報を与えるものであると答えるにとどめておこう．ナイキスト軌跡は複素共役の情報も一括して表しており，単に周波数伝達関数の視覚化だけではない．その有効性は，のちにナイキストの安定判別のところでさらに明らかにする．

ベクトル軌跡を描くためには，$\omega=0\sim+\infty$までのすべての周波数に対する$G(j\omega)$の複素数値を知らなくてはならないが，適当な周波数を選びそれらの点を結べばおおむねベクトル軌跡を描くことができる．

$G(s)=4/(s^2+s+4)$を具体的例として描いてみよう．図5.3は，表5.1で求めた点s_0〜s_4を複素平面にプロットし，その後，各点を滑らかな曲線で結び，$G(s)=4/(s^2+s+4)$のベクトル軌跡を描いたものである．このとき，軌跡にω$=0$から∞に向かって矢印をつけておく．ナイキスト軌跡の$-\infty\leqq\omega<0$に対応する部分は，図中に破線で

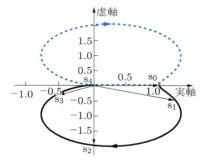

図5.3　$G(s)=4/(s^2+s+4)$のベクトル軌跡

示すようにベクトル軌跡の実軸対称の曲線を描けばよい．

それでは，基本的な伝達関数のベクトル軌跡とナイキスト軌跡を描いてみよう．実線がベクトル軌跡，破線がナイキスト軌跡の $-\infty \leqq \omega < 0$ の部分である．

（1）積分要素のベクトル軌跡とナイキスト軌跡

積分要素 $G(s) = 1/s$ に $s = j\omega$ を代入すると，

$$G(j\omega) = \frac{1}{j\omega} = -j\frac{1}{\omega} \tag{5.22}$$

となり，$G(j\omega)$ は純虚数となる．これより，ゲインと位相は，

$$|G(j\omega)| = \frac{1}{\omega} \tag{5.23}$$

$$\arg G(j\omega) = -90° \tag{5.24}$$

となる．ω をゼロから $+\infty$ まで変化させると，ベクトル軌跡は図 5.4 の実線で示すように虚軸上を $-\infty$ からゼロに近づく．ナイキスト軌跡では ω を $-\infty$ からゼロに変化させたときの部分は破線で示すように，虚軸上をゼロから無限遠方に遠ざかる．

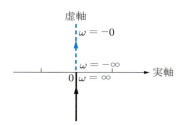

図 5.4　積分要素のベクトル・ナイキスト軌跡

（2）1次遅れ系のベクトル軌跡とナイキスト軌跡

1次遅れ系 $G(s) = 1/(1 + sT)$ に $s = j\omega$ を代入すると，

$$G(j\omega) = \frac{1}{1 + (\omega T)^2} - j\frac{\omega T}{1 + (\omega T)^2} \tag{5.25}$$

となる．これより，$G(j\omega)$ のゲインと位相は，それぞれ，

$$|G(j\omega)| = \frac{1}{\sqrt{1 + (\omega T)^2}} \tag{5.26}$$

$$\arg G(j\omega) = -\tan^{-1}(\omega T) \tag{5.27}$$

である.ここで,1次遅れ系のナイキスト線図の技巧的な描き方を紹介しよう. $G(j\omega)$ の実数部と虚数部を,それぞれ,

$$U(\omega) = \frac{1}{1+(\omega T)^2} \tag{5.28}$$

$$V(\omega) = \frac{-\omega T}{1+(\omega T)^2} \tag{5.29}$$

で表すと,$U(\omega), V(\omega)$ は次式を満たす.

$$\left\{U(\omega) - \frac{1}{2}\right\}^2 + V(\omega)^2 = \left\{\frac{1-\omega^2 T^2}{2(1+\omega^2 T^2)}\right\}^2 + \left(\frac{-\omega T}{1+\omega^2 T^2}\right)^2 = \left(\frac{1}{2}\right)^2 \tag{5.30}$$

式 (5.30) は,$U(\omega)$ と $V(\omega)$ は中心が $(1/2, j0)$,半径が $1/2$ である円の方程式を満たすことを意味する.さらに,$V(\omega) < 0$ を考えれば,$0 \leqq \omega \leqq \infty$ に対応する1次遅れ系のベクトル軌跡は,図 5.5 に実線で示す,中心 $(1/2, j0)$,半径 $1/2$ の円の下半円となることがわかる.破線で示す上半円は,ナイキスト軌跡の $-\infty \leqq \omega < 0$ に対応する部分である.

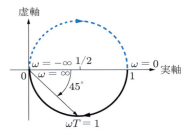

図 5.5 1次遅れ系のベクトル・ナイキスト軌跡

(3) 2次遅れ系のベクトル軌跡とナイキスト軌跡

続いて,2次系の標準形である $G(s) = \omega_n^2/(s^2 + 2\zeta\omega_n s + \omega_n^2)$ のベクトル軌跡とナイキスト軌跡を描く.$s = j\omega$ を代入して整理すると,次の結果が得られる.

$$G(j\omega) = \frac{1}{1-\left(\dfrac{\omega}{\omega_n}\right)^2 + j2\zeta\dfrac{\omega}{\omega_n}} = U(\omega) + jV(\omega) \tag{5.31}$$

ただし,

$$U(\omega) = \frac{1 - \left(\dfrac{\omega}{\omega_n}\right)^2}{\left(1 - \dfrac{\omega^2}{\omega_n^2}\right)^2 + \left(2\zeta \dfrac{\omega}{\omega_n}\right)^2} \tag{5.32}$$

$$V(\omega) = \frac{-2\zeta \dfrac{\omega}{\omega_n}}{\left(1 - \dfrac{\omega^2}{\omega_n^2}\right)^2 + \left(2\zeta \dfrac{\omega}{\omega_n}\right)^2} \tag{5.33}$$

である．以上より，

$$|G(j\omega)| = \frac{1}{\sqrt{\left(1 - \dfrac{\omega^2}{\omega_n^2}\right)^2 + \left(2\zeta \dfrac{\omega}{\omega_n}\right)^2}} \tag{5.34}$$

$$\arg G(j\omega) = -\tan^{-1} \frac{2\zeta \dfrac{\omega}{\omega_n}}{1 - \left(\dfrac{\omega}{\omega_n}\right)^2} \tag{5.35}$$

となる．

　2次遅れ系のベクトル軌跡は，減衰係数 ζ の値と密接な関係がある．$\omega = 0$ のとき，$|G(j0)| = 1$，$\arg G(j0) = 0$ となり，ベクトル軌跡は点 $(1, j0)$ から出発する．$0 < \zeta < 1$ の場合は，$\omega = \omega_n$ のとき，$|G(j\omega_n)| = 1/(2\zeta)$，$\arg G(j\omega_n) = -\pi/2$ で，ベクトル軌跡は虚軸と交わる．$\omega \to +\infty$ のとき，$|G(j\omega)| \to 0$，$\arg G(j\omega) \to -\pi$ であり，ベクトル軌跡は負の実軸の方向からゼロへ近づく．全体的にみれば，2次遅れ系のベクトル軌跡は，図 5.6 に示すように，第 IV 象限から始まり，負の虚軸を横切って第 III 象限に入り，最後に原点で終わる．

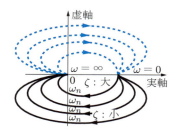

図 5.6　2次遅れ系のベクトル・ナイキスト軌跡

　また，図に示すように，$|G(j\omega)|$ は 1 より大きなピーク値をもっている．このピーク値をとる角周波数は共振角周波数とよび，一般的に ω_r で表記される．さらに，$\omega = \omega_r$ と $\omega = 0$ のときの $|G(j\omega)|$ の比 $|G(j\omega_r)|/|G(j0)|$ は共振ピーク値といい，M_p

で表記される.

式 (5.34) を ω に関して微分し,その結果をゼロにすることで,ω_r と減衰係数 ζ との関係,

$$\omega_r = \omega_n \sqrt{1-2\zeta^2} \tag{5.36}$$

が求められる.

式 (5.36) より,$\zeta = 1/\sqrt{2} = 0.707$ の場合,$\omega_r = 0$ である.すなわち,$\zeta = 0.707$ のとき,$\omega = 0$ で $|G(j\omega)|$ はピーク値をとる.また,$\zeta > 0.707$ の場合,ω_r は虚数となり,共振周波数は存在せず,ω の増大にともなって,$|G(j\omega)|$ は単調減少する.$0 \leqq \zeta < 0.707$ の場合,$|G(j\omega)|$ のピーク値は,$\omega = \omega_r$ を式 (5.34) に代入すると,

$$|G(j\omega_r)| = \frac{1}{2\zeta\sqrt{1-\zeta^2}} \tag{5.37}$$

となる.これより,$\zeta \to 0$ のとき,$|G(j\omega_r)| \to \infty$ となり,インパルス応答は自然角周波数で振動する.

一方,$\zeta > 1$ の場合,ベクトル軌跡は近似的に半円となる.これは,このとき 2 次遅れ系は 1 次遅れ系に近い挙動をすることを意味する.

以上より,ζ が変われば 4.4 節で示したようにステップ応答も変わるが,そのベクトル軌跡ないしはナイキスト軌跡も大きく変わる.熟達してくると,ベクトル軌跡を見れば制御系の特徴を視覚的に把握できるようになる.

それでは,一般的な伝達関数,

$$G(s) = \frac{b_m s^m + b_{m-1} s^{m-1} + \cdots + b_1 s + b_0}{s^n + a_{n-1} s^{n-1} + \cdots + a_1 s + a_0} \tag{5.38}$$

において,ベクトル軌跡はどのような特徴をもつか考察してみよう.

(a) $\omega \to +0$ の点

$\lim_{\omega \to +0} G(j\omega)$ はベクトル軌跡の始点であり,$\omega = 0$,すなわち,直流信号が入力されたときの出力信号のゲインと位相を与えるもので,重要な情報である.$G(s)$ が $s=0$ に極をもたない場合は,

$$\lim_{\omega \to +0} G(j\omega) = G(0) = \frac{b_0}{a_0} \tag{5.39}$$

のように,有限の実数となり,実軸上に始点をもつ.$G(0) = b_0/a_0$ は DC(直流)ゲインで,位相は $0°$ である.$G(s)$ が,

$$G(s) = \frac{b_0 + b_1 s + \cdots + b_m s^m}{s^l(\tilde{a}_0 + \tilde{a}_1 s + \cdots + \tilde{a}_{n-l-1} s^{n-l-1} + s^{n-l})} \tag{5.40}$$

のように，$s=0$ に l 位の極（l 重根）をもつ場合は，

$$\lim_{\omega \to +0} G(j\omega) = \lim_{\omega \to +0} \frac{b_0}{\tilde{a}_0 (j\omega)^l} \tag{5.41}$$

となるので，$b_0/\tilde{a}_0 > 0$ の場合は $\omega \to +0$ におけるベクトル軌跡は複素平面上 $-(\pi/2)l$ の方向の無限遠方からスタートすることになる．また，$b_0/\tilde{a}_0 < 0$ の場合は $\pi/2 - (\pi/2)(l-1)$ の方向の無限遠方からスタートする．

（b）$\omega \to +\infty$ の点

式 (5.38) において，分母多項式の次数 n と分子多項式の次数 m の差 $r = n - m > 0$，すなわち，伝達関数が厳密にプロパーであるとき，分母分子を s^m で割り，$j\omega$ を代入後 $\omega \to +\infty$ とすれば，ベクトル軌跡は複素平面の原点に近づくことになる．そのときの原点への近づき方は，

$$\lim_{\omega \to +\infty} G(j\omega) = \lim_{\omega \to +\infty} \frac{b_m}{(j\omega)^r} \tag{5.42}$$

であるので，$b_m > 0$ ならば $-(\pi/2)r$ の方向から，$b_m < 0$ ならば $-(\pi/2)(r-2)$ の方向から原点に近づく．

単なるプロパーの場合は，$m = n$ であるので，

$$\lim_{\omega \to +\infty} G(j\omega) = b_m \tag{5.43}$$

となり，実軸上の確定値 b_m に近づく．

（a），（b）はベクトル軌跡を描くための性質であるが，ベクトル軌跡より $G(s)$ の特徴を読み取る方法でもある．

> **例題 5.3** 伝達関数 $G(s) = 2/\{s(s+1)(s+4)\}$ のベクトル軌跡の始点と終点の概形をイメージせよ．
>
> ［解］ $G(s)$ は原点に 1 位の極をもち，$b_0/\tilde{a}_0 = 1/2 > 0$ であるので，そのベクトル軌跡は $-\pi/2$ の無限遠点，すなわち $-j\infty$ から出発する．また，相対次数 $r = 3$ であるので，$(-\pi/2) \times 3$ の方向から原点に近づく．

5.3.2 ボード線図

ベクトル軌跡はゲイン特性と位相特性を同時に把握できるが，周波数を媒介変数として描いているので，周波数に関する情報を正確に得ることはできない．そこで，ゲ

イン線図とよばれるゲイン–周波数特性と，位相線図とよばれる位相–周波数特性を 2 つのグラフに別々に描けば，ゲインと周波数，位相と周波数の関係が読み取れる．これが，次に示すボード線図である．

まず，ゲイン線図であるが，横軸を角周波数 ω の対数目盛にとる．したがって ω が $1 \sim 10$ [rad/s] の間隔と，$10 \sim 100$ [rad/s] の間隔は等しくなる．このように ω が 10 倍になる間隔を 1 デカード [dec] とよぶ．縦軸はゲインにとるが，これは次に定義するデシベルゲイン g とする．

$$g = 20 \log_{10} |G(j\omega)| \quad [\text{dB}] \tag{5.44}$$

デシベル表示を用いると，ゲインが 1 倍（入出力の振幅比が 1）の場合，デシベルゲインは $g = 0$ dB，10 倍の場合は $g = 20$ dB，100 倍の場合は $g = 40$ dB，また 1/10 倍の場合は -20 dB，1/100 倍の場合は -40 dB になる．このような対応関係より，以下では，とくにゲインとデシベルゲインを区別せず，単位 [dB] がついているならデシベルゲインを意味することとする．

次に，位相線図であるが，これは横軸をゲイン線図と同様，ω の対数目盛，縦軸を位相角にとり，その単位を度 [deg] とする．

それでは，基本要素のボード線図を描いてみよう．

（1）積分と 1 次遅れ系

積分要素のゲインと位相特性は式 (5.23)，(5.24) より，

$$20 \log |G(j\omega)| = 20 \log |1/\omega| = -20 \log \omega \tag{5.45}$$

$$\arg G(j\omega) = -90° \tag{5.46}$$

であるので，ボード線図は図 5.7(a) のようになる．ゲイン線図は -20 dB/dec の勾配をもつ直線になり，位相線図は $-90°$ と一定である．-20 dB/dec とは ω が 10 倍，すなわち 1 dec 大きくなると，ゲインが 1/10，すなわち -20 dB 減ることを意味する．

また，1 次遅れ系は，式 (5.26)，(5.27) より，

$$20 \log |G(j\omega)| = -20 \log \sqrt{1 + (\omega T)^2} \tag{5.47}$$

$$\arg G(j\omega) = -\tan^{-1}(\omega T) \tag{5.48}$$

となり，ボード線図は図 5.7(b) になる．ただし，横軸は ω でなく ωT で正規化してある．ゲイン特性，位相特性は，おおむね次のようになる．

$$\omega T \ll 1 : \quad -20 \log \sqrt{1 + (\omega T)^2} \approx 0 \text{ dB}, \quad -\tan^{-1}(\omega T) \approx 0° \tag{5.49}$$

$$\omega T = 1 : \quad -20 \log \sqrt{2} = -3.01 \text{ dB}, \quad -\tan^{-1}(1) \approx -45° \tag{5.50}$$

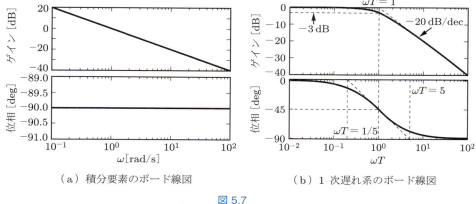

（a）積分要素のボード線図　　（b）1次遅れ系のボード線図

図 5.7

$$\omega T \gg 1 : \quad -20\log\sqrt{1+(\omega T)^2} \approx -20\log(\omega T) \text{ [dB]},$$
$$-\tan^{-1}(\omega T) \approx -90° \quad (5.51)$$

1次遅れ系のゲイン線図と位相線図は，式 (5.49)～(5.51) より図中に破線で示すような直線で近似できる．まず，ゲイン線図であるが，$0 < \omega T \leqq 1$ においては，おおむね 0 dB の水平線で，$\omega T > 1$ においては，勾配が -20 dB/dec の直線で近似できる．この2本の直線の交点は $\omega T = 1$ である．時定数 T の逆数である角周波数 $\omega_b = 1/T$ を折点角周波数といい，ω_b でゲインは -3 dB，すなわち $1/\sqrt{2}$ になる．折点角周波数 ω_b は周波数特性を表すのにしばしば用いられるパラメータ値である．

次に，位相線図であるが，式 (5.49)～(5.51) の結果にもとづく2種類の折れ線による近似法がある．1つは，$1/10 \ll 1$，$10 \gg 1$ として，$0 < \omega T \leqq 1/10$ で $0°$ の水平線，$\omega T > 10$ で $-90°$ の水平線，$1/10 < \omega T \leqq 10$ で点 $(1, -45°)$ を通る斜線，すなわち，$\omega T = 1$ のとき $-45°$ になる傾き $-45°/$dec の直線で位相線図を近似する方法である．もう1つは，次の事実にもとづく方法である．正確に作成した位相線図においては，点 $(1, -45°)$ が変曲点となり，この変曲点で接線を引くと，$0°$ と $-90°$ の水平線とはそれぞれ $\omega T = 1/5$ と $\omega T = 5$ のところで交わる．これより，$0 < \omega T \leqq 1/5$ で $0°$ の水平線，$\omega T > 5$ で $-90°$ の水平線，$1/5 < \omega T \leqq 5$ で点 $(1, -45°)$ を通る斜線で位相線図を近似する．本書では，後者の方法を採用する．

ボード線図より，1次遅れ系のさまざまな周波数応答の特徴を見ることができる．$\omega T \gg 1$ においては，ゲインの勾配が -20 dB/dec の直線，位相は $-90°$ となり，ほぼ積分要素と同じ特性をもつ．したがって，1次遅れ系のことを不完全積分とよぶこ

ともある．また，ω_b 以上の周波数の正弦波を入力したとき，出力振幅は周波数が高くなるほど小さくなり，高い周波数の信号は伝達しにくい特性をもつ．このように，高周波帯域でゲインが減衰する要素を低域フィルタとよぶ．

（2）2次遅れ系のボード線図

2次遅れ系 $G(s) = \omega_n^2/(s^2 + 2\zeta\omega_n s + \omega_n^2)$ のボード線図を，周波数を $\Omega = \omega/\omega_n$ に規格化して描いてみよう．ゲイン特性と位相特性は，式 (5.34)，(5.35) より，

$$20\log|G(j\omega)| = 20\log\left|\frac{1}{\sqrt{(1-\Omega^2)^2 + 4\zeta^2\Omega^2}}\right|$$
$$= -20\log\sqrt{(1-\Omega^2)^2 + 4\zeta^2\Omega^2} \tag{5.52}$$

$$\arg G(j\omega) = -\tan^{-1}\left(\frac{2\zeta\Omega}{1-\Omega^2}\right) \tag{5.53}$$

となる．これより，

$$\Omega \ll 1 : \quad 20\log|G(j\omega)| \approx 0 \text{ [dB]}, \qquad \arg G(j\omega) \approx 0° \tag{5.54}$$

$$\Omega = 1 : \quad 20\log|G(j\omega)| = -20\log(2\zeta) \text{ [dB]}, \quad \arg G(j\omega) = -90° \tag{5.55}$$

$$\Omega \gg 1 : \quad 20\log|G(j\omega)| \approx -40\log\Omega \text{ [dB]}, \quad \arg G(j\omega) \approx -180° \tag{5.56}$$

となる．図 5.8 に，横軸を Ω の対数目盛にとり，減衰係数 ζ を変化させたボード線図を示す．これより，以下のような 2 次遅れ系のボード線図の特徴をつかむことがで

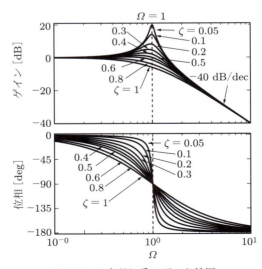

図 5.8　2次遅れ系のボード線図

きる．

① ゲイン線図は，$\Omega(=\omega/\omega_n) \gg 1$ で -40 dB/dec の直線に漸近する．また，この漸近線は 0 dB の直線と $\Omega=1$，すなわち自然角周波数 ω_n で交わる．
② 位相線図は $0°$ から始まり，$\Omega(=\omega/\omega_n) \gg 1$ で $180°$ 遅れる．
③ $0 < \zeta < 1/\sqrt{2}$ のとき，式 (5.36), (5.37) で示すように，ゲイン線図は $\Omega = \sqrt{1-2\zeta^2}$ $(\omega=\omega_r=\omega_n\sqrt{1-2\zeta^2})$ において，1 より大きいピーク値

$$M_p = \frac{1}{2\zeta\sqrt{1-\zeta^2}} > 1 \tag{5.57}$$

をとる．これは 89 ページで説明したように出力が入力に共振する現象である．
④ ζ がゼロに近くなるほどピーク値 M_p は大きくなり，一方，$\zeta \geqq 1/\sqrt{2}$ ではピークは現れずゲイン線図は単調減少となる．
⑤ 2 次遅れ系も低域フィルタの特性をもち，ゲインが $1/\sqrt{2}$（およそ -3 dB）になる角周波数 ω_b を遮断角周波数とよぶ．$|G(j\omega)| = 1/\sqrt{2}$ となるときの ω を求めれば，

$$\omega_b = \omega_n \sqrt{1-2\zeta^2 + \sqrt{(1-2\zeta^2)^2+1}} \tag{5.58}$$

と得られる．これは，周波数帯域 $0 \sim \omega_b$ 内の正弦波が入力されたときの出力振幅はあまり減少しないことを意味している．したがって，$0 \sim \omega_b$ をバンド幅といい，直接 ω_b で表す．

（3） 一般的な伝達関数のボード線図

一般的な伝達関数のボード線図はどのようになるであろうか．そのまえにボード線図がもつ 2 つの性質を明らかにしておこう．

（a） 直列結合のボード線図

伝達関数が 2 つの伝達関数の積 $G(j\omega) = G_1(j\omega)G_2(j\omega)$ で与えられたとき，これを指数関数表示すれば，

$$\begin{aligned}G(j\omega) &= |G_1(j\omega)| e^{j \arg G_1(j\omega)} |G_2(j\omega)| e^{j \arg G_2(j\omega)} \\&= |G_1(j\omega)| |G_2(j\omega)| e^{j\{\arg G_1(j\omega) + \arg G_2(j\omega)\}}\end{aligned} \tag{5.59}$$

となる．$e^{j\theta}$ のゲインはいかなる θ に対しても $|e^{j\theta}|=1$ であるので，$G(j\omega)$ のゲインは，

$$20\log|G(j\omega)| = 20\log|G_1(j\omega)| + 20\log|G_2(j\omega)| \tag{5.60}$$

と，2つの伝達関数のデシベルゲインの和となる．さらに位相も，

$$\arg G(j\omega) = \arg G_1(j\omega) + \arg G_2(j\omega) \tag{5.61}$$

のように2つの伝達関数の位相角を加えればよい．

（b）逆伝達関数のボード線図

伝達関数 $H(s)$ が $H(s) = G^{-1}(s)$ で与えられたとき，$H(s)$ を $G(s)$ の逆伝達関数とよぶ．$H(j\omega)$ のボード線図は，$G(j\omega)$ のボード線図より，次のように求めることができる．

$$H(j\omega) = \frac{1}{G(j\omega)} = |G(j\omega)|^{-1} e^{-j \arg G(j\omega)} \tag{5.62}$$

であるので，

$$20 \log |H(j\omega)| = -20 \log |G(j\omega)| \tag{5.63}$$

$$\arg H(j\omega) = -\arg G(j\omega) \tag{5.64}$$

である．すなわち，$G(j\omega)$ と $H(j\omega)$ のゲイン線図，位相線図は，それぞれ 0 dB, 0° を軸として上下対称となる．これより，微分要素 $H(s) = s$, 不完全微分要素 $H(s) = 1+sT$, 2次遅れ系の逆伝達関数 $H(s) = (s^2 + 2\zeta\omega_n s + \omega_n^2)/\omega_n^2$ のボード線図は，上で求めた積分要素，1次遅れ系，2次遅れ系のボード線図を対称軸に対して反転させることより，簡単に求めることができる．

一般的な伝達関数は，

$$G(s) = \frac{K \prod_{i=1}^{k} (1 + \tilde{T}_i s) \prod_{j=1}^{p} (s^2 + 2\tilde{\zeta}_j \tilde{\omega}_j s + \tilde{\omega}_j^2)}{s^l \prod_{i=1}^{q} (1 + T_i s) \prod_{j=1}^{r} (s^2 + 2\zeta_j \omega_j s + \omega_j^2)} \tag{5.65}$$

と，積分要素，1次遅れ要素，2次遅れ要素などの基本的要素，ないしはそれらの逆伝達関数の積として与えられる．したがって，ボード線図は (a), (b) の性質を用いて，基本要素かその逆伝達関数それぞれのゲイン線図，位相線図を図的に加え合わせれば得られる．また，それぞれは (1), (2) で説明したように直線で近似できるので，その概形は容易に描くことができる．

例題 5.4 不完全微分 $G(s) = 1 + sT$ のボード線図を描け．

[解] ボード線図の性質 (b) を用いて，図 5.7 (b) の1次遅れ要素 $G(s) = 1/(1+sT)$ のボード線図を 0 dB および 0° を軸に反転させれば，図 5.9 に示すように得られる．

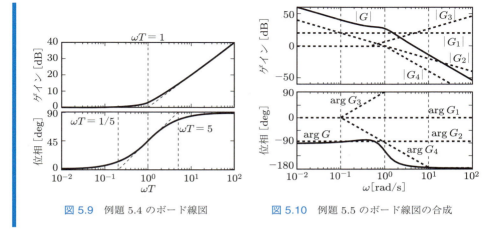

図 5.9　例題 5.4 のボード線図　　　図 5.10　例題 5.5 のボード線図の合成

例題 5.5　次の伝達関数のボード線図の概形を描け．
$$G(s) = 10\frac{1+2s}{s(s^2+s+1)}$$

[解]　$G_1 = 10$, $G_2 = 1/s$, $G_3 = 1+2s$, $G_4 = 1/(s^2+s+1)$ のボード線図を，図 5.10 に示すように直線で近似する．それらを図的に加え合わせると，$G(s)$ のボード線図の概形が描ける．

5.4　右半平面に零点をもつ伝達関数の周波数応答 ― 非最小位相系 ―

　伝達関数の分母多項式の根である極を，右半平面にある場合は不安定極，左半平面にある場合は安定極とよび，システムの安定性は，極の実数部の正負に大きく依存することを説明してきた．それでは，分子多項式の根である零点が右半平面と左半平面に位置することで，系の特性は大きく変わるであろうか．この疑問に対する答えはイエスである．

　安定な伝達関数で，すべての零点が左半平面に位置するシステムを最小位相系，1つでも右半平面に零点をもつシステムを非最小位相系とよぶ．最小位相系という名前の出典を説明するのはかなりの紙数を必要とするのでここでは割愛するが，要はボード線図で同じゲインをもつ伝達関数のうちで，位相遅れが最小となる伝達関数をもつ系のことである．

　それでは，最小位相系と非最小位相系の応答の違いを具体例で示そう．同じ極をもつ2つの伝達関数

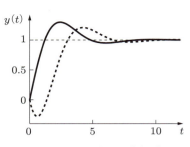

図 5.11 最小と非最小位相系の単位ステップ応答

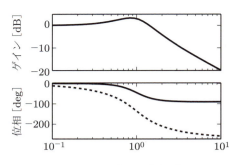

図 5.12 最小と非最小位相系のボード線図

$$G_1(s) = \frac{1+s}{s^2+s+1} \tag{5.66}$$

$$G_2(s) = \frac{1-s}{s^2+s+1} \tag{5.67}$$

を取り上げてみる．$G_1(s)$ の零点は -1 なので最小位相系であり，一方，$G_2(s)$ は，零点が 1 で右半平面に位置するので，非最小位相系である．両者の単位ステップ応答を比較したものが図 5.11 である．

実線が最小位相系，破線が非最小位相系の応答である．非最小位相系の立ち上がりに注目してほしい．スタート時，応答は正方向に向かうのではなく，負方向に向かっている．このような現象はオーバーシュートに対してアンダーシュートとよばれている．アンダーシュートは制御系の応答として好ましいものではない．たとえば，直流モータが組み込まれた系が非最小位相系であるとするなら，アンダーシュートはモータの逆回転を意味し，ときによっては危険なことである．

次に，両者の周波数応答を見てみよう．図 5.12 は，$G_1(s)$，$G_2(s)$ のボード線図を，前者を実線，後者を破線で描いたものである．ゲイン線図は両者とも同じであるが，位相線図は非最小位相系である $G_2(s)$ の遅れが $G_1(s)$ に比べて大きいことがわかる．このことが，$G_1(s)$ が最小位相系とよばれる意味である．

5.5 実験による周波数応答の求め方

前節までは，与えられた伝達関数を用いて周波数応答を求める方法を説明してきた．しかし，伝達関数がわからなくても，正弦波入出力信号を観測することにより，周波数応答を実験的に求める方法がある．伝達関数がわからない制御対象を暗箱（ブラックボックス）とよぶ．ブラックボックスである制御対象に，正弦波信号

$$u(t) = A_1 \sin(\omega_1 t + \phi_1) \tag{5.68}$$

をテスト信号として入力すると，同じ周波数 ω_1 の正弦波信号の出力

$$y(t) = B_1 \sin(\omega_1 t + \varphi_1) \tag{5.69}$$

が観測されるはずである．このとき制御対象の周波数 ω_1 に対するゲイン，位相は，

$$|G(j\omega_1)| = \frac{B_1}{A_1} \tag{5.70}$$

$$\arg G(j\omega_1) = \varphi_1 - \phi_1 \tag{5.71}$$

と実験的に求めることができる．異なる周波数 $\omega_1, \omega_2, \ldots, \omega_k, \ldots, \omega_n$ のテスト信号を用いて順次同様な実験を行えば，各周波数に対するゲイン，位相の値が求められる．これらを複素数ベクトルとして描けばベクトル軌跡が，ゲイン–周波数，位相–周波数として描けばボード線図が得られる．

このように，伝達関数がわからない制御対象でも，実験的に周波数応答を把握し，ボード線図を描けば，制御対象の伝達関数を推測することができる．この考え方は，モデルの同定へと発展していく．

実制御対象の多くは，あらかじめ伝達関数がわかることはまれである．古典制御理論は，ここに示すように，伝達関数がわからなくても周波数応答実験を繰り返すことで制御対象の特徴（周波数応答特性）を把握でき，解析・設計技法を適用できる．そのため，古典的制御技術はときに周波数応答法ともよばれ，きわめて実用的な方法であり，現在に至るまで産業界で多用されている要因である．ただし，不安定な制御対象にはこの方法は有効でなく注意を要する．

────── **演習問題 5** ──────

5.1 下記の各伝達関数 $G(s)$ に，入力 $u(t)$ を $t=0$ で印加し，十分時間が経過したときの出力 $y(t)$ を求めよ．

(1) $G(s) = \dfrac{1}{4s^2 + 2s + 1}$, $\quad u(t) = 2\sin t$

(2) $G(s) = \dfrac{s}{s^2 + 3s + 2}$, $\quad u(t) = I(t)$

(3) $G(s) = \dfrac{s^2 + 4}{(s+1)(s+2)(s+3)}$, $\quad u(t) = 6\sin 2t$

(4) $G(s) = \dfrac{s+1}{s^2 + 5s + 4}$, $\quad u(t) = e^{-t}$

5.2　$G(s) = 2/\{s(1+0.1s)\}$ において，$\omega = 0$，$\omega = 1$，$\omega = 5$，$\omega = 10$，$\omega = 50$ に対し，表 5.1 と同じ表を作成し，それをもとに $G(s)$ のナイキスト線図とボード線図を描け．

5.3　ナイキスト線図が図 5.13 のように与えられている．$G(s)$ の形を推測せよ．

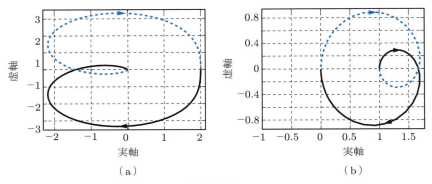

図 5.13

5.4　次の各伝達関数のボード線図を描け．

(1)　$G(s) = K(Ts \pm 1)$　　　$(K = 10,\ T = 0.1)$

(2)　$G(s) = \dfrac{K}{Ts \pm 1}$　　　$(K = 10,\ T = 0.1)$

(3)　$G(s) = Ks^l$　　　$(K = 10,\ l = 1, 2, 3)$

(4)　$G(s) = \dfrac{K}{s^l}$　　　$(K = 10,\ l = 1, 2, 3)$

(5)　$G(s) = \dfrac{T_1 s + 1}{T_2 s + 1}$　　　$(1 > T_1 > T_2 > 0)$

(6)　$G(s) = \dfrac{T_1 s - 1}{T_2 s + 1}$　　　$(T_1 > T_2 > 0)$

5.5　次の各伝達関数のボード線図を直線で近似して概形を描け．

(1)　$G(s) = \dfrac{2}{s(1+3s)}$　　　(2)　$G(s) = \dfrac{s+1}{s^2 + 1.4s + 1}$

(3)　$G(s) = \dfrac{2s+1}{(5s+1)(3s+1)}$

総合演習問題

1. 総合演習図 1 に示すフィードバック制御系がある．

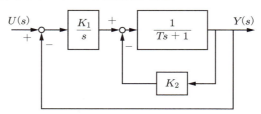

総合演習図 1

（1）伝達関数 $G_{uy} = Y(s)/U(s)$ を求めよ．
（2）$G_{uy}(s)$ の自然角周波数 ω_n と減衰係数 ζ を，K_1, K_2 および T を用いて表せ．
（3）制御系の単位ステップ応答が，
$$y(t) = 1 - e^{-\frac{1}{2}t}\cos(2t) - \frac{1}{4}e^{-\frac{1}{2}t}\sin(2t)$$
となる K_1, K_2 および T の値を求めよ．また，このときの ω_n, ζ の値を求めよ．ただし，$y(t) = \mathcal{L}^{-1}[Y(s)]$ である．

2. 総合演習図 2 に示すフィードバック制御系がある．ただし，$T \neq 0$ とする．

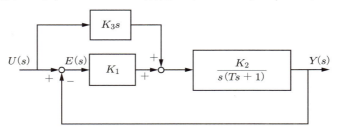

総合演習図 2

（1）入力信号 $U(s)$ から出力信号 $Y(s)$ への伝達関数 $G_{uy}(s) = Y(s)/U(s)$ と，入力信号 $U(s)$ から偏差信号 $E(s)$ への伝達関数 $G_{ue}(s) = E(s)/U(s)$ を，それぞれ求めよ．
（2）G_{uy} が安定となる K_1, K_2 と T の値の範囲を求めよ．
（3）$K_1 = 1, K_2 = 2, K_3 = 1/2, T = 1$ のとき，制御系の単位ステップ応答を求めよ．

3. 総合演習図 3 に示すフィードバック制御系がある．
（1）入力信号 $U(s)$ から出力信号 $Y(s)$ への伝達関数 $G_{uy}(s) = Y(s)/U(s)$ と，外乱信号 $D(s)$ から出力信号 $Y(s)$ への伝達関数 $G_{dy}(s) = Y(s)/D(s)$ を，それぞれ求めよ．

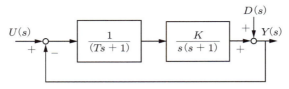

総合演習図 3

(2) $G_{uy}(s)$ が安定となるために，T と K が満たすべき条件を求めよ．
(3) $T=0$ のとき，$G_{uy}(s)$ の自然角周波数 ω_n と減衰係数 ζ を，K を用いて表せ．また，$K=4$ のときの ω_n と ζ の値を求めよ．
(4) $T=0, K=4, D(s)=0$ のとき，制御系のインパルス応答と単位ステップ応答を，それぞれ求めよ．

4. 総合演習図 4 に示すフィードバック制御系がある．

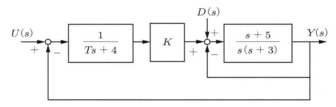

総合演習図 4

(1) 入力信号 $U(s)$ から出力信号 $Y(s)$ への伝達関数 $G_{uy}(s) = Y(s)/U(s)$ と，外乱信号 $D(s)$ から出力信号 $Y(s)$ への伝達関数 $G_{dy}(s) = Y(s)/D(s)$ を，それぞれ求めよ．
(2) $T=0$ のとき，閉ループ系が安定となる K の値の範囲を求めよ．
(3) $D(s)=0, T=0, K=4$ のとき，制御系の単位ステップ応答を求めよ．

第6章 フィードバック制御系の構成と考え方

制御量を自在に操るためには，フィードバック制御系を構成する必要がある．ここでは，フィードバック制御系構成の基本的考え方と，フィードバック制御系に現れるさまざまな伝達関数を定義し，そのもとでフィードバック制御系がもつ利点を定性的に明らかにする．

6.1 制御系の構成 —フィードフォワード制御とフィードバック制御—

本節では，制御対象の構造と制御系の構成はどのようになっているか，詳細に検討してみよう．

6.1.1 制御対象の構成

第1章～第5章で，制御対象は微分方程式ないしは伝達関数で表せると説明したが，ロボットなどに組み込まれている回転関節のサーボシステムを具体例として制御対象の構造を詳細に分析してみる．

回転関節は，図6.1に示すように，関節を駆動するDCモータ，DCモータの電機子電圧を供給するパワーアンプ，関節の機械的回転機構，加えて関節の回転角を計測

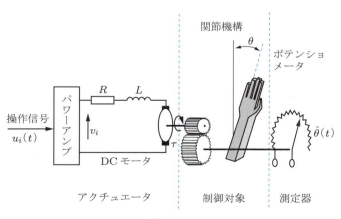

図 6.1 関節サーボシステム

するポテンショメータからなる．機械的回転機構を制御対象とみなしたときの出力は，制御量である関節の回転角 θ，入力は回転トルク τ である．τ は電気的機構である DC モータの出力により発生し，DC モータの入力である印加電圧 v_i により調整される．さらに，v_i は操作信号 u_i に応じてパワーアンプより供給される．ここでは，狭い意味での制御対象は，機械的回転機構部である．しかし，制御系を実現するために，DC モータとパワーアンプからなるアクチュエータを含めて，一般的な制御対象として考える必要がある．加えて，制御の効果の確認や操作量の決定のために，出力である回転角を測定するポテンショメータも不可欠である．

この例で示すように，一般的な制御対象は，狭い意味での制御対象と，それを駆動するアクチュエータからなる．具体的な制御問題を取り扱うとき，狭い意味での制御対象は何か，アクチュエータは何かを見極める，あるいはアクチュエータが組み込まれていない場合は，適切なアクチュエータを組み込む必要がある．さらに，適切な測定器を選定して組み込むことも必要である．

以下，本書では，このような狭い意味での制御対象とアクチュエータを統合した動的システムを制御対象として取り扱い，その伝達関数を $P(s)$ とする．測定器はセンサーや電気・電子回路で構成されることが多く，これも第 1 章〜第 5 章で説明したような動的システムであり，その伝達関数を $H(s)$ とする．また，実際の制御対象には，操作量などの入力のほかに，観測誤差やノイズなど予期せぬ入力が加わるのが普通である．これらは制御性能を劣化させる要因であり，外乱とよばれている．以上より，一般的な制御対象とその測定器は図 6.2 のような構成になっている．

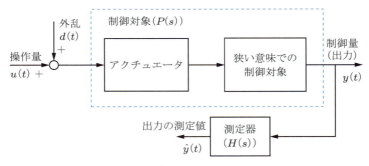

図 6.2 制御対象の構造

6.1.2 制御の目的と制御系の構成

図 6.2 のような制御対象 $P(s)$ を制御する目的は，まず第 1 に，

① 制御対象が不安定な場合，補償器（コントローラ）を加えることによって，補償器も含む制御系全体が安定であるようにする．すなわち，制御系を安定化する．

次に，① を満たしたもとで，出力 $y(t)$ を希望の値に一致させることである．希望値 $r(t)$ のことを目標値といい，$r(t)$ は制御の目的に応じてステップ信号やランプ信号，ときには任意の時間関数として与えられる．目標値 $r(t)$ が与えられたもとで，

② 制御対象の出力 $y(t)$ を目標値 $r(t)$ になるように操る．

さらに ①，② に加えて，

③ 予期せぬ外乱 $d(t)$ の出力 $y(t)$ への影響を極力抑える．

④ 制御対象 $P(s)$ が経年変化などの原因により変動しても出力 $y(t)$ への影響をできるだけ抑える．

の4つである．4つの目的を満たしつつ，出力を自在に操るには，出力 $y(t)$ を目標値 $r(t)$ に速やかに一致させる適切な操作量信号 $u(t)$ を算出し，それを制御対象に入力する必要がある．目標値信号や出力から適切な操作量信号を算出する装置は補償器またはコントローラとよばれる．制御系は図 6.2 の制御対象と，適切な補償器から構成されるが，その基本構造には次の2種類がある．

（1）フィードフォワード制御系

フィードフォワード制御系は，図 6.3 のブロック線図のような構成になる．制御系に流れる信号は，目標値 → 操作量 → 制御量と前方（フォワード）の一方向に順次伝達（フィード）されるのでフィードフォワード制御系，または信号がループを形成しないことより，開ループ制御系ともよばれている．

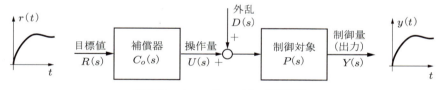

図 6.3　フィードフォワード制御系

図 6.3 に示すように，補償器 $C_o(s)$ は，制御系を安定化し，かつ出力 $y(t)$ を目標値 $r(t)$ に一致させるような操作量を算出する機能をもっている．このとき，$r(t)$ から $y(t)$ への入出力関係は動的システムであり，伝達関数 $P(s)C_o(s)$ で表される．

（2）フィードバック制御系

フィードバック制御系の構成は，図 6.4 に示すように，制御対象，補償器，測定器および比較器の4つのブロックからなる．図中の各ブロックは下記のような機能をもつ．

制御対象：制御対象は 6.1.1 項で説明したようにアクチュエータを含み，その伝達関数は $P(s)$ とする．

測定器：フィードバック制御系は，絶えず出力 $y(t)$ が目標値 $r(t)$ にどのくらい一致し

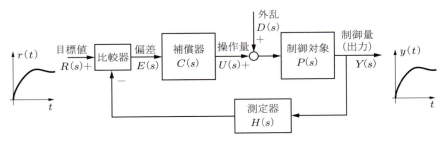

図 6.4 フィードバック制御系

ているかを見極めながら操作量を算出する構造をしているので，測定器を用いて $y(t)$ を計測し，その測定値 $\hat{y}(t)$ を実際の $y(t)$ の代わりとして利用する．たとえば先ほどの回転関節のサーボシステムの場合は，関節の回転角 θ がポテンショメータを通じて電圧として計測される．物理変数の計測は工学の重要な技術分野であり，計測技術としてさまざまな手法が確立されている．ここでは，これ以上具体的な技法は述べないが，$y(t)$ は何らかの測定器を用いて測定され，その値が $\hat{y}(t)$ で与えられるものとする．このとき，$y(t) \to \hat{y}(t)$ の伝達関数は $H(s)$ とする．

比較器：比較器は，目標値 $r(t)$ と測定値 $\hat{y}(t)$ を比較し，偏差

$$e(t) = r(t) - \hat{y}(t) \tag{6.1}$$

を出力する装置である．

補償器：補償器は，偏差信号をもとに偏差が速やかに小さくなるように，操作量を算出する装置であり，偏差を入力，操作信号を出力とし，とくに補償器自身が動的システムである場合，動的補償器とよばれる．補償器の具体的な構成はのちに明らかにするが，ここではとりあえずその伝達関数を $C(s)$ とする．

図 6.4 の制御系は，信号が目標値 → 偏差 → 操作量 → 制御量 → 測定値 → 偏差と後ろ（バック）に送られる（フィード）ので，フィードバック制御系，さらには偏差 → 偏差へと信号がループをなすことより閉ループ制御系ともよばれている．

以上で，フィードバック制御系の基本構成を示したが，制御技術の分野においてフィードバック制御系は，制御対象や出力の種類によりいくつかの種類に分類されている．分類は必ずしも厳密なものではないが，概略を示すと以下のようになる．

　（A） サーボ機構：物体の位置，速度，加速度，姿勢などを制御量とし，これらを目標値に追従させることを目的としたフィードバック制御系である．サーボとはラテン語で奴隷を意味し，忠実に命令に従うことである．具体的な例として，ロボットの姿勢制御や，工作機械の位置決め制御，飛行機の自動操縦制御などを挙げることができる．

（B）**プロセス制御系**：工業プロセスに見られる，温度，圧力，流量，タンクの液面位置などを制御量とし，多くは外乱の抑制をフィードバック制御の主目的とする．例として，製鉄の溶鉱炉，石油精製の蒸留塔など重化学工業に多く見られる．

（C）**自動調節系**：発電機の周波数や電圧，空調機の室内温度など制御量を一定に保つ制御で，外乱の大きな要因である負荷変動の影響の抑制をフィードバック制御の主目的とする．

フィードバック制御系は目標値の種類により，追従制御系と定値制御系に分けることもある．上の（A）はもっぱら $r(t)$ が時間とともに変化する追従制御であり，（B），（C）は $r(t)$ が一定である定値制御の場合が多い．ただし，これは，実システムによる分類であり，理論的にこれらを別々に取り扱う必要はない．一括してフィードバック制御系として取り扱えばよい．

6.2 制御系のさまざまな伝達関数

動的補償器と動的制御対象からなるフィードフォワードおよびフィードバック制御系はやはり動的システムとなり，古典制御理論による制御系の解析・設計にはいろいろな伝達関数を用いる必要がある．ここでは，制御系に現れるさまざまな伝達関数を定義し，その意味を明らかにする．

まず，図 6.3 のフィードフォワード制御系の伝達関数について説明する．目標値および外乱と出力の関係は，3.4 節で示したブロック線図の演算より，

$$Y(s) = P(s)C_o(s)R(s) + P(s)D(s) \tag{6.2}$$

となる．これより，目標値から出力，外乱から出力までの伝達関数 $T_o(s)$，$D_o(s)$ はそれぞれ式 (6.2) 右辺第 1 項および第 2 項より，

$$T_o(s) = \frac{Y(s)}{R(s)} = P(s)C_o(s) \tag{6.3}$$

$$D_o(s) = \frac{Y(s)}{D(s)} = P(s) \tag{6.4}$$

と求められる．ここで，$T_o(s)$ は開ループ伝達関数とよばれている．

次に，フィードバック制御系に現れる伝達関数について説明しよう．図 6.4 において測定器の伝達関数が $H(s) = 1$，すなわち $\hat{y}(t) = y(t)$ であるとすれば，その構造は図 6.5 のようになる．これは，直結フィードバックあるいは単位フィードバック制御系とよばれている．これ以降，おもにこの単位フィードバック制御系を扱う．図 6.5

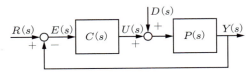

図 6.5 単位フィードバック制御系

の単位フィードバック制御系における目標値 $R(s)$ および外乱 $D(s)$ と，出力 $Y(s)$ との入出力関係は，次のように求めることができる．

制御量 $Y(s)$ は，操作量 $U(s)$ と外乱 $D(s)$ により，

$$Y(s) = P(s)U(s) + P(s)D(s) \tag{6.5}$$

となる．また，$U(s)$ は偏差 $E(s) = R(s) - Y(s)$ より，

$$U(s) = C(s)E(s) = C(s)\{R(s) - Y(s)\} \tag{6.6}$$

である．式 (6.5) の $U(s)$ に式 (6.6) を代入し，$U(s)$ を消去すれば，

$$Y(s) = P(s)C(s)R(s) - P(s)C(s)Y(s) + P(s)D(s) \tag{6.7}$$

となる．ここで，$P(s)C(s)Y(s)$ を左辺に移項し，整理すれば，

$$\{1 + P(s)C(s)\}Y(s) = P(s)C(s)R(s) + P(s)D(s) \tag{6.8}$$

となる．さらに両辺を $\{1 + P(s)C(s)\}$ で割れば，

$$Y(s) = \frac{P(s)C(s)}{1 + P(s)C(s)}R(s) + \frac{P(s)}{1 + P(s)C(s)}D(s) \tag{6.9}$$

を得る．式 (6.5) から式 (6.9) の導出までの式の変形過程を逐次示したのは，閉ループ系の入出力関係は伝達関数 $P(s)$，$C(s)$ の代数演算で導出できることを読者に十分理解してほしいためである．

式 (6.9) の右辺第 1 項は，$R(s)$ を入力，$Y(s)$ を出力とする入出力関係を示し，その伝達関数 $T_{ry}(s)$ は閉ループ伝達関数とよばれ，

$$T_{ry}(s) = \frac{Y(s)}{R(s)} = \frac{P(s)C(s)}{1 + P(s)C(s)} \tag{6.10}$$

となる．伝達関数の下添え字 ry は r から y までの伝達関数を意味し，制御工学の分野における標準的表記法である．これ以降，入出力関係を明示する必要がある場合のみ添え字をするが，関係が自明な場合は添え字を省いて表記する．第 2 項は外乱 $D(s)$ から $Y(s)$ までの入出力関係を表し，その伝達関数 $T_{dy}(s)$ は，

$$T_{dy}(s) = \frac{P(s)}{1+P(s)C(s)} \tag{6.11}$$

となる．これに加えて，偏差 $E(s)$ から $Y(s)$ までの伝達関数 $L(s)$，

$$L(s) = P(s)C(s) \tag{6.12}$$

を一巡伝達関数とよび，これはこののちフィードバック制御系の安定解析，定常偏差の解析，さらには補償器の設計などにおいて主要な役割をはたす．

ここで，$L(s)$ に加えて，フィードバック制御系の性質を論じるのに重要な感度関数 $S(s)$ を，次のように定義する．

$$S(s) = \frac{E(s)}{R(s)} = \frac{1}{1+P(s)C(s)} = \frac{1}{1+L(s)} \tag{6.13}$$

$S(s)$ は目標値から偏差までの伝達関数とみなすこともできる．このとき，$S(s)$ と $T_{ry}(s)$ の間には，

$$T_{ry}(s) = 1 - S(s) \tag{6.14}$$

なる関係が成り立つ．このことより，閉ループ伝達関数は感度関数に対する相補感度関数ともよばれている．

6.3　フィードバック制御系の利点

6.2 節で定義したさまざまな伝達関数を用いて，フィードバック制御系の利点を定性的に説明する．制御の目的は，6.1 節で述べたように 4 つある．これらの目的とフィードバック制御系の関係を考察してみる．

目的 ① の安定化であるが，閉ループ伝達関数が安定であるためには式 (6.10) の分母をゼロとした方程式，すなわちフィードバック制御系の特性方程式

$$1 + P(s)C(s) = 0 \tag{6.15}$$

の根がすべて左半平面にあればよい．制御対象 $P(s)$ がたとえ不安定であっても，補償器の伝達関数 $C(s)$ を適切に選んでやれば上の安定条件を満たすことができ，フィードバック制御系を安定化できる．

次に，フィードバック制御系が安定化できたことを前提に，② 〜 ④ の目的がどのようにして達成できるか，偏差を用いて考えてみる．

単位フィードバック制御系において，偏差 $E(s)$ は，

$$E(s) = R(s) - Y(s) = \{1 - T_{ry}(s)\}R(s) - S(s)P(s)D(s)$$

$$= S(s)R(s) - S(s)P(s)D(s) \qquad (6.16)$$

となる．目的②—出力の目標値への追従—は，さまざまな $R(s)$ に対して偏差 $E(s)$ を小さくするということにほかならない．そのためには，目標値から偏差までの伝達関数である感度関数 $S(s)$ のゲインをできるだけ小さくすればよい．また，目的③—外乱抑制—は式 (6.16) の右辺第 2 項 $S(s)P(s)D(s)$ のゲインをやはり小さくすればよい．$P(s)D(s)$ を変えることはできないので，この場合も $S(s)$ のゲインを小さくする必要がある．以上②，③の 2 つの要求を満たすためには，$S(s)$ のゲインが小さくなるように補償器の伝達関数 $C(s)$ を設計すればよいことになる．これが後ほど説明する補償器の設計問題になる．

目的④については次のように考える．制御対象の伝達関数 $P(s)$ は，時間の経過や構成している部品のばらつきなどのため変動することがある．今，制御対象の伝達関数が $P(s)$ から $P'(s)$ に変化したとしよう．このとき，この変動がフィードバック制御系の閉ループ伝達関数へどのような影響を及ぼすかを調べてみる．

伝達関数の変動を計る尺度として，変動前と変動後の差を取る絶対感度と，絶対感度を変化後の伝達関数で規格化した相対感度の 2 つの定義がある．たとえば，制御対象の変動の絶対感度は $P'(s) - P(s)$ であり，相対感度は絶対感度を変動後の $P'(s)$ で割り，$\{P'(s) - P(s)\}/P'(s)$ で与えられる．ここでは，この相対感度を用いて，制御対象の伝達関数の変化が，閉ループ伝達関数へ及ぼす影響を評価してみる．

補償器を $C(s)$ と固定し，制御対象が $P(s) \to P'(s)$ と変動したあとの閉ループ伝達関数を $T'_{ry}(s)$ とする．このとき，閉ループ伝達関数の相対感度は，

$$\frac{T'_{ry}(s) - T_{ry}(s)}{T'_{ry}(s)} = S(s)\frac{P'(s) - P(s)}{P'(s)} \qquad (6.17)$$

となる．式 (6.17) から明らかなように，制御対象の変動の閉ループ伝達関数への影響も $S(s)$ をできるだけ小さくすれば抑制することができる．なお，式 (6.14)，(6.16)，(6.17) の導出は章末の演習問題とする．

一方，フィードフォワード制御系ではどうであろうか．まず，目的①の安定性であるが，$r(t)$ から $y(t)$ までの伝達関数は式 (6.3) で与えられる．もし，制御対象 $P(s)$ が不安定極をもつときは，$C_o(s)$ に同じ値の零点をもたせ，両者を相殺させて安定化すればよいと安易に考えられる．しかし，これは理論的には可能であるように見えるが，実システムでは正確に零点を実現することやシステムの初期条件を正確にゼロに設定することなどは難しく，安定化することは実質的に困難である．また，制御理論では，内部安定性も重要な概念であり，不安定な極と零点の相殺は内部不安定につながるので，フィードフォワードによる安定化は基本的に不可能であることが示されている．

例題 6.1 ここでは，不安定な制御系

$$P(s) = \frac{1}{2s-1} \tag{6.18}$$

に対し，フィードフォワード制御による安定化の問題点を示す．

[解] $P(s)$ の不安定極 $(2s-1)$ を，$C_o(s)$ の零点で相殺させるために，零点に $(2s-1)$ を含む $C_o(s)$ を選ぶ必要がある．たとえば $C_o(s)$ を

$$C_o(s) = \frac{3(2s-1)}{2s^2+s+2} \tag{6.19}$$

とすると，開ループ制御系の伝達関数は，

$$T_o(s) = \frac{1}{2s-1} \cdot \frac{3(2s-1)}{2s^2+s+2} = \frac{3}{2s^2+s+2} \tag{6.20}$$

となる．

ここで，形式上不安定な極と零点が相殺され，開ループ制御系が安定であるように見えるが，補償器の零点が正確に実現されない場合，たとえば少しくるって $(2s-1.001)$ となれば，

$$T_o(s) = \frac{1}{2s-1} \cdot \frac{3(2s-1.001)}{2s^2+s+2} \tag{6.21}$$

となり，不安定極は残り，安定性は満たさない．たびたび指摘しているように，制御系で不安定になる要因は避けなければならない．

また，システムの変動と外乱による開ループ制御系の安定性に対する影響は，のちほどフィードバック制御の場合と比較しながらより具体的に検討する．

次に目的 ② 〜 ④ までをフィードフォワード制御系の偏差

$$E(s) = R(s) - Y(s) = \{1 - P(s)C_o(s)\}R(s) - P(s)D(s) \tag{6.22}$$

をもとに考えてみる．これより追従性をよくするには，補償器を $1 - P(s)C_o(s) = 0$ となるように，

$$C_o(s) = \frac{1}{P(s)} \tag{6.23}$$

のように，制御対象の逆伝達関数に取ればよい．しかし，一般的に $P(s)$ の分母多項式の次数は分子多項式の次数より大きいので $C_o(s)$ は非プロパーとなり，具体的な装置として実現できない．したがって，$C_o(s)$ のプロパー性を満たしながら可能な限り，

$$C_o(s) \approx \frac{1}{P(s)} \tag{6.24}$$

となるようにする．しかし，一般的な $P(s)$ に対して式 (6.24) を満たす $C_o(s)$ は見つ

からないのが普通である．

また，$P(s)$ が変化したときの開ループ伝達関数の相対感度は，

$$\frac{T'_o(s) - T_o(s)}{T'_o(s)} = \frac{P'(s) - P(s)}{P'(s)} \tag{6.25}$$

となり，フィードフォワード制御系では制御対象変動の影響が直接 $T_o(s)$ に現れ，制御系の変動の影響を補償器で抑制できない．加えて，式 (6.22) より明らかなように，外乱から出力への伝達関数は $C_o(s)$ に無関係であり，外乱抑制もできない．以上，4 つの目的のどれをとってもフィードバック制御系の方が格段に優れている．

ただし，フィードフォワード制御系にもいくつか利点がある．第 1 は，図 6.3 と図 6.4 を比較すれば明らかなように，構造が簡単でコストが安い．第 2 は，構造が簡単なだけに応答性能，なかでも速応性はフィードバック制御系に比べて優れている．したがって，外乱に配慮する必要がなく，制御対象も変動しないことが明らかな場合は，まれにフィードフォワード制御系が用いられることもある．

前出の例題をもとにフィードフォワード制御とフィードバック制御の性能を比較してみよう．例題 6.1 のフィードフォワード制御系の構成は，図 6.6 に示されている．ただし，補償器の零点 $(2s-1)$ が正確に実現され，$T_o(s) = 3/(2s^2+s+2)$ となっていると仮定する．ここでこの開ループ伝達関数 $T_o(s)$ と同じ伝達関数 $T_{ry}(s)$ をもつ単位フィードバック制御系を構成すると，図 6.7 のようになる．

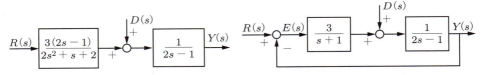

図 6.6　フィードフォワード制御系の例　　図 6.7　フィードバック制御系の例

時間応答で両者の性能の比較を行ってみよう．目標値を単位ステップとし，10 秒後に高さ 0.02 のステップ外乱が入力されたときのフィードフォワードとフィードバック制御系の応答の比較を図 6.8 に示す．また，目標値は単位ステップ，外乱はゼロで，10 秒後に制御対象が $P'(s) = 1/(2s-1.01)$ に変化したときの両制御系の応答の比較を図 6.9 に示す．ただし，実線がフィードバック制御系の応答，破線がフィードフォワード制御系の応答である．

両者の応答の比較から明らかなように，10 秒までの単位ステップ応答の部分は，$T_o(s) = T_{ry}(s) = 3/(2s^2+s+2)$ であるのでまったく同じ応答を示す．しかし，10 秒以降外乱が加わると，フィードバック制御系では外乱抑制が有効に機能し，フィードフォワード制御系では外乱を抑制できず応答は発散してしまう．さらに制御対象が

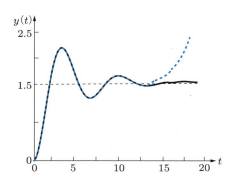
図 6.8 外乱に対するフィードフォワードとフィードバック制御系の応答

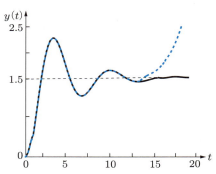
図 6.9 変動に対するフィードフォワードとフィードバック制御系の応答

変動する場合においても，フィードフォワード制御系は変動を抑制する機能がはたらかずに不安定な応答を示す．

以上より，フィードバック制御系の特徴および利点を定性的に述べれば，

① システムの安定性を改善できる．
② 目標値と出力の偏差を小さくし，結果的に出力を目標値に追従させることができる．
③ 外乱の出力への影響を抑制できる．
④ 制御対象の変動の影響を抑制できる．

の4点を挙げることができる．

―――――― 演習問題6 ――――――

6.1 式 (6.14), (6.16), (6.17) を導出せよ．

6.2 単位フィードバック制御系が図 6.10 のように与えられているとき，一巡伝達関数，閉ループ伝達関数，外乱から出力までの伝達関数および感度関数を求めよ．また，制御対象の伝達関数が，$P'(s) = 2/\{s(s+2)\}$ に変動したときの閉ループ伝達関数の相対感度を求めよ．

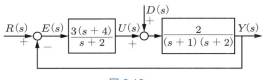

図 6.10

6.3 図 6.11 で与えられている開ループ制御系とフィードバック制御系に対し，
  (1) それぞれの伝達関数 $T_{ry}(s)$ と $T_{dy}(s)$ を求めよ．
  (2) 開ループ制御系の $T_{ry}(s)$ とフィードバック制御系の $T_{ry}(s)$ が同じになるための K

の値を求めよ．

(3) 開ループ制御系の $T_{dy}(s)$ とフィードバック制御系の $T_{dy}(s)$ の相違を述べよ．また，それぞれの場合における K と外乱抑制の関係について比較せよ．

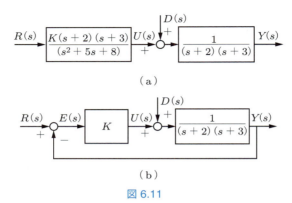

図 6.11

第7章 フィードバック制御系の安定性

第4章において，すでに動的システムの安定性について説明した．第6章で示すように，補償器を含めたフィードバック制御系もやはり動的システムとなるので，閉ループ伝達関数を求めれば，その安定判別にも第4章の結果がそのまま適用できる．しかし，ここではフィードバック制御系の立場から安定性をより深く考察する．第4章の結果と基本的に異なる点は，閉ループ制御系の安定性を，閉ループ伝達関数の代わりに，一巡伝達関数 $L(s)$ の周波数応答を用いて判別することである．さらに，安定判別に加えて安定性の質も評価できる指標を与える．

7.1 周波数応答によるフィードバック制御系の安定判別

ここでは，図 7.1 の単位フィードバック制御系の安定性について説明する．第4章の安定性条件によれば，図 7.1 の単位フィードバック制御系は，閉ループ伝達関数 $T_{ry}(s)$ の特性根がすべて左半平面（根の実数部が負）にあれば安定といえる．具体的には，次のようになる．図 7.1 のフィードバック制御系の一巡伝達関数が，

$$L(s) = P(s)C(s) = \frac{q(s)}{p(s)} \tag{7.1}$$

ただし，

$$q(s) = K(s - z_1)(s - z_2) \cdots (s - z_m) \tag{7.2}$$
$$p(s) = (s - p_1)(s - p_2) \cdots (s - p_n) \tag{7.3}$$

で表されるとする．このとき，閉ループ伝達関数は，

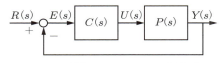

図 7.1 単位フィードバック制御系

$$T_{ry}(s) = \frac{L(s)}{1+L(s)} = \frac{q(s)}{q(s)+p(s)} \tag{7.4}$$

となり，式 (7.4) の特性根の実数部がすべて負ならば安定である．すなわち，$T_{ry}(s)$ の分母多項式，

$$\begin{aligned}d(s) = q(s) + p(s) &= K(s-z_1)(s-z_2)\cdots(s-z_m) \\ &\quad + (s-p_1)(s-p_2)\cdots(s-p_n)\end{aligned} \tag{7.5}$$

に，第 4 章で示したラウスおよびフルビッツの安定判別法を適用すれば，容易に安定判別ができる．ここでは，上の代数的な安定判別のほかに，2 つの周波数応答によるフィードバック制御系の安定判別法について説明する．これらの判別法は，単に安定判別だけでなく，フィードバック制御系の特性，とくに安定性の良否を定量的に把握することができ，第 9 章以降で述べる補償器の設計にも必要な考え方なので十分理解してほしい．

7.1.1　ナイキストの安定判別法

ナイキストの安定判別法は，真空管を利用した負帰還増幅器の安定解析のために考案された手法である．その後，フィードバック制御系の安定判別に適用され，制御理論発展の基礎となった理論である．

ナイキストの安定判別の骨子は以下のようになる．まず，$L(s)$ が原点と虚軸上の極，すなわち，$s=0$ と $s=$ 純虚数 なる極をもたない場合を考える．このとき，式 (7.1) より，

$$1 + L(s) = \frac{p(s) + q(s)}{p(s)} = \frac{(s-l_1)(s-l_2)\cdots(s-l_n)}{(s-p_1)(s-p_2)\cdots(s-p_n)} \tag{7.6}$$

である．これより，$1+L(s)$ の零点 $l_1, l_2, \ldots, l_n$ が，式 (7.5) の $d(s) = p(s) + q(s)$ の根，すなわち，フィードバック制御系の特性根（極）に等しい．$T_{ry}(s)$ の極が s 平面の右半平面にあるかどうかを，いったん $1+L(s)$ の零点が右半平面にあるかどうかの問題に変換し，さらに $L(s)$ の周波数応答特性からそれを判断する．

$1+L(s) = 0$ が右半平面に零点をもつかどうかを判断する一番簡単な方法は，右半平面のありとあらゆる点 s を $1+L(s)$ に代入し，$1+L(s) = 0$ が成り立つ点があるか，シラミつぶしに調べればよい．

しかし，これは実行不可能である．ナイキストはこのアイデアを，伝達関数はプロパーな複素有理関数であることに着目し，次のような安定性判別の理論として確立した．

図 7.2 に示すように，s 平面において原点 0 を出発点とし，虚軸上を $+\infty$ まで進み，そこから半径 ∞ の半円の上を時計回りに π だけ回り，虚軸上の $-\infty$ に達したら原点

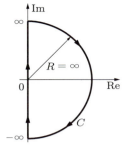
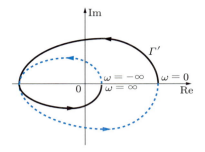

図 7.2 s 平面上の閉曲線 C 図 7.3 $1+L(s)$ 平面上の軌跡 Γ'

0 に戻る閉曲線 C をとる．これにより，s 平面の右半平面は閉曲線 C により包み込まれる．ここで，$1+L(s)$ の s を C 上に沿って変化させると，複素数 $1+L(s)$ は，複素平面上に図 7.3 に示すような閉曲線 Γ' を描く．ただし，$L(s)$ がプロパーであるので，$|s|=\infty$ のとき $|L|$ の値は定数かゼロとなる．したがって，s 平面の半径 ∞ の半円上の点 $s=Re^{j\theta}, R=\infty, \theta=\pi/2 \sim -\pi/2$ はすべて $1+L(s)$ 平面のある 1 つの点に写像される．

このとき，次の事実が偏角原理として数学的に明らかにされている．s 平面の右半平面内にある $1+L(s)$ の極の数を p，零点の数を z とする．点 s を閉曲線 C 上に時計方向に一周させたときの軌跡 Γ' が，$1+L(s)$ 平面の原点を反時計方向に回る回数を n とするとき，次の関係式が成立する．

$$\mathsf{n} = \mathsf{p} - \mathsf{z} \tag{7.7}$$

このとき，フィードバック系が安定であるためには，$T_{ry}(s)$ が右半平面に極をもたない —— これを $1+L(s)$ でいい換えれば，$1+L(s)$ が右半面に零点をもたない，すなわち零点の数は z = 0 である —— ことが必要である．したがって，フィードバック系が安定であるための条件は，z = 0 を式 (7.7) に代入すれば，

$$\mathsf{n} = \mathsf{p} \tag{7.8}$$

となる．すなわち，Γ' が原点を反時計方向に回る回数と $1+L(s)$ の不安定極の個数が等しいとき，フィードバック制御系は安定である．

さらにここでひと工夫し，次のように考える．$1+L(s)$ と $L(s)$ の実数部には 1 だけの差がある．したがって，$1+L(s)$ 平面の虚軸を右へ 1 だけ移動すれば，$L(s)$ 平面の虚軸となる．このとき，図 7.4 に示すように，$1+L(s)$ 平面の原点は，$L(s)$ 平面の点 $(-1, j0)$ となる．したがって，ベクトル $1+L(s)$ の軌跡 Γ' が原点を反時計方向に回る回数は，ベクトル $L(s)$ の軌跡 Γ が点 $(-1, j0)$ を反時計方向に回る回数に等しい．

ここで，$L(s)$ の閉曲線 C に対する軌跡 Γ を確かめると，次のようになる．s が虚

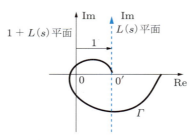

図 7.4　$1 + L(s)$ 平面と $L(s)$ 平面の関係

軸上を移動するとき，$L(j\omega)$ ($\omega = -\infty \sim \infty$) となる．これは，まさに一巡伝達関数 $L(s)$ の周波数応答であり，Γ は第 5 章のナイキスト軌跡である．また，s が半径 ∞ の円周上では，$L(s)$ はプロパー，すなわち，分母多項式の次数は分子多項式の次数に等しいかそれ以上であるので，$|L(s)|$ の値は定数かゼロにとどまる．これよりフィードバック制御系のナイキストの安定判別法は，一巡伝達関数 $L(s)$ のナイキスト軌跡を用いて，次のようになる．

フィードバック系のナイキスト安定判別法 I

一巡伝達関数 $L(s)$ の不安定極の数を p 個とする．変数 s に $j\omega$ を代入し，$\omega = -\infty \sim \infty$ としたとき，$L(jw)$ の描くナイキスト軌跡 Γ が n 回 $L(s)$ 平面上の点 $(-1, j0)$ を反時計方向に回るとする．ただし，時計方向に回る場合は，n が負の値をとる．このとき，z = p − n = 0 が成立すればフィードバック制御系は安定，不成立なら不安定である．

例題 7.1　図 7.5 の単位フィードバック制御系の $K = 1$ と $K = 5$ のときの安定性を，ナイキスト軌跡を用いて判別せよ．

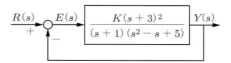

図 7.5　例題 7.1 のフィードバック制御系

［解］　一巡伝達関数 $L(s) = K(s+3)^2/\{(s+1)(s^2-s+5)\}$ は，$s = (1 \pm j\sqrt{19})/2$ という 2 つの不安定極をもつ．すなわち，p = 2 である．
　$K = 1$ のとき，$L(s)$ のナイキスト軌跡 Γ を描くと，図 7.6 のようになり，Γ は $(-1, j0)$ の×点を 1 回も回っていない．すなわち，n = 0 である．これより，z = p − n = 2 であり，$1 + L(s)$ が 2 つの不安定な零点，あるいは図 7.5 のフィードバック制御系は 2 つの不安定な極をもつことがわかる．したがって，$K = 1$ のとき，このフィードバック制御

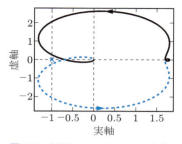

図 7.6 例題 7.1 の $K=1$ のときのナイキスト軌跡

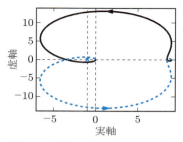

図 7.7 例題 7.1 の $K=5$ のときのナイキスト軌跡

系は不安定である．

一方，$K=5$ のとき，$L(s)$ のナイキスト軌跡 Γ は図 7.7 のようになり，Γ は $(-1, j0)$ の ×点を 2 回反時計方向に回っている．すなわち，n = 2 である．したがって，z = p − n = 0 であり，このときフィードバック制御系は安定である．

フィードバック系のナイキスト安定判別法 II

実際の制御系においては，$L(s)$ が不安定極をもたない場合が多い．$L(s)$ が不安定極をもたない場合は，p = 0 であるので，フィードバック制御系のナイキストの安定判別は，次のように簡単になる．

変数 s に $j\omega$ を代入し，$\omega = 0 \sim +\infty$ としたとき，$L(j\omega)$ の描くベクトル軌跡が図 7.8 に示すように，点 $(-1, j0)$ を左側に見れば安定，右側に見れば不安定，点 $(-1, j0)$ 上を通れば安定限界である．

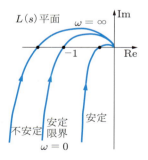

図 7.8 $L(s)$ が安定なときのベクトル軌跡

最後に，少し煩雑であるが，$L(s)$ が $s = 0$ に極をもち，

$$L(s) = \frac{q(s)}{p(s)} = \frac{(s-z_1)(s-z_2)\cdots(s-z_m)}{s^l(s-p_{l+1})(s-p_{l+2})\cdots(s-p_n)} \tag{7.9}$$

となるときのナイキスト軌跡について説明する．C を図 7.2 のままにとると，$s=0$

で $L(s)$ は発散してしまい,今までのナイキスト判別は適用できなくなる.そこで次のように工夫をする.図 7.9 に示すように,微小半径 $\rho\,(\ll 1)$ の小半円 C_0 で原点を迂回した曲線 C をとる.C_0 上の点 s が $a \to b \to c$ と移動するとき,$s = \rho e^{j\phi}$ ($\phi: -\pi/2 \to \pi/2$) と表される.このとき,ナイキスト軌跡はどのように描かれるかを簡単な例をもとに示す.

$L(s)$ が $s = 0$ に 1 位の極 $(l = 1)$ をもち,

$$L(s) = \frac{1}{s(s+1)} \tag{7.10}$$

で与えられ,s が小半円周 C_0 を反時計方向に移動するときのナイキスト軌跡を描いてみよう.C_0 の出発点 $a = \rho e^{-\frac{j\pi}{2}}$ では $\rho \ll 1$ であるので,$(s+1)$ の項は,$\rho e^{-\frac{j\pi}{2}} + 1 \approx 1$ と考えると,$L(a) \approx 1/\rho(e^{\frac{j\pi}{2}})$ となる.ここで $\rho \to 0$ とすれば,

$$a = \rho e^{-\frac{j\pi}{2}} \to -0j, \quad L(a) \approx \frac{1}{\rho} e^{\frac{j\pi}{2}} \to +j\infty \tag{7.11}$$

となり,点 a は $L(s)$ 平面の虚軸上 $+j\infty$ に写像される.次に,点 s が C_0 上を $a \to b \to c$ と半回転すると,Γ は図 7.10 に示すように $+j\infty$ を出発して時計回りに半回転し,$\phi = \pi/2$ で $-j\infty$ に達する半径 ∞ の半円の軌跡を描く.そのあとの,$s: +0j \to j\infty$ の軌跡はまえに説明した Γ の描き方と同一であり,式 (7.10) のナイキスト軌跡は図 7.10 に示すようになる.このように,$s = 0$ に極をもつ場合は,Γ の描き方に一工夫が必要である.しかし,描かれた Γ は連続した閉曲線になり,ナイキストの安定判別法がそのまま適用できる.説明中のゼロのまえにつけた $\pm$ はどちらの符号からゼロに近づくかを表記したものである.

上の例は 1 位の極をもつ簡単な場合であるが,式 (7.9) において $l \geqq 2$ になっても,あるいはより一般的に虚軸上に $s = \pm j\omega$ の極をもつ場合も,小半円周でその点を迂回

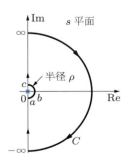

図 7.9 $s = 0$ の極がある場合の閉曲線 C

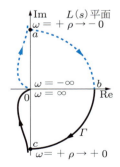

図 7.10 $L(s) = 1/(s(1+s))$ のナイキスト軌跡 Γ

して $\varGamma$ を描く考え方は同じである．なお，ナイキスト軌跡では図7.10の ∞ の半円の軌跡は実際に描かれないのが普通であるが，$\varGamma$ は連続の閉曲線になることは理解しておく必要がある．

7.2 フィードバック制御系の安定性の数値的評価
— 制御系の安定余裕 —

フィードバック制御系の安定判別は重要な事項であるが，安定と判断するだけでは不十分である．ここでは，ナイキストの安定判別法を基礎に，安定性の質を数値的に評価する2つの方法について説明する．

7.2.1 ベクトル軌跡による安定余裕の評価

ナイキスト軌跡による安定判別は，単に安定判別を行うことができるだけでなく，安定性がどのくらい十分であるかを評価する数値的指標を与えることもできる．一巡伝達関数 $L(s) = P(s)C(s)$ が安定，すなわち不安定な極をもたない場合は，ナイキストの安定判別法IIを用いればよいことを前節で示した．すなわち，$L(s)$ のベクトル軌跡が点 $(-1, j0)$ を囲まないことが，フィードバック系が安定であるための条件である．しかし，制御対象の伝達関数 $P(s)$ には誤差や変動が必ずともなう．また，設計した補償器の伝達関数と実装した伝達関数 $C(s)$ の間に誤差が生じることもある．したがって，安定な一巡伝達関数 $L(s)$ のベクトル軌跡が点 $(-1, j0)$ を囲まないとしても，すぐ近くを通過する場合は安定性に不安を残す．実際の場合は，ある程度の余裕をもって点 $(-1, j0)$ を回避することが望ましい．この回避の余裕を安定余裕という．安定余裕を数値的に評価する指数として，古くから次のゲイン余裕と位相余裕が用いられている．

図7.11に示す一巡伝達関数のベクトル軌跡 $L(j\omega)$ を，詳細に分析してみよう．周波数応答のゲインが1になる点は，半径1の円とベクトル軌跡との交点Mである．また，位相が180°遅れる点は，負の実軸とベクトル軌跡との交点Nである．$L(j\omega)$ がM，N点を通過するときの周波数を，それぞれゲイン交差周波数 ω_{cg}，位相交差周波数 ω_{cp} という．このとき，直線OMと負の実軸とのなす角度を位相余裕 p_m (phase margin) とよび，

$$p_m = \arg L(j\omega_{cg}) - (-180°) \tag{7.12}$$

と定義される．ただし，図中に示すように角度は負の実軸を起点とし，反時計回りを正とした度 (°, deg) で表す．

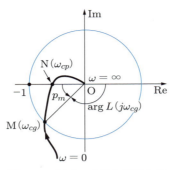

図 7.11　ゲイン余裕と位相余裕

ゲイン余裕 g_m (gain margin) は，交点 N と原点との距離（ON $= |L(j\omega_{cp})| < 1$）の逆数として，

$$g_m = \frac{1}{|L(j\omega_{cp})|} \tag{7.13}$$

と定義される．

図 7.11 より明らかなように，p_m が大きいほど，あるいは g_m が大きいほど（すなわち $|L(j\omega_{cp})| = $ ON が小さいほど），ベクトル軌跡は，点 $(-1, j0)$ から離れており，安定性の面で好ましい．位相余裕，ゲイン余裕ともベクトル軌跡が安定限界 ── 点 $(-1, j0)$ を通過する ── に達するまでにゲイン，位相にどの程度余裕があるかを示す値であり，安定性の質を表す指標といえる．

7.2.2　ボード線図による安定余裕の評価

安定な一巡伝達関数のベクトル軌跡を描けば，フィードバック制御系の安定余裕 p_m, g_m の大まかな値を読み取ることはできるが，p_m, g_m の正確な値や交差周波数 ω_{cg}, ω_{cp} を読み取るのは困難である．しかし，第 8 章で明らかにするが，ω_{cg}, ω_{cp} は応答の速応性を示す値で，制御系の設計などにぜひとも知りたい値である．第 5 章に示したように，ボード線図を用いれば周波数とゲイン，位相の関係が明らかになるので，ボード線図から位相余裕，ゲイン余裕と交差周波数を正確に読み取ることができる．安定な一巡伝達関数のボード線図から，閉ループ伝達関数の安定判別および安定余裕 p_m, g_m を次のように読み取る．

図 7.12 に示すように，ボード線図，すなわちゲイン線図と位相線図を描く．ゲイン線図が 0 dB をよぎる周波数が ω_{cg}，位相線図が $-180°$ をよぎる周波数が ω_{cp} である．

図 7.12（a）は，フィードバック制御系が安定である場合の $L(j\omega)$ のボード線図であり，ゲイン線図，位相線図のそれぞれにおいて矢印で示したのが，ゲイン余裕 g_m，

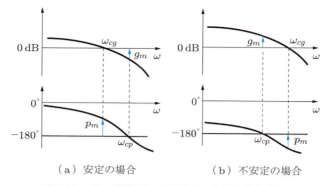

図 7.12　ボード線図によるゲイン余裕と位相余裕

位相余裕 p_m である．g_m，p_m の具体的な値は，矢印の大きさをボード線図から読み取れば得られる．ただし，ゲイン余裕は dB で求められ，その値は，

$$g_m = -20\log|L(j\omega_{cp})| \quad [\mathrm{dB}] \tag{7.14}$$

である．

　一方，図 7.12(b) は，フィードバック制御系が不安定になる場合で，矢印に示すような負のゲイン余裕や負の位相余裕をもつ．このように，$L(s)$ のボード線図によるフィードバック系の安定判別および安定性の指標は，一巡伝達関数のゲイン余裕と位相余裕がともに正のとき安定で，両者の値が大きいほど安定性の余裕が大きいと評価する．また，どちらか一方でも負のとき，不安定といえる．

　ボード線図を用いた安定判別や安定余裕の評価は，交差周波数 ω_{cg}, ω_{cp} を直に読み取ることができ，また，$P(s)$ と $C(s)$ を直列接続した一巡伝達関数のボード線図の合成が簡単であるなど，ベクトル軌跡に比べて都合がよい．

　以上で，一巡伝達関数の周波数応答より，安定余裕の評価指数としてゲイン余裕と位相余裕を与え，両者が大きいほど安定性の余裕が大きいことを説明した．ただし，フィードバック制御系において，安定余裕が大きければ大きいほどよいわけではない．大きすぎると応答性能が劣化し過渡特性が悪くなる．この考え方は後の制御系設計に重要な事項になるので覚えておいてほしい．

　本章では，一巡伝達関数の周波数応答を用いてフィードバック制御系の安定判別法を説明した．第 4 章のラウス，フルビッツ法に比べて，伝達関数が得られなくても，第 5 章で述べた実験的方法で求めた周波数応答を利用して安定判別や安定余裕を求めることができ，実用的な安定判別法といえる．

　$L(s)$ が安定である場合の，単位フィードバック制御系の安定判別と安定余裕の典型的な例題を以下に示す．

例題 7.2 安定な一巡伝達関数が,

$$L(s) = \frac{K}{s(s+1)(s+2)} \tag{7.15}$$

で与えられた単位フィードバック制御系がある．ゲイン $K=1$ のときのベクトル軌跡を描き，フィードバック制御系の安定性を判別し，安定ならばゲイン余裕を求めよ．また，ゲイン K がいくらのときに安定限界になるか．

[解] 式 (7.15) において，$s = j\omega$ を代入すると，

$$\begin{aligned}L(j\omega) &= \frac{K}{j\omega(j\omega+1)(j\omega+2)} = \frac{K}{-3\omega^2 + j\omega(2-\omega^2)} \\ &= -\frac{3K}{(\omega^4 + 5\omega^2 + 4)} - j\frac{K(2-\omega^2)}{\omega(\omega^4 + 5\omega^2 + 4)}\end{aligned} \tag{7.16}$$

となる．ゲインと位相を求めると,

$$|L(j\omega)| = \frac{K}{\omega\sqrt{\omega^4 + 5\omega^2 + 4}} \tag{7.17}$$

$$\left. \begin{aligned} \arg L(j\omega) &= -90° - \tan^{-1}\frac{3\omega}{2-\omega^2} \quad (0 < \omega \leqq \sqrt{2}) \\ \arg L(j\omega) &= -270° + \tan^{-1}\frac{3\omega}{\omega^2-2} \quad (\sqrt{2} < \omega \leqq \infty) \end{aligned} \right\} \tag{7.18}$$

となる．ω が 0 および ∞ のときのゲインと位相は，上の式より,

$$\left. \begin{aligned} |L(j0)| &= \infty \quad (\arg L(j0) = -90°) \\ |L(j\infty)| &= 0 \quad (\arg L(j\infty) = -270°) \end{aligned} \right\} \tag{7.19}$$

となる．また，$\omega \to 0$ としたとき，虚数部は $-\infty$，実数部は，

$$\lim_{\omega \to 0} \frac{-3K}{\omega^4 + 5\omega^2 + 4} = -\frac{3K}{4} \tag{7.20}$$

に漸近する．さらに，虚数部がゼロになる位相交差周波数は $\omega_{cp} = \sqrt{2}$ であり，このとき軌跡と実軸が交わり，そのゲインは，

$$\left| L(j\sqrt{2}) \right| = \frac{K}{6} \tag{7.21}$$

となる．以上の結果をもとに，$K=1$ のときのベクトル軌跡を描くと，図 7.13 の実線のようになる．点線は漸近線である．また，このときのゲイン余裕は,

$$g_m = 20\log 6 \text{ dB} = 15.56 \text{ dB} \tag{7.22}$$

となる．

　安定限界になるゲイン K の値は，次のようにして求められる．ゲイン K を変えても位相交差周波数は変わらず $\omega_{cp} = \sqrt{2}$ であるので，このときのゲイン $|L(j\sqrt{2})|$ がちょう

ど 1 になるとき安定限界となる．すなわち，

$$\left|L(j\sqrt{2})\right| = \frac{K}{6} = 1 \tag{7.23}$$

より，$K = 6$ のとき安定限界である．ちなみに，このときのベクトル軌跡を図 7.13 に破線で示す．

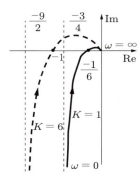

図 7.13 $L(s) = K/\{s(s+1)(s+2)\}$ のベクトル軌跡

―――――― 演習問題 7 ――――――

7.1 次の各一巡伝達関数 $L(s)$ に対応する単位フィードバック制御系の安定性を，ナイキスト安定判別法を用いて判別せよ．

（1） $L(s) = \dfrac{50}{s(s+5)}$ （2） $L(s) = \dfrac{50}{s^2(s+5)}$

（3） $L(s) = \dfrac{50}{s(s+5)(s+10)}$ （4） $L(s) = \dfrac{50(s+1)}{s^2(s+5)(s+10)}$

（5） $L(s) = \dfrac{K(T_3 s+1)}{s(T_1 s+1)(T_2 s+1)}$
    $(T_1 > 0,\ T_2 > 0,\ T_3 > 0,\ T_3 > (T_1+T_2)/4)$

（6） $L(s) = \dfrac{K(T_1 s+1)}{s^2(T_2 s+1)}$ 　$(T_1 > T_2)$

7.2 次の各一巡伝達関数 $L(s)$ のナイキスト軌跡を描き，n, p, z の値を求めよ．さらに，これらの値を用いて，対応する単位フィードバック制御系の安定性を判別せよ．

（1） $L(s) = \dfrac{10}{s(s-1)(0.2s+1)}$ （2） $L(s) = \dfrac{50}{s^2(0.1s+1)(0.2s+1)}$

（3） $L(s) = \dfrac{20}{s(0.01s+1)(0.2s+1)}$ （4） $L(s) = \dfrac{2.5(0.2s+1)}{s^3+2s+1}$

（5） $L(s) = \dfrac{50(0.01s+1)}{s(s-1)}$ （6） $L(s) = \dfrac{100(s+1)}{s(0.1s+1)(0.2s+1)(0.5s+1)}$

7.3 演習問題 7.1 で与えられている各一巡伝達関数 $L(s)$ のボード線図を描き，対応する単位フィードバック制御系の安定性を判別せよ．

7.4 演習問題 7.2 で与えられている各一巡伝達関数 $L(s)$ のボード線図を描き，対応する単位フィードバック制御系の安定性を判別せよ．

7.5 次の各一巡伝達関数 $L(s)$ のボード線図を描き，ゲイン余裕と位相余裕を求めよ．その結果より，対応する単位フィードバック制御系の安定性を判別せよ．

（1） $L(s) = \dfrac{2000}{s(s+10)(s+20)}$ （2） $L(s) = \dfrac{20}{s(s+2)(s+5)}$

（3） $L(s) = \dfrac{20}{s(0.2s+1)(0.02s+1)}$ （4） $L(s) = \dfrac{3}{s(0.25s+1)(0.05s+1)}$

7.6 一巡伝達関数

$$L(s) = \dfrac{K}{s(0.1s+1)(s+1)}$$

をもつ単位フィードバック制御系について，
（1）ゲイン余裕が $g_m = 20$ dB となるための K の値を求めよ．
（2）位相余裕が $p_m = 60°$ となるための K の値を求めよ．

第 8 章 フィードバック制御系の応答特性と仕様

フィードバック制御系が満たすべき特性は，何をさしおいても安定性であろう．フィードバック制御系を設計する際，安定性が満たされたうえで，質のよい応答を実現しなくてはならない．ここでは，まずステップ応答を中心に制御系の応答特性を解析・評価する方法について説明する．次に，それをもとにフィードバック制御系が満たすべき制御仕様（性能）について考える．

8.1 ステップ応答と制御仕様

フィードバック制御系は，出力を目標値に速やかに追従させなければならないが，実際の制御系にはさまざまな目標値が与えられる．これらすべての目標値に対する出力の追従性を検討することはできない．しかし，図 8.1 の実線で示す目標値が与えられた場合には，おおむねステップ，ランプ，パラボラの各関数の合成と考えられる．実用上，大半の目標値はこのように考えることができる．したがって，フィードバック制御系の応答特性を評価するためのテスト信号として，この 3 つの信号がおもに用いられる．なかでもステップ応答は，ロボットや産業機械を始め，さまざまな機器に組み込まれているサーボシステムの目標値として多用されるため，十分検討しておく必要がある．以下，単位ステップ応答を中心に，応答特性およびそれにもとづく制御仕様について説明する．ランプ，パラボラ信号に対する応答特性は，定常特性のところで詳しく説明する．

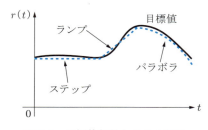

図 8.1 目標値信号とテスト信号

制御系の性能指標，すなわち，制御仕様は，具体的な数値指標で記述されるのが一般的である．数値指標は，多面的に検討され，さまざまな立場から与えられるが，本節ではフィードバック制御系のステップ信号に対する時間的応答をもとに数値指標について説明する．

フィードバック制御系に単位ステップ目標値を入力すると，出力（制御量）の時間応答はおおむね図 8.2 に示すような振動的振る舞いをしたのち，定常値とよばれる一定値に収束していく．このようなステップ応答において，振動的な振る舞いをする時間区間の特性を過渡特性，収束した時間区間の特性を定常特性とよぶ．ステップ応答の特徴は，この 2 つの特性により把握される．

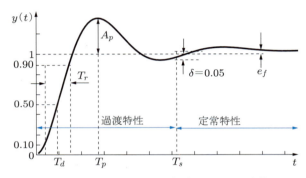

図 8.2　フィードバック制御系のステップ応答

単位ステップ応答の過渡特性および定常特性を評価する数値指標として，図 8.2 に示すさまざまなパラメータが用いられている．各パラメータの定義を以下に与える．

過渡特性を評価するパラメータ

T_r　**立ち上がり時間**：応答が定常値の 10% に達してから 90% に達するまでの時間，または，0% から 100% までに達する時間．一般的に，前者は非振動的な応答に，後者は振動的な応答に適用される．

T_d　**遅延時間**：応答が定常値の 50% に達する時間．

A_p　**最大行き過ぎ量**（オーバーシュート）：定常値からの最大行き過ぎ量で，次式のように定常値に対するパーセント (%) で定義される．

$$A_p = \frac{y(T_p) - y(\infty)}{y(\infty)} \times 100\%$$

T_p　**行き過ぎ時間**：最大行き過ぎ量に達する時間．

T_s　**整定時間**：応答が定常値の $\pm 5\%(\delta = 0.05)$ 以内に最初に落ち着く時間．

定常特性を評価するパラメータ

e_f　　**定常偏差**（オフセット）：応答が定常値に達したときの目標値との偏差.

　制御の目的の1つは，出力を目標値に追従させることである．したがって，単位ステップ応答では出力をゼロから速やかに1に近づけ，1を超えた場合はこれを速やかに減衰させ，できるだけ速く定常値に到達させる必要がある．前者を過渡特性の速応性，後者を減衰性という．これに加えて，定常特性として，目標値と制御量の差である定常偏差（オフセット）を小さくしなければならない．上で与えたパラメータは単位ステップ応答の形状の数値指標であるが，おおむね T_r, T_d, T_p は速応性，A_p, T_s は減衰性，e_f は定常特性を評価する．それぞれのパラメータ値が小さいほど良好なステップ応答といえる．したがって，上のパラメータを用いてフィードバック制御系の仕様を書き下せば，

ステップ応答のパラメータを用いた仕様
① 速応性：T_r, T_d, T_p をできるだけ小さく．
② 減衰性：A_p, T_s をできるだけ小さく．
③ 定常特性：e_f を小さく，できればゼロにする．

となる．上の仕様では各パラメータ値をできるだけ小さくと表現したが，実システムの仕様の場合は制御の目的に応じて，T_r を 5 秒以下などのように具体的な数値として与えられるのが普通である．

8.2　伝達関数と制御仕様

　本節では，閉ループ伝達関数 $T_{ry}(s) = P(s)C(s)/\{1+P(s)C(s)\}$ と，前節で示したステップ応答の各パラメータ $T_r \sim T_s$ との関係を調べてみる．この関係が明らかになれば，シミュレーションや逆ラプラス変換をすることなく，$T_{ry}(s)$ から直接単位ステップ応答の概形を推測し，ステップ応答の性能が評価できて便利がよい．また，この結果を利用して伝達関数に含まれるパラメータを用いて制御仕様を作成することもできる．

　実は，一般的な伝達関数とステップ応答のパラメータ間に厳密な関係は存在しない．しかし，2次遅れ系においては以下のように詳しく調べられている．2次遅れ系の伝達関数が，

$$T_{ry}(s) = \frac{\omega_n^2}{s^2 + 2\zeta\omega_n s + \omega_n^2} \tag{8.1}$$

となる標準形で与えられているとき，減衰係数 ζ をさまざまに変化させたときの単位ステップ応答の解および概形は，すでに第 4 章で詳しく説明した．要約すれば，2 次遅れ系の単位ステップ応答は，$1 \leqq \zeta$ であるときオーバーシュートもなく，1 次遅れ系と類似の非振動的応答をする．一方，$0 < \zeta < 1$ ならば振動的な応答になる．振動的応答をするとき，前節で定義した T_r, T_d, A_p, T_p, T_s の各値と 2 次遅れ系のパラメータ ζ および ω_n の関係は，式 (4.54) より，次のように求められる．

立ち上がり時間 T_r を，定常値の 0% から 100% までに達する時間とすると，式 (4.54) と定常値 $y(\infty) = 1$ より，

$$y(T_r) = 1 - \frac{1}{\sqrt{1-\zeta^2}} e^{-\zeta\omega_n T_r} \sin(\beta T_r + \varphi) = 1$$

となる．$e^{-\zeta\omega_n T_r} \neq 0$ であるので，$\sin(\beta T_r + \varphi) = 0$ が成り立つ．したがって，$\beta T_r + \varphi = \pi$，すなわち，

$$\omega_n T_r = \frac{\omega_n(\pi - \varphi)}{\beta} = \frac{\pi - \tan^{-1}\frac{\sqrt{1-\zeta^2}}{\zeta}}{\sqrt{1-\zeta^2}} \tag{8.2}$$

が得られる．

定常値の 10% から 90% までの場合の T_r，および遅延時間 T_d に関しては，正確な解析的関係式の導出が困難であるが，以下の近似式で計算できることが示されている．

$$\omega_n T_r = 1 + 1.15\zeta + 1.4\zeta^2 \tag{8.3}$$
$$\omega_n T_d = 1 + 0.6\zeta + 0.15\zeta^2 \tag{8.4}$$

行き過ぎ時間 T_p は，式 (4.54) の $y(t)$ に対して，$dy(t)/dt = 0$ を満たす t を求め，それを T_p とすれば，

$$\omega_n T_p = \frac{\pi}{\sqrt{1-\zeta^2}} \tag{8.5}$$

が得られる．これを式 (4.54) に代入して $y(T_p)$ を求め，さらにその結果を A_p の定義式に代入すると，

$$A_p = e^{\frac{-\zeta\pi}{\sqrt{1-\zeta^2}}} \times 100 \ \% \tag{8.6}$$

となる．

T_s の定義より，

$$|y(T_s) - y(\infty)| = \delta y(\infty)$$

が成り立つ．$y(\infty) = 1$ と式 (4.54) を用いると，

$$\left| \frac{e^{-\zeta \omega_n T_s}}{\sqrt{1-\zeta^2}} \sin(\beta T_s + \varphi) \right| = \delta$$

となる．上式より直接 T_s を求めるのは困難であるが，$|\sin(\beta T_s + \varphi)| \leqq 1$ に注目すれば，

$$\frac{1}{\sqrt{1-\zeta^2}} e^{-\zeta \omega_n T_s} \approx \delta$$

すなわち，

$$\omega_n T_s \approx \frac{-\ln \delta - \ln \sqrt{1-\zeta^2}}{\zeta}$$

と近似できる．$\zeta < 0.8$ のとき，$\delta \ll \sqrt{1-\zeta^2}$，$-\ln \delta \gg -\ln \sqrt{1-\zeta^2}$ であるので，上式をさらに簡約すると，最終的に，

$$\omega_n T_s \approx \frac{-\ln \delta}{\zeta} \left(\approx \frac{3}{\zeta}, \quad \delta = 0.05 \right) \tag{8.7}$$

が得られる．

これより，2 次遅れ系の伝達関数のパラメータ値 $\zeta (< 1)$ および ω_n が与えられれば単位ステップ応答の概形を把握することができ，ステップ応答の性能の良否を次のように判断できる．たとえば，ω_n が大きくなればおおむねすべての時間指標は小さくなる．ただし，A_p は ω_n とは無関係である．すなわち，自然角周波数 ω_n が大きいほど制御系のステップ応答特性は A_p 以外は良好になる．また，ζ が小さくなると，それに応じて T_r，T_d は小さくなり速応性が増すが，その一方で，オーバーシュート A_p および T_s は大きくなり減衰特性は悪くなる．それでは，速応性と減衰性の双方の折り合いをつけるのはどのような ζ を選べばよいか検討してみよう．

図 8.3 (a) は，式 (8.3)～(8.7) をもとに，ζ をパラメータ（変数）として行き過ぎ量 A_p（減衰指標）と行き過ぎ時間 T_p（速応指標）を示したものである．図 8.3 (b) は整定時間 T_s（減衰指標）と立ち上がり時間 T_r（速応指標）を示したものである．

両図より明らかなように，速応性と減衰性は相反する要求であり，ζ を小さくすると，速応性が増し，大きくすると減衰性が増す．速応性，減衰性ともそこそこであるためには，ζ の値はおおよそ 0.5～0.7 程度が望ましいことになる．以上より，2 次遅れ系が望ましいステップ応答を得るためには，閉ループ伝達関数のパラメータが次の仕様を満たす必要がある．

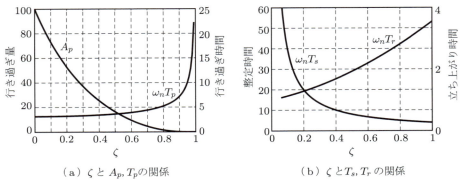

(a) ζ と A_p, T_p の関係　　(b) ζ と T_s, T_r の関係

図 8.3　ζ と時間応答パラメータの関係

---

2 次遅れ系の減衰係数 ζ と自然角周波数 ω_n による仕様

① ω_n を目的に合わせて，できるだけ大きくする．
② ζ はおおむね 0.5〜0.7 程度が望ましい値といえる．

例題 8.1 伝達関数が $T_{ry}(s) = 9/(s^2 + 4s + 9)$ のとき，式 (8.3)〜(8.7) のパラメータ値を推定し，単位ステップ応答の概形を描け．

[解]　$T_{ry}(s)$ を 2 次系の標準系に変形することにより，$\zeta = 2/3$，$\omega_n = 3$ が求められる．式 (8.3)〜(8.7) を用いて各指標を求めれば，$T_r = 0.80$，$T_d = 0.49$，$T_p = 1.41$，$A_p = 0.06 = 6\%$，$T_s \approx 1.5$ となる．これより，ステップ応答の概形は図 8.4 の実線のようになる．なお，真の応答は破線で示しておいた．両者はおおよそ一致していることがわかる．

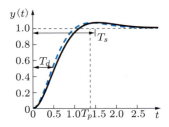

図 8.4　$9/(s^2 + 4s + 9)$ のステップ応答の概形

8.3 極配置と制御仕様

3 次以上の一般的な伝達関数の場合は，ステップ応答と伝達関数のパラメータ間に明確な関係はない．しかし，3 次以上の伝達関数をもつ制御系の応答は 2 次振動系の応答に類似している．ちなみに，図 8.5 は，2 次系 $T_1(s) = 5/(s^2 + 2s + 5)$ と 3 次系 $T_2(s) = 20/(s^3 + 6s^2 + 13s + 20)$ の単位ステップ応答を，それぞれ破線と実線で示したものである．両者の応答の類似性が確認できると思う．したがって，3 次以上の伝達関数の場合は，極配置を手がかりに 2 次系の伝達関数で近似し，疑似 $\hat{\zeta}$ と疑似 $\hat{\omega}_n$ を求め，式 (8.2)〜(8.7) を用いてステップ応答のおおよその見当をつけることができる．以下に，$\hat{\zeta}$ と $\hat{\omega}_n$ の求め方を説明する．

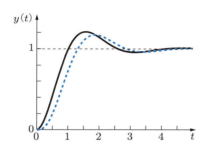

図 8.5 2 次系と 3 次系のステップ応答の比較

第 4 章で説明したように，動的システムの応答を支配するのはインパルス応答のモードである．そのモードは伝達関数の極で決まり，s 平面上での極の配置と応答には密接な関係がある．

2 次振動系の極は共役複素根となり，

$$\left.\begin{array}{l} p = -\omega_n(\zeta + j\sqrt{1-\zeta^2}) \\ p^* = -\omega_n(\zeta - j\sqrt{1-\zeta^2}) \end{array}\right\} \tag{8.8}$$

である．s 平面上で 2 極の配置を示したものが図 8.6(a) である．原点と極を直線で結んだとき，直線の長さが ω_n であり，負の実軸と直線がなす角度 ϕ と ζ の間には，

$$\cos\phi = \zeta \tag{8.9}$$

の関係がある．これより，一般的な伝達関数の極配置とステップ応答の関係を以下のように考える．

安定な n 次の伝達関数 $T(s)$ に n 個の極があり，図 8.6(b) のように左平面に配置されているとする．このとき，虚軸に一番近い共役複素根を代表根とし，代表根のモードがインパルス応答を支配するとみなす．代表根より左にある極のモードは収束が速

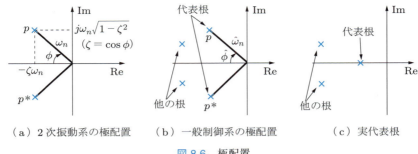

（a）2次振動系の極配置　　（b）一般制御系の極配置　　（c）実代表根

図 8.6　極配置

く，ステップ応答においても支配的でないとして無視する．

　代表根と原点を直線で結び，原点と代表根の距離から擬似自然角周波数 $\hat{\omega}_n$ を，直線と負の実軸との角度 $\hat{\phi}$ から擬似減衰係数 $\hat{\zeta}$ を推定する．3次系以上の伝達関数は $\hat{\omega}_n$ と $\hat{\zeta}$ で構成した2次系で近似できるとし，両者の値より式 (8.3)～(8.7) を用いてステップ応答の概形をイメージする．ただし，図 8.6(c) のように代表根が実軸上にある1点からなる場合は，おおむね1次遅れ系のようにオーバーシュートのない応答になる．

　以上において，ステップ応答の形状と伝達関数の極配置との関係を明らかにした．これより，熟練してくると伝達関数の極配置の状況を見ただけで応答の大要を把握することができる．

例題 8.2 伝達関数 $T(s) = 6/(s^3 + 7s^2 + 7s + 6)$ の代表根を見つけ，$\hat{\omega}_n, \hat{\zeta}$ を決定せよ．

[解]　3つの根は $p_1, p_2 = (-1 \pm j\sqrt{3})/2$, $p_3 = -6$ であるので，2つの代表根は $p_1, p_2 = (-1 \pm j\sqrt{3})/2$ である．これより，$\hat{\omega}_n = 1, \hat{\zeta} = 0.5$ となる．

　極配置による制御仕様は，減衰係数 ζ および自然角周波数 ω_n のあたりをつけたのち，望ましい代表極の配置を領域で指定する．極の位置を領域とし，1点としないのは，補償器を挿入してもその点にピタリと極を配置できる保証はないからである．なお，代表根以外の極は，虚軸からかなり離れた適当な位置に配置すればよい．ただし，やみくもに虚軸から遠くに配置すればよいわけではない．あまり遠くにすると操作量が瞬間的に大きくなり現実的でない．

　以上より，極配置による制御仕様は，次のようになる．

極配置による仕様

代表根の望ましい位置の範囲を図 8.7 のように指定する．ほかの極は，これよりほどほどの左にくるように配置する．

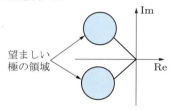

図 8.7 望ましい極配置の範囲

8.4 閉ループ周波数応答による制御仕様

閉ループ伝達関数 $T(s)$ の周波数応答 $T(j\omega)$ とステップ応答の関係を見てみよう．振動的振る舞いをする閉ループ伝達関数のボード線図を描くと，おおむね図 8.8 のようになる．

ゲイン特性は 5.3.1 項 (2) で説明したように，低い周波数帯域では 0 dB(ゲイン 1)となり，ある周波数 ω_p で 0 dB 以上のピーク値 M_p をもち，ω_p 以上の周波数において次第にゲインは小さくなる．$M_p > 0$ dB ということは，ω_p の正弦波を入力したとき，出力の振幅は入力の振幅より大きくなることを意味し，ω_p は 5.3 節で説明した共振角周波数 ω_r と一致する．さらに，ゲインが $\omega = 0$ のときのゲイン $T(j0)$ の $1/\sqrt{2} = 0.707$ 倍，すなわち，-3 dB になる角周波数 ω_b を遮断角周波数とよぶ．$T(j0)$ を DC（直流）ゲインとよぶこともある．$0 \sim \omega_b$，または，直接 ω_b を制御系のバンド幅といい，この間の周波数成分をもつ目標値信号に，出力は十分追従することを意味する．

位相特性は $0°$ から始まり，周波数が高くなるにつれて遅れてくる傾向を見せる．$-\phi_b$ は $\omega = \omega_b$ のときの位相角をラジアンで求めた値である．

ω_n が固定された場合，式 (8.3), (8.4) と式 (5.58) より，減衰係数 ζ が大きくなると，立ち上がり時間 T_r と遅延時間 T_d も大きくなるが，ω_b が小さくなる．したがって，T_r, T_d は ω_b とは反比例関係にあり，ω_b を用いて速応性を評価することができる．

T_r, T_d と ω_b の間に明確な関係式はないが，図 8.8 の周波数特性を図 8.9 のような理想低域フィルタの特性で近似できると仮定すれば，周波数伝達関数 $T(j\omega)$ は，次のように表せる．

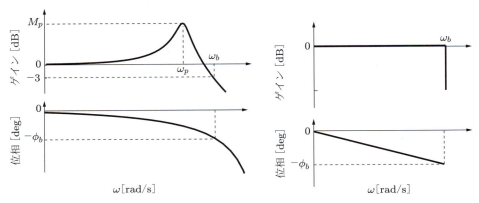

図 8.8 振動的な $T(j\omega)$ のボード線図　　図 8.9 理想低域フィルタのボード線図

$$T(j\omega) = \begin{cases} e^{-j\omega\tau_0} & (0 \leq \omega \leq \omega_b) \\ 0 & (\omega > \omega_b) \end{cases} \tag{8.10}$$

ただし，$\tau_0 = \phi_b/\omega_b$ である．このとき，理想フィルタの単位ステップ応答は逆ラプラス変換の定義式を用いて計算すれば，次の 1 次近似式で表せることが示されている．

$$y(t) = \mathcal{L}^{-1}\left[\frac{1}{s}T(s)\right] \approx \frac{1}{2} + \frac{\omega_b}{\pi}(t - \tau_0) \tag{8.11}$$

単位ステップ応答の定常値 $y(\infty) = 1$ を用いれば，

$$y(T_d) = \frac{1}{2} + \frac{\omega_b}{\pi}(T_d - \tau_0) = \frac{1}{2} \tag{8.12}$$

すなわち，

$$T_d = \tau_0 = \frac{\phi_b}{\omega_b} \tag{8.13}$$

が得られる．
　また，立ち上がり時間は，近似的に，

$$y(t) = \begin{cases} 0 & \left(t = T_1 = \tau_0 - \dfrac{\pi}{2\omega_b}\right) \\ 1 & \left(t = T_2 = \tau_0 + \dfrac{\pi}{2\omega_b}\right) \end{cases} \tag{8.14}$$

より求めると，

$$T_r = T_2 - T_1 = \frac{\pi}{\omega_b} \tag{8.15}$$

となる．

また，2次振動系の場合，ゲイン特性のピーク値 M_p を dB でとると，減衰係数 ζ との関係は，式 (5.57) より，

$$M_p = 20\log \frac{1}{2\zeta\sqrt{1-\zeta^2}} \text{ [dB]} \qquad \left(0 < \zeta < \frac{1}{\sqrt{2}}\right) \tag{8.16}$$

が成り立つ．

以上より，一般の伝達関数の周波数応答から次のようにしてステップ応答を推測する．まず，閉ループ伝達関数のボード線図を描く．ゲイン特性より M_p, ω_b の値を読み取り，式 (8.16) より ζ を決定する．次に，ω_b と位相特性から読み取った ϕ_b を用い，式 (8.13)，(8.15) より遅延時間 T_d や立ち上がり時間 T_r を推定する．

ゲイン特性にピーク値が現れないときは，ステップ応答は1次遅れ系と同じような応答をすると判断する．以上により，閉ループ伝達関数のボード線図からステップ応答の概形を見つける方法を示した．ただし，この方法はあまり精度はよくない．しかし，バンド幅は精度よく見積もられ，速応性の評価によく用いられる．以上により，閉ループ伝達関数の周波数応答による制御仕様は，以下のようになる．

> **閉ループ伝達関数の周波数応答による仕様**
> ① バンド幅 ω_b は，制御目的に応じてできるだけ大きくする．
> ② M_p はおおむね 0.83〜3.52 dB（1.1〜1.5）程度が望ましい．

8.5 開ループ周波数応答による制御仕様

前節で，閉ループ周波数応答による性能指標 M_p, ω_b について説明したが，ボード線図などを用いて制御系を設計する場合，直接開ループ周波数応答による制御仕様が必要となる．

7.2 節で説明したように，安定余裕が小さすぎると安定性が悪く，大きすぎると過渡特性が悪くなる．とくに位相余裕が小さいことは，一巡伝達関数 $L(s) = P(s)C(s)$ のベクトル軌跡が点 $(-1, j0)$ の近くを通っていることを意味する．この場合，ある周波数 ω_0 に対し，$L(j\omega_0) \approx -1$, $|1 + L(j\omega_0)| \ll 1$ である．したがって，対応する閉ループ系の周波数応答は，

$$|T(j\omega_0)| = \left|\frac{L(j\omega_0)}{1 + L(j\omega_0)}\right| \gg 1 \tag{8.17}$$

となる．これは，ω_0 あるいはその近傍において，閉ループ周波数応答は大きなピーク値をもち，それゆえ位相余裕と M_p には緊密な関係があることを意味している．

一方，以下のように開ループ周波数応答のゲイン交差周波数 ω_{cg} によって ω_b を評価できる．開ループ一巡伝達関数が，

$$L(s) = \frac{\omega_n^2}{s(s + 2\zeta\omega_n)} \tag{8.18}$$

で与えられる単位フィードバック制御系を考える．ここでは，この制御系は標準 2 次遅れ系，すなわち，その閉ループ伝達関数は $T_{(s)} = \omega_n^2/(s^2 + 2\zeta\omega_n s + \omega_n^2)$ となることに注意してほしい．

$$|L(j\omega_{cg})| = \frac{1}{\sqrt{\left(\dfrac{\omega_{cg}}{\omega_n}\right)^4 + 4\zeta^2 \left(\dfrac{\omega_{cg}}{\omega_n}\right)^2}} = 1 \tag{8.19}$$

より，

$$\omega_{cg} = \omega_n \sqrt{\sqrt{4\zeta^4 + 1} - 2\zeta^2} \tag{8.20}$$

が求められる．また，このとき位相余裕 p_m は，

$$p_m = \tan^{-1} \frac{2\zeta}{\sqrt{\sqrt{4\zeta^4 + 1} - 2\zeta^2}} \tag{8.21}$$

である．

標準 2 次遅れ系となる閉ループ系のバンド幅 ω_b は，式 (5.58) より，

$$\omega_b = \omega_n \sqrt{\sqrt{(1-2\zeta^2)^2 + 1} - 2\zeta^2 + 1} \tag{8.22}$$

である．ω_n が一定なとき，ω_{cg}，ω_b とも，ζ の増大につれて小さくなるので，近似的に ω_{cg} を用いて ω_b を評価することができる．

よって，周波数応答のゲイン余裕 g_m，位相余裕 p_m とゲイン交差周波数 ω_{cg} も制御系の性能指標としてよく使われる．

一巡伝達関数の周波数応答による仕様

① ゲイン余裕 g_m は 10〜20 dB，位相余裕 p_m は 40°〜60° 程度が望ましい．

② ゲイン交差周波数 ω_{cg} はバンド幅 ω_b の仕様を満たすように十分大きくとる．

以上により，ステップ応答を中心に，時間的応答，極配置，周波数応答など，いろいろな視点で応答特性の特徴付けと，それに関連した仕様の決め方を明らかにした．実際の仕様は，以上で説明した仕様を総合的に勘案して作成される．また，仕様は一度に決まるわけでなく，何度かにわたる書き換えにより最終案が決まるものである．

8.6 フィードバック制御系の定常特性

過渡応答の時間区間を過ぎると，振動的な応答は落ち着き，やがて一定の値に収束する．この値を定常値とよぶ．このとき，目標値と定常値は一致しなく，制御偏差が残る場合がある．これを定常偏差あるいはオフセットといい，位置決め制御などにおいては定常偏差の大きさが制御性能を支配する指標ともいえる．このような定常偏差に関する特性を，制御系の定常特性という．

ここでは，フィードバック制御系の伝達関数から直接定常偏差を見積もる方法について説明する．フィードバック制御系の目標値 $R(s)$ から偏差 $E(s)$ までの伝達関数を式 (6.16) のように求めると，

$$E(s) = \{1 - T(s)\}R(s) = S(s)R(s) = \frac{1}{1 + L(s)}R(s) \tag{8.23}$$

となる．ここで，ラプラス変換の最終値定理を用いれば，十分時間が経ったときの定常偏差 e_f の値は，

$$e_f = \lim_{t \to \infty} e(t) = \lim_{s \to 0} s \frac{1}{1 + L(s)} R(s) \tag{8.24}$$

となる．これより，定常偏差 e_f は目標値である $R(s)$ により変わるのはもちろんであるが，一巡伝達関数 $L(s)$ の $s = 0$ なる極の重複度にも大きく左右される．

ここで制御系の型を定義しておこう．一巡伝達関数 $L(s)$ は，零点 z_i，極 p_i に複素数をとることを許すなら，一般的に，

$$L(s) = \frac{k \prod_{i=1}^{m}(s - z_i)}{s^l \prod_{j=1}^{n-l}(s - p_j)} \tag{8.25}$$

となる．式 (8.25) の $L(s)$ が $l = 0$，すなわち $s = 0$ に極をもたないとき，そのフィードバック制御系を0型の制御系という．$l = 1$，すなわち $s = 0$ に1位の極をもつとき1型の制御系といい，$l = 2, l = 3$ のとき順次2型，3型の制御系という．

8.1節で述べたように，目標値はおおむねステップ，ランプ，パラボラ関数の合成とみなせるので，定常特性を評価するテスト信号として，上の3つの関数を取り上げる．それぞれの目標値に対する定常特性について調べ，制御系の型との関係を説明しよう．

（1） 定常位置偏差

目標値が単位ステップ関数（$r(t) = I(t)$, $R(s) = 1/s$）で与えられたときの定常偏差 e_f を定常位置偏差といい，ε_p で表す．$k_p = \lim_{s \to 0} L(s)$ とすると，式(8.24)より，

$$\varepsilon_p = \lim_{s \to 0} s \frac{1}{1 + L(s)} \frac{1}{s} = \frac{1}{1 + k_p} \tag{8.26}$$

となる．k_p を位置偏差定数とよぶ．$s \to 0$ のときの $L(s)$ の振る舞いは l の値，すなわち制御系の型に依存する．

$L(s)$ が0型の制御系のときは，$k_p = (-1)^{n-m} k \prod_{i=1}^{m} z_i \Big/ \prod_{j=1}^{n} p_j \neq 0$ であるので，

$$\varepsilon_p = \frac{1}{1 + k_p} \neq 0 \tag{8.27}$$

となり，定常位置偏差を残す．これは，工作機械などに多用される位置決め制御系において好ましくない．

0型の制御系の偏差を小さくするためには，式(8.27)より k_p を大きく，すなわち，一巡伝達関数のゲイン k を大きくすれば良いことがわかる．しかし，定常特性を改善するために k を大きくすると，応答が振動的になって過渡特性が悪くなり，過渡特性をよくするために k を小さくすると，定常特性が犠牲になる．

1型以上の制御系に対しては，$k_p = \infty$ であるので，

$$\varepsilon_p = 0 \tag{8.28}$$

すなわち，定常位置偏差はゼロになり，位置決め制御系などにとって好ましい結果となる．しかし，$s = 0$ に極をもつと過渡特性が悪くなり，いずれにしても過渡特性と定常特性を同時に満たすことはそれほど容易ではない．

（2） 定常速度偏差

単位ランプ関数（$r(t) = t$, $R(s) = 1/s^2$）を目標値としたときの定常偏差 e_f は，定常速度偏差とよばれ，ε_v で表される．$k_v = \lim_{s \to 0} sL(s)$ とすると，式(8.24)より，

$$\varepsilon_v = \lim_{s \to 0} s \frac{1}{1 + L(s)} \frac{1}{s^2} = \lim_{s \to 0} \frac{1}{s + sL(s)} = \frac{1}{k_v} \tag{8.29}$$

となる．ここで，k_v は速度偏差定数とよばれている．これより，0型の制御系では $k_v = 0$ であるので，ランプ信号に対する定常速度偏差は ∞ になり好ましくない．1型に対しては，有限の定常速度偏差をもち，その値は，

$$\varepsilon_v = \frac{1}{k_v} = \frac{1}{(-1)^{n-m-1} k \prod_{i=1}^{m} z_i \Big/ \prod_{j=1}^{n-1} p_j} \tag{8.30}$$

である．1型の制御系において定常速度偏差を小さくするためには，k_v を大きく，すなわち一巡伝達関数のゲイン k を大きくする必要がある．2型以上の制御系においては，$k_v = \infty$ であるので，定常速度偏差はすべてゼロである．

（3） 定常加速度偏差

単位パラボラ関数（$r(t) = t^2$, $R(s) = 2/s^3$）に対する定常偏差は，定常加速度偏差とよばれ，ε_a で表される．$k_a = \lim_{s \to 0} s^2 L(s)$ として，上と同様に考えれば，

$$\varepsilon_a = \lim_{s \to 0} s \frac{1}{1+L(s)} \frac{2}{s^3} = \lim_{s \to 0} \frac{2}{s^2 L(s)} = \frac{2}{k_a} \tag{8.31}$$

となる．k_a は加速度偏差定数とよばれている．これより，0, 1型の制御系に対して，$k_a = 0$ であるので，定常加速度偏差は ∞ に発散する．2型の制御系においては，

$$\varepsilon_a = \frac{2}{k_a} = \frac{2}{(-1)^{n-m-2} k \prod_{i=1}^{m} z_i \Big/ \prod_{j=1}^{n-2} p_j} \tag{8.32}$$

と有限値をもつ．3型以上の制御系では，$k_a = \infty$ であるので，定常加速度偏差はゼロとなる．

以上により，フィードバック制御系の定常特性は制御系の型（すなわち一巡伝達関数が $s = 0$ に何位の極をもつか）と，テスト信号に依存することを示した．制御系の型と定常偏差定数の間に表8.1のような関係がある．また，それぞれのテスト信号に対する応答の概形を図8.10に示す．

定常特性の仕様は，定常偏差または定常偏差定数を用いて次のように与えられる．

> **定常特性の仕様**
> 　一巡伝達関数の型が1型か2型か3型かを決め，そのもとで制御の目的に応じて所望の定常偏差 $\varepsilon_p, \varepsilon_v, \varepsilon_a$，ないしは定常偏差定数 k_p, k_v, k_a を与える．

表 8.1　制御系の型と定常偏差

型＼信号	ステップ信号	ランプ信号	パラボラ信号
0 型	$\varepsilon_p = \dfrac{1}{1+k_p}$	$\varepsilon_v = \infty$	$\varepsilon_a = \infty$
1 型	$\varepsilon_p = 0$	$\varepsilon_v = \dfrac{1}{k_v}$	$\varepsilon_a = \infty$
2 型	$\varepsilon_p = 0$	$\varepsilon_v = 0$	$\varepsilon_a = \dfrac{2}{k_a}$

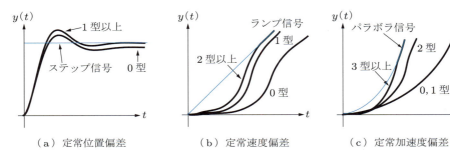

(a) 定常位置偏差　　(b) 定常速度偏差　　(c) 定常加速度偏差

図 8.10　テスト信号と定常特性の概略図

以上より，フィードバック制御系の要求仕様は，8.5 節までの過渡特性に対する仕様と，本節の定常特性に対する仕様からなることがわかる．仕様の策定は，基本的には本章で紹介した方法がとられるわけであるが，制御対象および制御目的，経済性など多方面から検討して作成される．

―――――― 演習問題 8 ――――――

8.1　1 次遅れ系 $G(s) = 1/(Ts+1)$ の整定時間 T_s を求めよ．

8.2　演習問題 8.1 の結果を用いて，図 8.11 のフィードバック制御系の整定時間が $T_s \leqq 0.5$ となる K の値を求めよ．

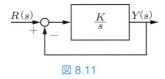

図 8.11

8.3　単位フィードバック制御系の一巡伝達関数が次のように与えられているとする．$K = 50, 100, 200$ のときの閉ループ制御系の性能指標 T_r, T_s, A_p をそれぞれ求めよ．また，これらの指標と K の値との関係について，定性的に述べよ．

$$L(s) = \frac{6K}{s(s+15)}$$

8.4 次の各単位フィードバック制御系の一巡伝達関数に対し，定常位置，速度，加速度偏差を求めよ．

(1) $L(s) = \dfrac{100}{(0.2s+1)(s+5)}$ (2) $L(s) = \dfrac{50}{s(0.2s+1)(s+5)}$

(3) $L(s) = \dfrac{10(2s+1)}{s^2(0.2s+1)(s+5)}$ (4) $L(s) = \dfrac{5(s+1)}{s(s+3)(s^2+2s+2)}$

8.5 演習問題 8.4 の各一巡伝達関数に対し，単位フィードバック制御系の入力信号 $r(t)$ が次のように与えられた場合の定常偏差を求めよ．

(a) $r(t) = 3t$ (b) $r(t) = 3 + 3t + t^2$

8.6 単位フィードバック制御系が図 8.12 で与えられている．$R(s)$ から $Y(s)$ までの伝達関数 $T(s)$，および，感度関数 $S(s)$ を求めよ．また，定常位置，速度，加速度偏差を求めよ．

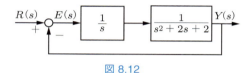

図 8.12

8.7 図 8.13 のフィードバックシステムの定常位置，速度，加速度偏差を求め，$K_a s$ の定常偏差への影響について述べよ．

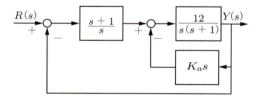

図 8.13

補償器の設計 I
―周波数応答による設計―

本章からは，フィードバック制御系の補償器の設計法について説明する．現在まで多くの設計法が開発されてきたが，ここでは，設計法の基本である周波数応答による設計法を扱う．周波数応答による設計法は，古くて新しい考えで，周波数応答の概念を利用した設計理論は今でも盛んに研究開発されており，制御を学ぶ者はぜひとも理解しておく必要がある．

9.1 制御系設計の手順

フィードバック制御系は，適切な補償器（コントローラ）を挿入することにより，安定化，目標値追従性の改善，外乱抑制，パラメータ変動の影響の抑制などを実現する必要がある．ここでは，安定化と追従性を中心に，補償器の設計方法について説明する．

補償器設計の手順を要約すると，おおよそ次の5つの段階を踏むことになる．この手順は本章の設計法にとどまらず，第10章，第11章の設計法にも共通する基本的手順である．

手順1. 制御対象のモデル化：微分方程式，伝達関数ないしは周波数応答など何らかの技法で制御対象をモデル化する．

手順2. 制御対象の解析：制御対象の安定性，極・零点の配置，時定数，減衰係数，自然角周波数，型など対象のもつ特性を解析する．

手順3. 制御系の仕様の作成：手順2の結果をもとに，フィードバック制御系の要求を分析し，定常偏差，安定度，速応性，減衰性などの仕様を決定する．

手順4. 補償器の設計：手順3の仕様をもとに適切な補償器を設計する．

手順5. 性能評価：周波数応答やステップ応答を計算機シミュレーションなどにより求め，設計した補償器の性能を評価する．性能が満足できなければ，手順3にもどり，設計をやりなおす．満足できれば実装する．

手順1は，すでに第2章で述べた方法で行うのであるが，解析的な手法で数学モデ

ルが得られない複雑な制御対象に対し，実験や運行中の実測データよりモデルを構成する必要がある．これは動的システムの同定といい，大変重要な課題であるが，これについて詳述するのは本書の目的からはずれるので，これ以上は踏み込まない．しかし，実問題として，システム同定は大きな命題であることは指摘しておく．興味のある読者は参考文献を挙げておいたので参照してほしい．

以下は，手順1は終わり，制御対象の伝達関数が正確に与えられているとして説明を続ける．手順2は，まさしく第1章〜第5章で説明した知識を駆使して行えばよい．手順3は，制御対象によりさまざまな目的をもち，目的にあった仕様を決定するには多くの知識と経験を必要とする．また，制御系の性能は仕様策定に大きく支配されるので，注意深く行わねばならない．手順4の設計手法には，多くの技法が開発されており，そのなかから適切な手法を選択し，仕様にあった補償器を設計する．手順5は，設計した補償器を実装するまえに，十分な性能があるかチェックし，不満なら再度手順3からやりなおす．多くの実問題は一度の設計で十分な性能を得ることはできず，何度かの試行錯誤が必要である．シミュレーションにはMATLABなどの完成度の高いソフトウエアがあり，最近では容易に補償器の性能をチェックできるので，設計の工程が大幅に短縮できるようになってきた．

設計法は多くあると述べたが，本書では，主として3つの制御系仕様の作成法と，それらをもとにした補償器設計法を紹介する．本章では，もっともこなれた技術である，一巡伝達関数 $L(s) = P(s)C(s)$ の周波数応答にもとづく設計法について説明する．残りの2つは次章以降で紹介する．

9.2 周波数応答による補償器の設計 ── 一巡伝達関数による設計 ──

制御対象のモデル化と解析が終われば，手順3の制御系の仕様を決めなくてはならない．制御系に対する要求仕様は，本来，単位ステップ応答などに代表される時間応答特性，たとえば T_r, T_d, T_s, A_p などの具体的な数値指標を与えることにより組み立てられている．しかし，時間応答のパラメータ値と補償器の伝達関数 $C(s)$ との明確な関係を見つけるのは難しい．

第8章では，時間応答による仕様以外にいろいろな視点から仕様を検討した．その結果をもとに，望ましいステップ応答の時間的指標を，閉ループ伝達関数の周波数応答に翻訳すると，

1. 閉ループ伝達関数の周波数応答による仕様

A1: 閉ループ伝達関数 $T(j\omega) = P(j\omega)C(j\omega)/\{1+P(j\omega)C(j\omega)\}$ の周波数応答におけるゲイン特性のピーク値 M_p は，$1.1 \sim 1.5$ ($0.83 \sim 3.52$ dB) 程度．通常 $M_p = 1.3$ (2.28 dB) 程度．バンド幅 ω_b は，仕様で与えられた立ち上がり時間 T_r を満たすように適切にとる．

A2: 定常特性として，位置偏差 ε_p，速度偏差 ε_v，加速度偏差 ε_a を適切な値にとる．

となる．あるいは上の仕様を閉ループ伝達関数のゲインおよび位相特性として描けば，図 9.1 (b) のようなボード線図になる．このとき，設計問題は，図 9.1 (a) の制御対象の周波数応答を，補償器の周波数応答で整形し，閉ループ伝達関数のゲインと位相特性が図 9.1 (b) になるような補償器 $C(s)$ を見つけることである．

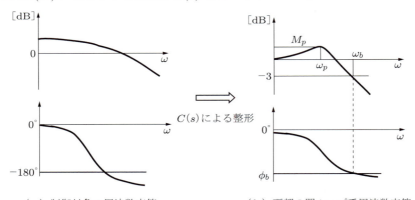

(a) 制御対象の周波数応答　　(b) 所望の閉ループ系周波数応答

図 9.1　閉ループ制御系の周波数応答の整形

しかし，$C(s)$ は，閉ループ伝達関数 $T(s) = P(s)C(s)/\{1+P(s)C(s)\}$ の分母分子ともに現れるので，$C(s)$ を調整して $T(s)$ の周波数応答を，図 9.1 (b) の所望のゲイン特性，位相特性に合わせるのは意外に困難である．そこで，上の仕様を一巡伝達関数 $L(s) = P(s)C(s)$ によるものに書き直すと，次のようになる．

2. 一巡伝達関数による仕様

A1′: ゲイン余裕 g_m を $10 \sim 20$ dB, 位相余裕 p_m を $40° \sim 60°$ 程度, ゲイン交差周波数 ω_{cg} はバンド幅 ω_b の仕様を満たすように十分大きくとる.

A2′: 定常偏差か定常偏差定数の値, あるいは一巡伝達関数 $L(s)$ の型を指定する.

この仕様を, $L(s)$ のボード線図を用いて表現すれば, 図 9.2 となる. このように, 一巡伝達関数のボード線図を用いた仕様に書き直す利点は, $C(s)$ による一巡伝達関数 $L(s) = P(s)C(s)$ の波形整形が容易であることである.

第 5 章で説明したように, $L(s) = P(s)C(s)$ のボード線図を描くとき, ゲインと位相はそれぞれ,

$$20 \log |L(j\omega)| = 20 \log |P(j\omega)| + 20 \log |C(j\omega)| \tag{9.1}$$

$$\arg L(j\omega) = \arg P(j\omega) + \arg C(j\omega) \tag{9.2}$$

となり, $L(s)$ のゲイン特性と位相特性は, $P(s)$, $C(s)$ のそれぞれの線図をグラフ上で加え合わせればよい. さらに, ゲイン, 位相特性とも第 5 章の例題 5.5 に示すようにほとんど直線で近似できるので, 作図と整形は容易にできる. このような手法をループ整形による設計法とよぶ. ループ整形の基本的考え方を以下に説明する.

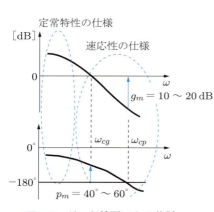

図 9.2 ボード線図による仕様

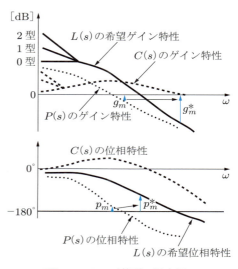

図 9.3 ループ整形の概念図

図 9.3 における実線は，一巡伝達関数 $L(s)$ の望ましいゲインと位相特性である．点線は，制御対象 $P(s)$ のゲインと位相特性であり，ゲイン余裕，位相余裕ともに小さく，A1′ の過渡特性の仕様を満たさないとする．そこで，破線で示すゲイン特性，位相特性をもつ補償器 $C(s)$ を直列に挿入し，$\omega_{cg}\sim\omega_{cp}$ の周波数帯域における $P(s)$ のゲインおよび位相に加えることにより，一巡伝達関数のゲイン特性と位相特性を実線で示す形に整形し，ゲイン余裕を g_m から g_m^* に，位相余裕を p_m から p_m^* に改善する．また，定常特性を満たすためには，低周波帯域のゲインを調整したり，制御系の型を 0, 1, 2 型から選択して整形する．以上の周波数応答による設計の基本は，一巡伝達関数のボード線図を，所望の線図に整形するような補償器のボード線図を見つけることである．このように，一巡伝達関数が整形されれば，閉ループ伝達関数が所望の周波数応答をもち，結果的に制御系の時間応答が望ましい応答となる．

9.3 パラメータ調整によるループ整形 —具体例をもとに—

前節で述べたループ整形を，手がかりなしに $C(s)$ で行うのは難しい．そこで，あらかじめ $C(s)$ の形を決め，それに含まれるパラメータを調整することによりループ整形するのが一般的である．以下，具体例として，図 6.1 のサーボ系を例にとりながら，パラメータ調整によるループ整形の設計法を説明しよう．

制御対象であるサーボ系の伝達関数が，

$$P(s) = \frac{1}{s(s+1)(s+3)} \tag{9.3}$$

で与えられ，フィードバック制御系の仕様が，

> A1′: 位相余裕 $p_m = 45°$ 程度，ゲイン余裕 $g_m = 12$ dB 程度，ゲイン交差周波数 ω_{cg} はできるだけ大きくする．
> A2′: 定常位置偏差 $\varepsilon_p = 0$，定常速度偏差 $\varepsilon_v = 0.5$．

であるとする．ここで，仕様の具体的数値はどのように決められたか疑問をもつ読者もいるであろうが，これは長い経験と試行錯誤のなかで決められたものである．以下，この仕様をもとに，補償器をゲイン，位相進み，位相進み＋位相遅れの各要素と決め，ループ整形を行ってみよう．

9.3.1 ゲイン補償

前項で与えられた要求仕様に対し，図 9.4 のように $C(s) = K$ と，ゲインのみの補

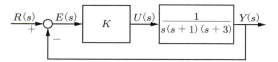

図 9.4 ゲイン補償器による単位フィードバック制御

償器でフィードバック系を構成してみる．

ゲイン補償器はもっとも簡単な補償器であり，K を変化させると，過渡特性と定常特性がともに変化する．制御系が安定である K の範囲は，フルビッツの安定判別より $0 < K < 12$ であるので，この範囲でゲイン K の値を求める．

定常特性の仕様である定常速度偏差を $\varepsilon_v = 0.5$ にするには，式 (8.30) より $K = 6$ にすればよい．このときの一巡伝達関数は，

$$L(s) = \frac{6}{s(s+1)(s+3)} \tag{9.4}$$

となるので，そのボード線図を描くと図 9.5 の実線が示すようになる．

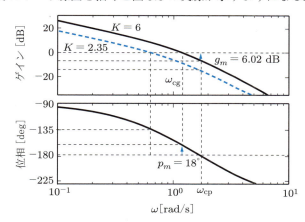

図 9.5 式 (9.4) の $L(s)$ のボード線図

これより，$K = 6$ では仕様で設定した定常特性は満たすが，ゲイン余裕は 6 dB（$\omega_{cp} = 1.73$ rad/s），位相余裕は 18°（$\omega_{cg} = 1.19$ rad/s）程度となり，過渡特性を満たすことができない．所望の $g_m = 12$ dB，$p_m = 45°$ にするには，ゲインを少なくとも 6 dB 程度下げる必要がある．K を 6 から $K = 2.35$ に下げると，それに対応するゲイン線図は図 9.5 の破線が示すようになり，$g_m = 14.16$ dB（$\omega_{cp} = 1.73$ rad/s），$p_m = 45.11°$（$\omega_{cg} = 0.64$ rad/s）となることがわかる．しかし，$K = 2.35$ は定常速度偏差の仕様を満たさないばかりでなく，ゲイン交差周波数 ω_{cg} も小さく過渡特性の改善にならない．ちなみに，$K = 6$，$K = 2.35$，$K = 1$ の単位ステップ応答を図 9.6

に示す．この図より，ゲインを大きくすると速応性は改善されるが減衰性が悪くなり，逆に減衰性をよくするためにゲインを小さくすると速応性が悪くなることがわかる．

このように，ゲイン補償器では上の要求仕様を満たすことはできない．そこで，次の動的補償器の導入を必要とする．

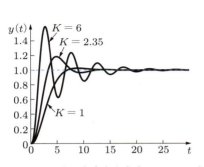

図 9.6 ゲインを変えたときのステップ応答の比較

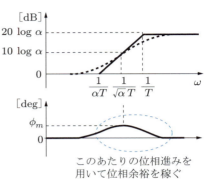

図 9.7 位相進み補償器のボード線図

9.3.2 位相進み補償

ゲイン補償器に代わり，動的補償器をフィードバック制御系に挿入し，サーボ系の制御特性を改善する．あまり次数の高い補償器を用いると，調整が複雑になり得策ではない．古くからよく用いられているのが，1 次の動的補償器である次の位相進み要素である．

$$C(s) = \frac{K(1+\alpha Ts)}{1+Ts} \qquad (\alpha > 1) \tag{9.5}$$

$K=1$ として式 (9.5) のボード線図を描くと図 9.7 になる．位相特性が示すように，入力信号に比べて出力信号の位相が進むことより，位相進み補償とよばれている．図 9.7 の位相進み補償器のボード線図は，次のような特性をもつ．

$C_{(j\omega)}$ の位相特性において，位相が最大に進むときの周波数 ω_m は，

$$\omega_m = \frac{1}{\sqrt{\alpha}T} \tag{9.6}$$

であり，このときの最大位相進み角度 ϕ_m は，

$$\sin\phi_m = \frac{\alpha-1}{\alpha+1} \tag{9.7}$$

となる．それでは，この位相進み補償器を用いて速応性の改善を試みてみよう．

位相進み補償器の基本的な考え方は，定常特性を支配する低周波数帯域のゲインは

そのままにし，仕様にもとづいて求められる位相余裕を確保しつつ，ゲイン交差周波数 ω_{cg} を大きくし，速応性を改善することである．ゲイン K と制御対象 $P(s)$ を直列接続した一巡伝達関数 $KP(s)$ のボード線図が，図 9.8 の実線で与えられるとしよう．このとき，ω_{cg} が小さく，これを改善しようとする．ω_{cg} を大きくするだけなら，図中点線でゲイン特性を示すように，ゲイン K をより大きくすることにより実現できる．しかし，このとき位相余裕は小さくなり，仕様を満足しない．ω_{cg}^* を所望のゲイン交差周波数としよう．位相進み要素 $(1+\alpha Ts)/(1+Ts)$ を直列に挿入し，$1/(\alpha T) < \omega_{cg}^* < 1/T$ となるように α, T を選ぶ．これにより，一巡伝達関数の ω_{cg}^* 付近のゲインを大きくし，かつ，位相を進めることにより位相余裕を稼ぎ，図中に破線で示すように一巡伝達関数の ω_{cg} をより大きく，ω_{cg}^* 付近にすることができる．これにより，補償後の ω_{cg} が補償前より高周波になるようにループ整形され，結果的にフィードバック制御系の速応性が改善される．

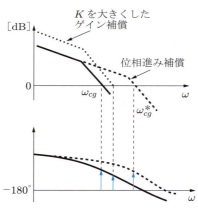

図 9.8　位相進み補償による波形整形

補償器の構造が決まれば，設計問題はパラメータ K, α と T の値を決定することになる．上で説明した調整の考え方によるパラメータの設計は，次のような手順で進められる．

① 設計に先立ち位相余裕 p_m，ゲイン余裕 g_m，ゲイン交差周波数 ω_{cg}，定常特性などの設計仕様を決める．
② 仕様で決められた定常偏差 ε_p, ε_v, ε_a を得るためのゲイン K の値を決める．
③ ②で決めた K と $P(s)$ よりなる一巡伝達関数 $L(s) = KP(s)$ のボード線図を描き，ゲイン余裕 g_m'，位相余裕 p_m' を求める．このとき，一般的に g_m', p_m' は g_m, p_m より小さい値となる．
④ 仕様で決めた位相余裕 p_m から p_m' を引いた値に，少し余裕をもたせるために，$3°$

ないし 5° 程度加えたものを位相進み要素の最大進み角度 ϕ_m とする.

⑤ ④で決めた ϕ_m をもとに, 式 (9.7) より, α の値を決定する.

⑥ ③で描いたボード線図において $|L(j\omega)|$ が $-10\log\alpha$ となる周波数を求め, これを ω_m とする. この ω_m は補償後の一巡伝達関数のゲイン交差周波数 ω_{cg} となる.

⑦ 式 (9.6) と ⑤, ⑥ で求めた α, ω_m より, 時定数を $T=1/(\sqrt{\alpha}\omega_m)$ と決める.

⑧ 以上により, 位相進み補償器のすべてのパラメータ K, α, T が決定したので, 補償後の一巡伝達関数のボード線図を描き, 位相余裕, ゲイン余裕が望ましい値となっているかを調べる. もし位相余裕が不十分であれば, ϕ_m を少し大きくし ④ 〜⑧ を繰り返す.

上の手法を用いて, 先のサーボ系の位相進み補償器を具体的に設計してみる.

① 設計仕様はすでに 148 ページのとおりに決められたとする.
② 制御対象は 1 型であるので, 定常位置偏差はゼロになる. 定常速度偏差が 0.5 になるように一巡伝達関数のゲインを決めると, 式 (8.30) より, 次式となる.

$$K = 3k_v = 3\frac{1}{\varepsilon_v} = 3\frac{1}{0.5} = 6 \tag{9.8}$$

③ ②で決めたゲインと制御対象の直列結合からなる一巡伝達関数,

$$L(s) = \frac{6}{s(s+1)(s+3)} \tag{9.9}$$

のボード線図は図 9.5 となるが, 比較のため図 9.9 に実線で示す. これより, 式 (9.9) の $L(s)$ のゲイン交差角周波数は $\omega_{cg} = 1.19$ rad/s と小さく, 加えてゲイン余裕 $g'_m = 6$ dB, 位相余裕 $p'_m = 18°$ であり, 仕様を満たさないことがわかる.

④ 不足する位相余裕は $45° - p'_m = 27°$ であるが, 少し余裕をもたせて位相進み補償器の最大進み角 $\phi_m = 27° + 3° = 30°$ とする.

⑤ $\phi_m = 30°$ を式 (9.7) に代入すれば,

$$\sin 30° = \frac{\alpha - 1}{\alpha + 1} = \frac{1}{2} \tag{9.10}$$

より, $\alpha = 3$ が求められる.

⑥ α が決まると, 図 9.7 より位相進み補償器が最大位相進みを与える周波数 ω_m におけるゲインは, $10\log\alpha = 10\log 3 = 4.8$ dB となる. 一方, ③で描いた図 9.9 のゲイン補償のみからなる一巡伝達関数のゲイン特性において, -4.8 dB となる周波数を読み取ると 1.61 rad/s である. そこで, $\omega_m = 1.61$ rad/s と選び, 位相進み補償器を挿入すると, 1.61 rad/s 付近の一巡伝達関数のゲインが 4.8 dB だ

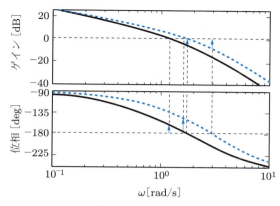

図 9.9 位相進み補償器による補償

け大きくなる．したがって，1.61 rad/s 付近でゲイン特性は 0 dB をよぎり，結果的にゲイン交差周波数を大きくできる．

⑦ 式 (9.6) に $\omega_m = 1.61$ rad/s, $\alpha = 3$ を代入すると $T = 0.36$ となる．

⑧ 以上，3つのパラメータは $K = 6$, $\alpha = 3$, $T = 0.36$ と定められ，式 (9.5) に代入すれば，補償器は，

$$C(s) = \frac{6(1 + 1.08s)}{1 + 0.36s} \tag{9.11}$$

と得られる．したがって，補償後の一巡伝達関数，

$$L(s) = \frac{6(1 + 1.08s)}{s(s+1)(s+3)(1 + 0.36s)} \tag{9.12}$$

のボード線図は図 9.9 の破線で示す．これより，ゲイン交差周波数は $\omega_{cg} = 1.19$ rad/s から $\omega_{cg} = 1.61$ rad/s に，ゲイン余裕は $g_m = 6.02$ dB から $g_m = 9.00$ dB に，位相余裕は $p_m = 18°$ から $p_m = 33.55°$ に改善されたものの，まだ仕様を満たしていない．この現象は，ω_{cg} が 1.61 に増えたとき，補償前の $L(s) = 6/\{s(s+1)(s+3)\}$ の位相遅れの影響によるものである．

したがって，補償前の $L(s)$ の位相特性の状況によって，ϕ_m により大きな余裕をもたせ，もう一回 ④～⑧ を繰り返す必要がある．この例では，試行の結果として，$\phi_m = 27° + 33° = 60°$ を用いて設計し直すと，$K = 6$, $\alpha = 14.38$, $\omega_m = 2.34$, $T = 0.11$ との結果を得る．このときの位相進み補償器は，

$$C(s) = \frac{6(1 + 1.58s)}{1 + 0.11s} \tag{9.13}$$

となり，補償後の一巡伝達関数は，

$$L(s) = \frac{6(1 + 1.58s)}{s(s+1)(s+3)(1 + 0.11s)} \tag{9.14}$$

となる．$L(s)$ の補償前後のボード線図は，図 9.10 にそれぞれ実線と破線で示されている．これより，$\omega_{cg} = 2.31$，$g_m = 13.03$ dB，$p_m = 46°$ であり，設計仕様を満たしている．ちなみに，ゲインのみの場合と式 (9.13) の補償器による位相進み補償の場合のステップ応答を図 9.11 に示す．明らかに青色の動的補償を施した方が良好である．

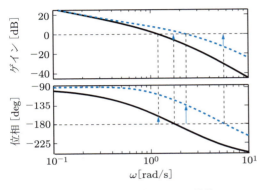

図 9.10 位相進み補償器による補償 II

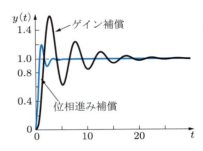

図 9.11 ゲインと位相進み補償の比較

9.3.3 位相遅れ補償

位相進み補償器を用いた速応性，減衰特性の改善は十分であったが，定常速度偏差が 0.5 では大きすぎ，これを 0.25 と半分に改善したいとする．定常速度偏差改善には，補償器のゲイン K を大きくするか，この場合は制御対象が 1 型なので積分動作 $1/s$ を追加すれば，一巡伝達関数が 2 型になり定常速度偏差がゼロになる．ところが，ゲインを大きくすると位相余裕が小さくなり，オーバーシュートが大きくなる．また，積分動作 $1/s$ は $90°$ 位相を遅らせ，過渡応答を劣化させるなど，両者とも過渡特性を劣化させる．そこで，式 (9.13) の位相進み補償器にさらに以下に示す位相遅れ要素を直列に挿入し，過渡応答に影響を及ぼさないようにして定常特性の改善を図る．

位相遅れ要素の伝達関数は，

$$C(s) = \frac{K'(1 + \beta T s)}{1 + Ts} \qquad (0 < \beta < 1) \tag{9.15}$$

で与えられ，$K' = 1$ のときのボード線図は図 9.12 となる．ボード線図よりわかるように式 (9.15) は位相進み要素とは逆に位相が遅れる特徴をもち，位相遅れ補償器とよ

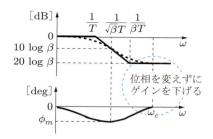

図 9.12 位相遅れ要素のボード線図

ばれる．

　位相遅れ要素による定常特性改善の基本的な考え方は，$L(j\omega)$ の $\omega_{cg} \sim \omega_{cp}$ 付近の周波数特性をそのまま，すなわち過渡特性を変えないで，低周波帯域のゲインを上げ，定常特性の改善を図る．この考えは以下のように実現される．

　式 (9.15) の位相遅れ要素のパラメータ K'，T，β の決定の具体的な手順は次のとおりである．

① 定常特性の設計仕様を決める．
② 仕様に合わせた定常偏差定数 k_p，k_v，k_a を得るためのゲイン K' を決める．
③ K' のみを挿入したときの一巡伝達関数 $L(s) = K'P(s)$ のボード線図を描き，ゲイン余裕，位相余裕を見つける．このとき，ゲインを大きくしたので位相余裕は劣化している．
④ ③のボード線図において，希望の位相余裕より 3° ないし 5° 大きい位相余裕を与える周波数 ω_c を見つける．また，ω_c におけるゲイン $g = 20\log|L(j\omega_c)|$ を求める．
⑤ ω_c 付近の一巡伝達関数のゲインを位相遅れ要素で減衰させるわけであるが，その減衰量を g として $-20\log\beta = g$ より β の値を決める．
⑥ ω_c が $1/(\beta T)$ の 10 倍になるように T をとる．これより，$T = 10/(\beta\omega_c)$ として T の値を決める．

　それでは，式 (9.14) で与えれる位相進み補償器を含めた一巡伝達関数に，さらに位相遅れ要素を直列に挿入して定常速度偏差 ε_v を 0.5 から 0.25 と半減してみよう．

① 上述のとおり，148 ページの設計仕様のなかの，ε_v のみを $\varepsilon_v = 0.25$ と変更する．
② $\varepsilon_v = 0.25$ にするためには，$k_v = 1/\varepsilon_v = 4$ となる．式 (9.14) に K' を掛けると，

$$L'(s) = \frac{6K'(1+1.58s)}{s(s+1)(s+3)(1+0.11s)} \tag{9.16}$$

となる．式 (8.30) を式 (9.16) に適用すれば，

$$k_v = \frac{6K'}{3} = 4 \tag{9.17}$$

すなわち $K' = 2$ が得られる．

③ $K' = 2$ を挿入した一巡伝達関数 $L'(s)$ のボード線図を描くと，図 9.13 の実線のようになる．これより，ゲイン交差周波数 $\omega_{cg} = 3.65$ rad/s，このときの位相余裕は 23° となり，仕様と比較して不足していることが読み取れる．

④ 図 9.13 の実線のボード線図より，仕様の位相余裕に +10° 多めに見積もって 55°，すなわち，位相が −125° をとる周波数 $\omega_c = 1.89$ rad/s を読み取る．これが補償後のゲイン交差周波数になる．$\omega_c = 1.89$ rad/s のときのゲイン 8.21 dB を読み取る．

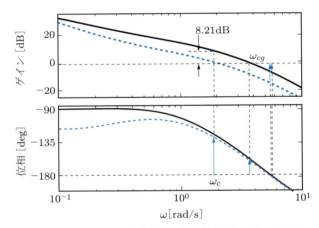

図 9.13　位相遅れ補償前後の一巡伝達関数のボード線図

⑤ 図 9.12 の青丸で囲んだあたりの特性，すなわち，位相は変化させずゲインを $20 \log \beta$ 下げる性質を利用して，上の $\omega_c = 1.89$ rad/s で 8.21 dB ゲインを下げるように β を調整する．すなわち，$-20 \log \beta = 8.21$ より，$\beta = 0.3886$ と決定する．

⑥ $T = 10/(\beta \omega_c)$ に上で求めた $\beta = 0.3886$ と $\omega_c = 1.89$ rad/s を代入して $T = 13.62$ と決定する．

以上により，位相遅れ補償器の伝達関数は，

$$C(s) = \frac{K'(1 + \beta T s)}{1 + T s} = \frac{2(1 + 5.18s)}{1 + 13.62s} \tag{9.18}$$

となる．補償後の一巡伝達関数は，

$$L(s) = \frac{12(1+1.58s)(1+5.18s)}{s(s+1)(s+3)(1+0.11s)(1+13.62s)} \tag{9.19}$$

であり，そのボード線図は図 9.13 の破線で示す．これより，$\omega_{cg} = 1.87\,\mathrm{red/s}$，$p_m = 52.26°$，$g_m = 15\,\mathrm{dB}$ であり，位相余裕，ゲイン余裕とも仕様を満たしている．

位相進み補償器を含めた，全体の単位フィードバック制御系の構成図は図 9.14 になる．このような補償器は位相進み–遅れ補償器とよばれ，サーボ系の過渡特性，定常特性改善のためによく用いられている．

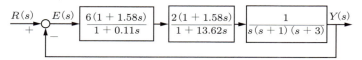

図 9.14　位相進み–遅れ補償器による単位フィードバック系

なお，サーボ系に単位ランプを目標値としたときの制御偏差 $e(t)$ の応答を，ゲイン，位相進み，位相進み–遅れ補償のそれぞれで比較したものが図 9.15 である．明らかに位相遅れ要素を挿入した方が良好な結果を示している．

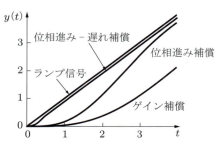

図 9.15　ランプ信号に対する応答

ここで説明した周波数応答法による補償器の設計は，必ずしも伝達関数を知らなくても，制御対象の周波数応答，すなわち，ゲイン特性と位相特性がわかれば適用できる．また，ボード線図は，ゲイン特性，位相特性とも直線で近似でき，計算機が利用できなかった時代に実用的な設計法として多くの分野で用いられてきた．

それでは，第 6 章で説明した，制御系の性能評価指数の 1 つである感度関数 S はそれぞれの補償器の場合どのようになっているのであろうか．図 9.16 は S_1（ゲイン補償），S_2（位相進み補償），S_3（位相進み補償＋位相遅れ補償）のゲイン特性を描いたものである．$\omega < 0.2$ の範囲において $|S_3| < |S_2| \leqq |S_1| < 1$ であり，感度関数は応答特性がよいほど小さくなっていることが確認できる．$\omega \gg 1$ では，感度関数のゲイ

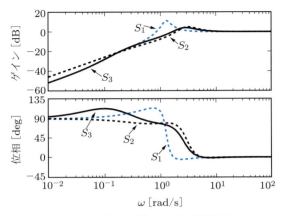

図 9.16 感度関数 S の周波数応答

ンは 1 ($= 0$ dB) に近くなっているが，目標値 $r(t)$ がこのような高い周波数をもつことはないので実用上問題ない．

―――― 演習問題 9 ――――

9.1 開ループ伝達関数が，

$$（1）\quad G(s) = \frac{K}{s(0.2s+1)} \qquad （2）\quad G(s) = \frac{K}{s(s+1)(0.2s+1)}$$

で与えられる単位フィードバック制御系がある．定常速度偏差定数 $k_v = 10$，位相余裕 $p_m \geqq 45°$ という仕様を満たす位相進み補償器を設計せよ．

9.2 開ループ伝達関数が，

$$（1）\quad G(s) = \frac{K}{s(0.1s+1)(0.5s+1)} \qquad （2）\quad G(s) = \frac{K}{s(s+1)(0.125s+1)}$$

で与えられる単位フィードバック制御系がある．定常速度偏差定数 $k_v = 10$，位相余裕 $p_m \geqq 35°$ という仕様を満たす位相遅れ補償器を設計せよ．

9.3 開ループ伝達関数が，

$$G(s) = \frac{1}{s(s+1)(s+2)}$$

で与えられる単位フィードバック制御系がある．設計仕様が，定常速度偏差 $\varepsilon_v = 0.5$，位相余裕 $p_m = 45°$ 程度，ゲイン余裕 $g_m = 15$ dB 程度であるとする．以上の仕様を満たす位相進み–遅れ補償器を設計せよ．

第10章 補償器の設計 II
— 根軌跡による補償器の設計 —

フィードバック制御系の応答特性は，閉ループ伝達関数 $T(s)$ の極配置に大きく依存することを第8章で明らかにした．したがって，良好な応答を実現するためには，閉ループ伝達関数の極が望ましい配置になるように補償器を設計してやればよい．ここでは，第2の補償器設計法として，適切な極配置になるように補償器のゲイン K を調整する根軌跡法について説明する．

10.1 根軌跡の意味と描き方

根軌跡とは，図10.1のように，補償器の前にゲイン K を直列に挿入し，ゲイン K を $0\sim\infty$ に変化させたとき，閉ループ伝達関数の極が変化する軌跡を描くことである．

図10.1の制御系の特性方程式は，すでに何度も説明したように，

$$1 + KP(s)C(s) = 0 \tag{10.1}$$

となる．したがって，K を $0\sim\infty$ に変化させると，それに応じて特性根の値も変化する．このとき，根の位置を複素平面上にプロットすれば，K の変化に応じた軌跡が得られる．この軌跡のことを根軌跡とよぶ．

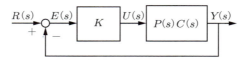

図 10.1　ゲイン調整つき単位フィードバック系

まず，具体的な例として，一巡伝達関数が2次系で，$P(s)C(s) = 1/\{s(s+4)\}$ とし，根軌跡を描いてみる．式 (10.1) より，この場合の特性方程式は，

$$s^2 + 4s + K = 0 \tag{10.2}$$

となり，特性根は，2次方程式の根と係数の関係より，

$$p = -2 \pm \sqrt{4-K} \tag{10.3}$$

を得る．ここで，K を $0\sim\infty$ に変化させると，その値は表 10.1 のようになる．

表 10.1 より，根軌跡は次のように描かれる．$K=0$ において実軸上の点 0，および -4 から出発した 2 つの軌跡は，$0<K<4$ の間，実軸上を -2 に向かって進み，$K=4$ のとき -2 の点で合流する．次に，$K>4$ において軌跡は再び 2 つに分岐し，実数部が -2，虚数部が $\pm j\sqrt{K-4}$ $(K>4)$ となる，虚軸に平行な直線上を $\pm\infty$ の方向に進むことになる．

表 10.1　K の値と特性根の値

K の範囲	根の値
$K=0$	$p=0, -4$
$0<K<4$	$p=-2\pm\sqrt{4-K}$ (2 実根)
$K=4$	$p=-2$ (重根)
$K>4$	$p=-2\pm j\sqrt{K-4}$ (共役複素根)

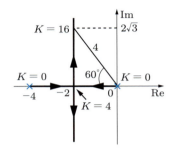

図 10.2　2 次系の根軌跡

根軌跡の作図法は，一般的には次のような約束事に従う．

① 一巡伝達関数 $P(s)C(s)$ の極の位置を×印，零点は○印で表す．
② 軌跡には，K の増加とともに進む方向に矢印をつける．
③ 適当な箇所に K の値を記入する．

以上のルールをもとに上の軌跡を図示すると，図 10.2 の根軌跡が得られる．図 10.2 の根軌跡からゲイン K の値と極の位置関係がわかり，一巡伝達関数が $P(s)C(s)=K/\{s(s+4)\}$ であるフィードバック制御系のゲイン K とステップ応答との関係を，次のように読み取ることができる．

① K を正の値にとるかぎり，このフィードバック制御系は極を左半平面にもち，安定である．
② $0<K<4$ において 2 つの極は実軸上にあり，非振動的なステップ応答をする．
③ $K>4$ において振動的なステップ応答をする．また，$K=16$ で，根軌跡と原点を通る勾配 $60°$ の直線が交わることより，$\cos 60°=\zeta=0.5, \omega_n=4$ となり，それに対応する振動的ステップ応答をする．

上の例は，特性方程式が 2 次方程式であるので，K をパラメータとして 2 根を表すことができ，容易に根軌跡を描くことができた．しかし，高次方程式の場合は根と K の関係を求めることが困難であり，上のような根軌跡の描画法は用いることはできない．これに対してエバンズは，根を求めなくても根軌跡の概形を描くことができる，次

に示す方法を開発した．

10.2 エバンズの根軌跡法

ゲイン K をもつ一巡伝達関数の分母多項式の次数が n，分子多項式の次数が $m\ (\leqq n)$ で，n 個の極を $p_1, p_2, \ldots, p_n$，m 個の零点を $z_1, z_2, \ldots, z_m$ とする．このとき，s 平面上のある点 s_0 が式 (10.1) を満たす，すなわち，根軌跡の上にあるとすると，

$$KP(s_0)C(s_0) = \frac{K(s_0 - z_1)(s_0 - z_2)\cdots(s_0 - z_m)}{(s_0 - p_1)(s_0 - p_2)\cdots(s_0 - p_n)}$$
$$= -1 + j0 = 1 \cdot e^{j(\pi + 2\pi k)} \tag{10.4}$$

が成り立つ．根軌跡は K を変化させ，式 (10.4) を満たす点 s_0 を探し，それらを結んでいけば得られるわけであるが，具体的に s_0 を探すことはできない．しかし，エバンズは次の方法で根軌跡の概形を作図できることを明らかにした．

図 10.3 のように，s_0 と $p_1, p_2, \ldots, p_n$ および $z_1, z_2, \ldots, z_m$ を結んだベクトル $\overrightarrow{s_0 - p_i}$，$\overrightarrow{s_0 - z_j}$ を導入し，これを指数関数表示すれば，

$$\overrightarrow{s_0 - p_i} = |s_0 - p_i|e^{j\theta_i} \quad (i = 1, \ldots, n) \tag{10.5}$$

$$\overrightarrow{s_0 - z_j} = |s_0 - z_j|e^{j\psi_j} \quad (j = 1, \ldots, m) \tag{10.6}$$

となる．ここで，角度 θ_i, ψ_j は図 10.3 に示すように，ベクトル $\overrightarrow{s_0 - p_i}$，$\overrightarrow{s_0 - z_j}$ と実軸に平行な直線がなす角度で，反時計回りを正とする．

これより，s_0 が根であるためには，ベクトル $KP(s_0)C(s_0)$ のゲインは 1，位相角は π である必要がある．すなわち，

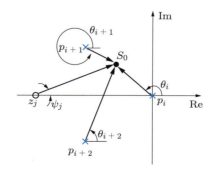

図 10.3　極・零点と s_0 を結んだベクトル

$$K\left|P(s_0)C(s_0)\right| = \frac{K\left|s_0 - z_1\right|\left|s_0 - z_2\right|\cdots\left|s_0 - z_m\right|}{\left|s_0 - p_1\right|\left|s_0 - p_2\right|\cdots\left|s_0 - p_n\right|} = 1 \qquad (10.7)$$

$$\arg\{KP(s_0)C(s_0)\} = \sum_{j=1}^{m}\psi_j - \sum_{i=1}^{n}\theta_i = \pm(2k+1)\pi \quad (k=0,1,2,\ldots) \qquad (10.8)$$

となる条件を満たさなければならない．式 (10.7)，(10.8) をそれぞれゲイン条件，位相条件とよぶ．これより次の根軌跡がもつ性質がいえる．

根軌跡の性質

① 根軌跡は，実軸に対して対称である．これは，代数方程式の複素数の根は共役複素のペアで現れることより明らかである．

② 根軌跡は n 本の枝からなり，各枝は一巡伝達関数の極 $p_1, p_2, \ldots, p_n$ より出発し，m 本は零点 $z_1, z_2, \ldots, z_m$ に終わり，残りの $(n-m)$ 本は無限遠点に向かう．これは，式 (10.7) から明らかである．式 (10.7) の両辺を K で割ると，

$$\frac{\left|s_0 - z_1\right|\left|s_0 - z_2\right|\cdots\left|s_0 - z_m\right|}{\left|s_0 - p_1\right|\left|s_0 - p_2\right|\cdots\left|s_0 - p_n\right|} = \frac{1}{K} \qquad (10.9)$$

となる．出発点である $K=0$ を代入すると右辺は ∞ になる．一方，左辺は $s_0 = p_1, p_2, \ldots, p_n$ の各点で分母がゼロになり，そのとき左辺の値は ∞ になり式 (10.9) の等式を満たす．これより，極である点 $s_0 = p_1, p_2, \ldots, p_n$ が根軌跡の出発点となる．同様に，終点である $K=\infty$ では，右辺はゼロ，左辺は零点である $s_0 = z_1, z_2, \ldots, z_m$ の各点でゼロになり式 (10.9) が成り立つ．また，$|s_0| \to \infty$ のとき，左辺は近似的に $1/|s_0|^{n-m}$ となる．すなわち，s 平面上の $n-m$ 個の無限遠点においてゼロとなり，式 (10.9) を満たす．

③ 実軸上に極がある場合，実軸上にある点 s_0 を取ったとき，この点より右側の実軸上に零点および極が奇数個ある区間が，実軸上の根軌跡となる．これは式 (10.8) の位相条件から明らかである．

④ $n-m$ 本の軌跡は無限遠点に向かうが，そのときの漸近線は実軸上の 1 点 α で交わり，その交点 α は，

$$\alpha = \frac{\sum_{i=1}^{n} p_i - \sum_{j=1}^{m} z_j}{n-m} \qquad (10.10)$$

である．また，交点 α における $n-m$ 本の漸近線の角度 β は，次式で与えられる．

$$\beta = -\frac{(2k+1)\pi}{n-m} \quad (k=0,1,2,\ldots,n-m-1) \qquad (10.11)$$

⑤ 実軸上の軌跡の分離点 γ は次式が成り立つ点である．

$$\frac{d}{ds}\left[\frac{1}{P(s)C(s)}\right]_{s=\gamma}=0 \tag{10.12}$$

根軌跡の性質 ④～⑤ の導出過程の説明は複雑なので結果のみにしておく．

例題 10.1 図 10.4 のゲイン調整つき単位フィードバック系の根軌跡を描け．

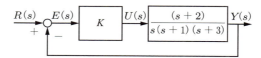

図 10.4 例題 10.1 のフィードバック制御系

［解］ 根軌跡の性質 ② により $K=0$ で，軌跡は $0, -1, -3$ より出発し，$K=\infty$ で，3 本の枝のうち一本は零点である -2 で終わり，ほかの 2 本は無限遠点に向かう．

根軌跡の性質 ④ により無限遠点に向かう 2 本の枝の漸近線が，実軸となす交点 α および角度 β は，それぞれ，

$$\alpha = \frac{(0-1-3)-(-2)}{3-1} = -1 \tag{10.13}$$

$$\beta = -\frac{(2k+1)\pi}{3-1} = -\frac{\pi}{2}, -\frac{3\pi}{2} \tag{10.14}$$

となる．

根軌跡の性質 ③ により実軸上の軌跡は区間 $[0, -1]$ および $[-2, -3]$ となる．

0 および -1 から出発した軌跡は実軸上を点 γ に進み，γ で分岐するが，γ は根軌跡の性質 ⑤ により，次のように求められる．

$$\frac{d}{ds}\left\{\frac{s(s+1)(s+3)}{s+2}\right\} = \frac{2(s^3+5s^2+8s+3)}{(s+2)^2} = 0 \tag{10.15}$$

式 (10.15) が成り立つ γ の値は，$s^3+5s^2+8s+3=0$ の根 $\gamma=-0.5344, -2.232\pm0.8j$ である．ここで，γ は実数であるので，$\gamma=-0.5344$ となる．

以上より，図 10.4 のフィードバック制御系の根軌跡の概形は図 10.5 のようになる．

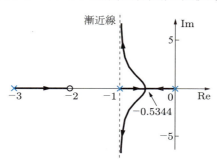

図 10.5 例題 10.1 の根軌跡

10.3 根軌跡による制御系の設計

根軌跡を用いて，補償器の設計をしてみよう．根軌跡による設計仕様は，第 8 章で説明した代表根の配置と応答特性の関係にもとづき，配置すべき代表根の範囲として与えられる．代表根は自然角周波数 ω_n と減衰係数 ζ で決まり，時間応答仕様はこの 2 つの値から求めることができる．たとえば，閉ループ伝達関数の減衰係数 ζ，および整定時間 T_s の所望の範囲が，

$$\zeta \geqq \zeta_0 \tag{10.16}$$

$$T_s \leqq T_0 \tag{10.17}$$

との仕様で与えられているとしよう．

式 (10.16) の減衰係数の不等式条件より，極は原点を通り，勾配 θ が，

$$\pm \cos\theta = \zeta_0 \tag{10.18}$$

の直線に囲まれる範囲になくてはならない．また，整定時間の不等式条件を満たす範囲は，式 (8.7) より，

$$T_s = \frac{3}{\zeta\omega_n} < T_0 \tag{10.19}$$

である．これを書き換えて，

$$-\zeta\omega_n \leqq -\frac{3}{T_0} \tag{10.20}$$

となる．$-\zeta\omega_n$ は複素根の実数部の値である．

したがって，両不等式を満たす代表根の複素平面での範囲は図 10.6 の青色の範囲となる．

以上では，ζ と T_s より代表根の範囲を決めたが，そのほかの仕様の場合も所望の根

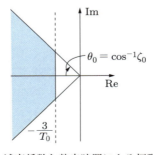

図 10.6　減衰係数と整定時間による極配置の範囲

の範囲を決め，その範囲に代表根が配置するようにゲイン K を調整する．

それでは，具体的な制御対象

$$P(s) = \frac{1}{s(s+1)(s+3)} \tag{10.21}$$

を取り上げ，ゲイン補償器と位相進み補償器の場合を比較しながら，根軌跡法で両補償器を設計してみよう．

根軌跡法による補償器の要求仕様が，次のように与えられているとする．

> **根軌跡の要求仕様**
> A1. 閉ループ系の代表根の減衰係数は $0.6 < \zeta < 0.8$ とする．
> A2. 立ち上がり時間 $T_r < 3$ [s]，整定時間 $T_s < 5$ [s] とする．
> A3. 定常位置偏差をゼロとする．

まず，ゲイン補償であるが，$L(s) = K/\{s(s+1)(s+3)\}$ の根軌跡は図 10.7 のように描かれる．ここで，減衰係数 $\zeta = \cos 45° = 0.707$ とし，原点を通り，勾配 $45°$ の直線と軌跡の交点を求めると，およそ $p = -0.42 + j0.42$ である．このときのゲインの値はおよそ $K = 1.1$，また，$\zeta\omega_n = 0.42$ より，$\omega_n \approx 0.6$ である．これより，p と p^* を代表根とする閉ループ系の立ち上がり時間 T_r，および整定時間 T_s は，式 (8.3)，(10.19) より，それぞれ次のように見積もられる．

$$T_r = \frac{1 + 1.15\zeta + 1.4\zeta^2}{\omega_n} \approx \frac{2.57}{0.6} \approx 4.3 \text{ [s]} \tag{10.22}$$

$$T_s = \frac{3}{0.42} \approx 7.5 \text{ [s]} \tag{10.23}$$

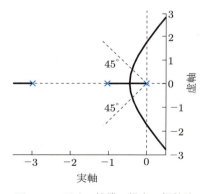

図 10.7　ゲイン補償の場合の根軌跡

以上より，一巡伝達関数は 1 型であるので，定常位置偏差はゼロになり，代表根の減衰係数が 0.707 であるので，仕様 A1 と A3 は満たすが，立ち上がり時間，整定時間に関しては不十分である．そこで，位相進み補償器を挿入し，根軌跡法を用いてゲインを調整し，立ち上がり時間と整定時間の改善を試みてみよう．

位相進み補償器

$$C(s) = K\frac{1+\alpha Ts}{1+Ts} \tag{10.24}$$

を挿入したときの一巡伝達関数は，

$$L(s) = \frac{1}{s(s+1)(s+3)}K\frac{1+\alpha Ts}{1+Ts} \tag{10.25}$$

となる．ここで，制御対象の積分要素は定常偏差をゼロにするために温存しておく．$s=0$ 以外で一番支配的な根 -1 を，位相進み補償器のパラメータを $\alpha=10, T=0.1$ として，補償器の零点で相殺する．このとき，一巡伝達関数は，

$$L(s) = \frac{1}{s(s+3)}\frac{K'}{s+10} \tag{10.26}$$

となる．ただし，$K'=10K$．補償器の α や時定数 T の選択は経験則であり，これらの値が不適切な場合は試行錯誤で決める．

式 (10.26) のゲイン K' を変化させたときの根軌跡は，図 10.8 のようになる．減衰係数が 0.8 以下になるように K' を選ぶには，上と同様 $45°$ の直線と交わる値とすればよい．

根軌跡と $45°$ の直線は，およそ $p = -0.91 + j0.91$ で交わり，このときのゲインは $K' = 10K = 17.2$，減衰係数は $\zeta = 0.707$，自然角周波数は $\omega_n = 1.29 \text{ rad/s}$ である．

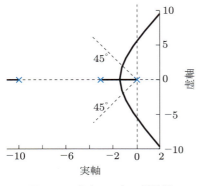

図 10.8 式 (10.26) の根軌跡

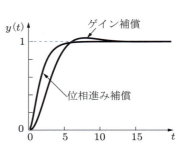

図 10.9 ステップ応答の比較

これより，$K = 1.72$，位相進み補償器は，

$$C(s) = 1.72 \frac{1+s}{1+0.1s}$$

と求められる．ちなみに，このとき閉ループ系の立ち上がり時間，整定時間は，式 (8.3), (10.19) より，

$$T_r = \frac{2.57}{1.27} \approx 2.02 \,[\text{s}], \quad T_s = \frac{3}{0.9} \approx 3.33 \,[\text{s}]$$

となり，ゲイン補償器に比べて格段に改善される．

上のゲイン補償器と，位相進み補償器のステップ応答を比較した結果が図 10.9 である．明らかに位相進み補償器の方が優れた応答をしていることが確認できる．

周波数応答法は一巡伝達関数 $L(s)$ をもとに設計してきたが，それに比べて根軌跡法による補償器の設計は，閉ループ伝達関数をもとにしており，フィードバック制御系の応答が直接設計結果から見積もることができる利点をもつ．ただし，調整できるパラメータはゲイン K だけなので，配置できる極の位置が根軌跡上に限られてしまう．さらに，位相進み補償の例で示したように，α や T のようなほかのパラメータは別の視点より，ときには試行錯誤を繰り返して求めなくてはならない．

―――――― **演習問題 10** ――――――

10.1 図 10.10 に示すフィードバック制御系の代表根の減衰係数が $\zeta = 0.7$，自然角周波数は $\omega_n = 3$ となるように，零点–極相殺法で補償器のパラメータ K, T_1, T_2 の値を求めよ．

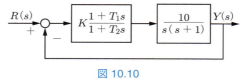

図 10.10

10.2 一巡伝達関数が，

$$L(s) = \frac{K}{(s+16)(s^2+2s+2)}$$

となる単位フィードバック制御系がある．根軌跡法を用いて，閉ループ系の代表根の減衰係数が $\zeta = 0.5$ のときの K の値を求めよ．

第11章 補償器の設計 III
―PID 補償器のパラメータ調整―

 制御の現場でもっともよく用いられているコントローラは PID 補償器である．PID 補償器の構造は簡単であるが，補償器に要求される目標値追従，外乱抑制などの機能を備えており，加えてパラメータ調整が現場で容易にできるといった優れた性質をもっている．本章では PID 補償器のパラメータ調整法について説明する．

11.1 プロセス制御系の設計

 プロセス制御は，温度，圧力，流量，液面位置，Ph 濃度などの物理量を一定に保つ，いわゆる定値制御であり，制御の目的はおもに外乱抑制である．化学プロセスを制御対象としたとき，電気・機械系の制御対象にはあまり見られない，むだ時間要素が出てくる．ここで少し，むだ時間要素について説明する．
 第 2 章で示した蛇口とは異なり，蛇口から l [m] の配管を通してタンクに給水する図 11.1 のシステムを取り上げてみよう．
 水の流速を v [m/s] とすると，蛇口をひねってから $L = l/v$ [s] 遅れてタンクに水が流れ込み始める．蛇口を通過する水量 $u(t)$ を入力，タンクに流れ込む水量を出力 $y(t)$ とすると，入出力関係は図 11.2 に示すように，

$$y(t) = u(t - L) \tag{11.1}$$

となる．
 このように，入力が一定の時間遅れて出力される入出力関係をもつ要素を，むだ時

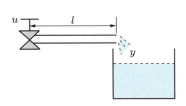

図 11.1 配管を通しての給水

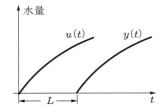

図 11.2 むだ時間要素の入出力関係

間要素とよぶ．むだ時間要素は，配管だけでなく，熱伝達や化学反応過程などの入出力関係にも含まれる．したがって，長大な配管や，熱・化学反応からなるプロセス制御系には多くのむだ時間要素が存在する．

式 (11.1) をラプラス変換の定義に代入すると，

$$Y(s) = \int_0^\infty u(t-L)e^{-st}dt \tag{11.2}$$

である．ここで，$0 \leqq t < L$ のとき $u(t-L) = 0$ に注意し，また，$t' = t - L$ と変数変換し式 (11.2) を t' で積分すると，

$$Y(s) = \int_L^\infty u(t-L)e^{-st}dt = \int_0^\infty u(t')e^{-s(t'+L)}dt' = U(s)e^{-Ls} \tag{11.3}$$

であり，むだ時間要素の伝達関数は，

$$G(s) = e^{-Ls} \tag{11.4}$$

となる．

むだ時間要素の伝達関数は今までの伝達関数と異なり，有理関数ではない．式 (11.4) を $s = 0$ の周りでマクローリン展開すると，

$$G(s) = 1 + \frac{(-Ls)}{1!} + \frac{(-Ls)^2}{2!} + \cdots + \frac{(-Ls)^k}{k!} + \cdots \tag{11.5}$$

の，べき級数となる．また，周波数応答は，

$$G(j\omega) = e^{-j\omega L} \tag{11.6}$$

となり，ゲイン特性と位相特性はそれぞれ，

$$|G(j\omega)| = |e^{-j\omega L}| = 1 \tag{11.7}$$

$$\arg\{G(j\omega)\} = \arg(e^{-j\omega L}) = -\omega L \tag{11.8}$$

となる．

$G(j\omega)$ のベクトル軌跡は図 11.3 に示すように単位円となる．ω が大きくなるにつれて，大きさ 1 のベクトルが時計方向に回転し，実軸との角度は ω に比例して増加していく．$G(j\omega)$ のボード線図については，ゲインは式 (11.7) より常に 0 dB であるので，そのゲイン線図を省略する．位相線図は，図 11.4 に示すように，周波数が高くなるにつれどんどん遅れる特性をもつ．このように，むだ時間要素は今までの伝達関数とまったく異なる特性をもつ要素である．

プロセス制御系は，このむだ時間要素が存在することに加えて，分布定数系であることや，応答が遅いといった特徴をもち，正確な伝達関数を推定することは困難であ

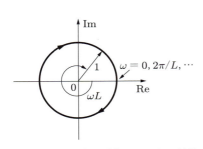
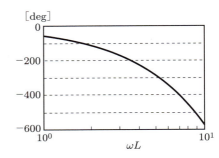

図 11.3　むだ時間要素のベクトル軌跡　　図 11.4　むだ時間要素の位相ボード線図

る．したがって，今までに紹介した伝達関数や実験的に求めた周波数応答をもとにした補償器の設計法を用いることはできない．このような状況のなかで，プロセス制御の技術分野では，独特の補償器設計法を確立している．それがここで紹介する PID 補償器である．

PID 補償器は，図 11.5 に示すように，フィードバック制御系の偏差信号の後に挿入され，信号の増幅機能である比例 P（Proportional），信号を時間積分する積分 I（Integral），時間微分する微分 D（Derivative）の 3 つの機能を並列結合したものであり，入出力関係は，

$$u(t) = K_P \left\{ e(t) + \frac{1}{T_I} \int e(t)dt + T_D \frac{de(t)}{dt} \right\} \tag{11.9}$$

である．PID 補償器の伝達関数 $C(s) = U(s)/E(s)$ は，上式をラプラス変換すれば，

$$C(s) = K_P \left(1 + \frac{1}{T_I s} + T_D s \right) \tag{11.10}$$

であり，パラメータ K_P, T_I, T_D は，それぞれ比例ゲイン，積分時間，微分時間とよばれている．

以下で，積分，微分の機能について説明しよう．偏差に比例した操作量を出力する比例動作だけでは定常位置偏差が残る場合が多いので，積分動作が必要である．式 (11.10) を通分して表せば，

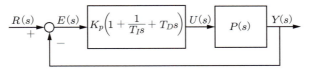

図 11.5　PID 補償器によるフィードバック制御系

$$C(s) = \frac{K_P}{T_I}\left(\frac{T_I s + 1 + T_I T_D s^2}{s}\right) \tag{11.11}$$

となり，補償器は1型であり，積分動作があることがわかる．これより，$s=0$ に零点をもたない制御対象に対し PID 補償器を挿入すれば，一巡伝達関数は必ず1型以上になる．したがって，プロセス制御系のような定値制御に不可欠であるゼロの定常位置偏差が保証される．ただし，積分動作の周波数応答は 5.3.2 項に示すようにゲインが 20 dB/dec で減少し，位相は常に 90° 遅れるので，ときには安定余裕を損なうこともある．

微分動作は，偏差信号の微分に比例した信号を出力し，偏差の変動を抑えることができ，その結果，オーバーシュートを抑え，過渡特性を改善できる．その反面，高い周波数成分をもつ外乱に必要以上に反応し，好ましくない場合も生じる．

式 (11.10) において，$T_I = \infty, T_D = 0$ とすると，比例動作のみになり，P 補償器とよばれる．$T_D = 0$ とすると，比例＋積分動作となり PI 補償器，また，$T_I = \infty$ のときは比例＋微分動作となり，PD 補償器とよばれる．

PID 補償器をフィードバック制御系に組み込むためには，3 つのパラメータ K_P, T_I, T_D の値を決めなくてはならない．これを PID 補償器のパラメータ調整という．PID 補償器は，すでに述べたように，プロセス制御の分野で発展した技術で，プロセス制御系に対する独特のパラメータ調整法が提案されている．ここでは，古くからよく知られている，ジーグラ・ニコルス（Ziegler-Nichols）の調整法について述べる．

プロセス制御系のステップ応答の多くは，図 11.6(a), (b) の 2 種類のどちらかである．(a) は定位あるいは自己平衡のあるプロセスといい，ステップ応答は時間が経てばある値（平衡点）に収束する．(b) は無定位あるいは自己平衡のないプロセスといい，出力はどんどん増大し不安定な応答をする．

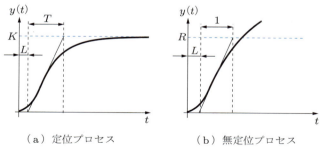

（a）定位プロセス　　　（b）無定位プロセス

図 11.6　プロセス制御対象のステップ応答

両者の単位ステップ応答から，それぞれの伝達関数は，1次遅れ系とむだ時間要素，積分要素とむだ時間要素を用いて，

$$P(s) = \frac{Ke^{-sL}}{1+Ts} \tag{11.12}$$

$$P(s) = \frac{e^{-sL}}{Ts}, \qquad T = \frac{1}{R} \tag{11.13}$$

と近似できる．

ジーグラ・ニコルスの調整法には，主として2つの方法がある．まず1つ目は，ジーグラ・ニコルスの過渡応答法である．制御対象に単位ステップ入力を加えたときの出力応答を記録し，図11.6に示すように出力応答曲線の変曲点，つまり，もっとも勾配が急なところに接線を引くことによって，3つのパラメータ K（ゲイン），L（むだ時間），T（立ち上がり時間）を求める．読み取った K, L, T 値をもとに，PIDのパラメータを表11.1により調整する．ただし，無定位の場合は $K=1, T=1/R$ とされている．

表11.1 ジーグラ・ニコルスの過渡応答法における K_P, T_I, T_D の調整則

制御動作	K_P（比例）	T_I（積分）	T_D（微分）
P	$\dfrac{T}{LK}$	∞（積分動作なし）	0（微分動作なし）
PI	$\dfrac{0.9T}{LK}$	$3.33\,L$	0
PID	$\dfrac{1.2T}{LK}$	$2.0\,L$	$0.5\,L$

次に，ジーグラ・ニコルスの限界感度法による調整則について紹介する．図11.5のフィードバック系において，$T_I = \infty, T_D = 0$ として P 動作のみにし，ゲイン K_P を大きくしていくと，制御系の応答は振動的になり，やがて持続的振動となる．このときの比例ゲインを K_{os}，持続振動の周期を P_{os} とすれば，PIDのパラメータは表11.2のように決定される．

表11.2 ジーグラ・ニコルスの限界感度法における K_P, T_I, T_D の調整則

制御動作	K_P（比例）	T_I（積分）	T_D（微分）
P	$0.5\,K_{os}$	∞（積分動作なし）	0（微分動作なし）
PI	$0.45\,K_{os}$	$0.833\,P_{os}$	0
PID	$0.6\,K_{os}$	$0.5\,P_{os}$	$0.125\,P_{os}$

以上，2つの調整則を紹介したが，限界感度法の方がよりよい調整結果を与えるが，K_{os}, P_{os} を見つけるために制御系を振動させなくてはならないので，実際はかなりの危険をともなう．したがって，多くの現場では過渡応答法を用いるのが一般的である．

また，表 11.1 の値はあくまでもガイドラインであり，この表のとおり調整すれば済むわけではない．現場において何度も試行錯誤しながら調整する．このように，PID 制御は補償器の設計に制御対象の伝達関数や周波数応答などのモデルを必要とせず，現場でステップ応答を見ながら調整できるのも強みの 1 つである．

> **例題 11.1** 未知制御対象 $P(s)$ に対して，図 11.5 の PID 補償器を組み込んだフィードバック制御系を構成し，積分動作と微分動作を切って比例動作のみにし，ゲイン K を大きくしていくと，$K = K_{os} = 6$ で図 11.7 のような持続振動が出力されたとする．ジーグラ・ニコルスの限界感度法を用いて，PID 補償器のパラメータを調整せよ．

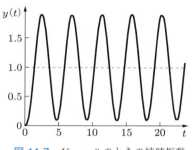

図 11.7　$K_{os} = 6$ のときの持続振動

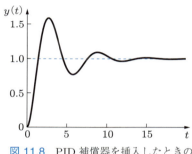

図 11.8　PID 補償器を挿入したときのステップ応答

[解]　図 11.7 の周期を読み取るとおよそ $P_{os} = 4.45$ [s] である．これより，表 11.2 に従って PID のパラメータをおよそ $K_P = 3.6, T_I = 2.22, T_D = 0.56$ と選んだ．このときのフィードバック制御系の応答を図 11.8 に示す．

シミュレーションにおいては，上で未知とした制御対象は $P(s) = 1/\{s(s+1)(s+2)\}$ を用いている．ただし，PID のパラメータ調整にはこの具体的なシステムの情報を一切使用していない．

11.2　PID 補償によるサーボ系の設計

PID 制御は，歴史的にはプロセス制御の分野において発達してきた技術であるが，その柔軟さゆえに，サーボ系のような追従制御系においても多用されている．そのときのパラメータ調整の一手法である部分モデルマッチング法による設計法を紹介する．

モデルマッチング法とは，閉ループ伝達関数 $T(s)$ をモデルとよばれる望ましい伝達関数 $M(s)$ に一致（マッチング）ないしは近くなるように補償器を設計する技法である．望ましいモデルは第 8 章で示した仕様に沿ってさまざまに提案されているが，その代表的なものとして，2 次振動系の標準形を拡張した次の一般標準形が用いられて

いる.

$$M(s) = \frac{\omega_0^n}{s^n + \gamma_{n-1}\omega_0 s^{n-1} + \cdots + \gamma_1 \omega_0^{n-1} s + \omega_0^n} \tag{11.14}$$

この式の分母分子を ω_0^n で割り，さらに，

$$\tau = \frac{\gamma_1}{\omega_0}, \quad \alpha_i = \frac{\gamma_i}{\gamma_1^i} \quad (i = 1, \ldots, n; \ \gamma_n = 1) \tag{11.15}$$

とおくと，モデルの伝達関数は，

$$M(s) = \frac{1}{1 + \tau s + \alpha_2 (\tau s)^2 + \alpha_3 (\tau s)^3 + \cdots + \alpha_{n-1}(\tau s)^{n-1} + \alpha_n (\tau s)^n} \tag{11.16}$$

となる．ここで τ はステップ応答の立ち上がり時間の目安となるパラメータで，上式に示すように $s \to \tau s$ と，時間軸を τ 倍スケール変換している．このとき，係数 α_i は経験的におよそ，

$$\alpha_2 = 0.5, \quad \alpha_3 = 0.15, \quad \alpha_4 = 0.03, \quad \alpha_5 = 0.003 \tag{11.17}$$

と選べばよいといわれている．

ここでは，よく知られている北森の調整法について紹介する．具体的に，図 11.5 の制御系の閉ループ伝達関数 $T(s)$ を式 (11.16) にできるだけマッチングするよう，次のように調整する．まず，式 (11.10) を変形し，補償器を，

$$C(s) = \frac{K_I + K_P s + K_D s^2}{s}, \quad K_I = \frac{K_P}{T_I}, \quad K_D = K_P T_D \tag{11.18}$$

としておく．ここで，フィードバック制御系 $T(s) = P(s)C(s)/\{1+P(s)C(s)\}$ がモデル伝達関数 $M(s)$ に近似されるとは，逆伝達関数 $1/T(s)$ のマクローリン展開

$$\frac{1}{T(s)} = \eta_o + \eta_1 s + \eta_2 s^2 + \eta_3 s^3 + \cdots + \eta_k s^k + \cdots \tag{11.19}$$

における最初の 4 項の係数が，式 (11.16) で与えられる $M(s)$ の分母多項式の係数に一致する．すなわち，$\eta_0 = 1, \eta_1 = \tau, \eta_2 = \alpha_2 \tau^2, \eta_3 = \alpha_3 \tau^3$ となるように式 (11.18) の K_P, K_I, K_D を決めることである．ここでは，式 (11.19) の 5 項目以降はそれほど重要でないと考え無視する．このことより，本手法は部分モデルマッチング法とよばれている．

以下では，詳細な説明は省くが，K_P, K_I, K_D は次の手順で決められる．手順をより深く勉強したい読者には参考文献を挙げておいたので参照してほしい．

まず，制御対象の逆伝達関数 $1/P(s)$ のマクローリン展開，

11.2 PID 補償によるサーボ系の設計

$$\frac{1}{P(s)} = b_0 + b_1 s + b_2 s^2 + b_3 s^4 + \cdots + b_k s^k + \cdots \tag{11.20}$$

$$b_k = \frac{1}{k!} \left[\frac{d^k}{ds^k} \frac{1}{P(s)} \right]_{s=0} \tag{11.21}$$

を求めておく．次に，式 (11.16) の望みの伝達関数を適切に決める．$\alpha_2, \alpha_3, \alpha_4, \alpha_5$ はすでに推奨値が決められているので，後は立ち上がり時間 τ のみを決めればよい．モデルのパラメータと式 (11.21) の制御対象の逆伝達関数のマクローリン展開の係数より，K_I, K_P, K_D は，

$$K_I = \frac{b_0}{\tau} \tag{11.22}$$

$$K_P = \frac{b_0}{\tau} \left(\frac{b_1}{b_0} - \alpha_2 \tau \right) \tag{11.23}$$

$$K_D = \frac{b_0}{\tau} \left\{ \frac{b_2}{b_0} - \alpha_2 \tau \frac{b_1}{b_0} + \tau^2 (\alpha_2^2 - \alpha_3) \right\} \tag{11.24}$$

と決定する．

それでは，第 9 章で取り上げた式 (9.3) の例題に対する PID 補償器によるサーボ系を，北森の調整法を用いて設計してみよう．式 (9.3) の逆伝達関数を求めると，

$$\frac{1}{P(s)} = 0 + 3s + 4s^2 + s^3 \tag{11.25}$$

となる．ここで，モデル伝達関数 $M(s)$ として 2 次振動系において $\zeta = 0.8, \omega_n = \sqrt{2}$ とした，

$$M(s) = \frac{2}{s^2 + 1.6\sqrt{2}s + 2} \approx \frac{1}{1 + 1.13s + 0.39(1.13s)^2} \tag{11.26}$$

を選ぶ．

式 (11.25), (11.26) より，$b_0 = 0, b_1 = 3, b_2 = 4, b_3 = 1, \tau = 1.13, \alpha_2 = 0.39$ を読み取り，式 (11.22)〜(11.24) に代入しパラメータ値を決定すると，

$$K_I = \frac{b_0}{\tau} = \frac{0}{1.13} = 0 \tag{11.27}$$

$$K_P = \frac{b_1}{\tau} = \frac{3}{1.13} \approx 2.65 \tag{11.28}$$

$$K_D = \frac{b_2}{\tau} - \alpha_2 b_1 = \frac{4}{1.13} - 0.39 \times 3 \approx 2.37 \tag{11.29}$$

となる．$K_I = 0$ となっているのは，制御対象はすでに 1 型になっているので積分器

は必要なしとし，結果的に補償器は，

$$C(s) = 2.65 + 2.37s = 2.65(1 + 0.89s) \tag{11.30}$$

のPD補償器になっている．以上により，単位フィードバック制御系の構成は図11.9のようになる．

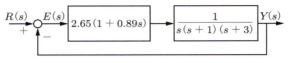

図 11.9 PD補償によるサーボ系の例

このときのステップ応答を，図11.10に示す．破線は$P(K_P = 2.65)$補償のみによる応答，実線は設計したPD補償による応答である．明らかにPD補償による応答は改善がみられる．なお，このPD補償器のボード線図を図11.11に示す．これより，PD補償器は位相進み補償器に似た周波数応答をする，すなわち過渡応答改善に寄与することが理解できる．

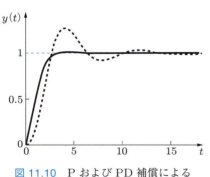

図 11.10 PおよびPD補償によるステップ応答の比較

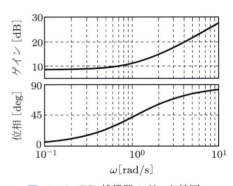

図 11.11 PD補償器のボード線図

ちなみに，$C(s) = 5\{1 + 1/(3s)\}$としたPI補償器のボード線図を図11.12に示す．これより，PI補償器は，位相遅れ補償器に似た特性をもち，定常特性の改善に役立つことがわかる．したがって，PID補償器は位相進み＋位相遅れ補償器に似た特性をもち，サーボ系の過渡，および定常特性の改善にも威力を発揮する．

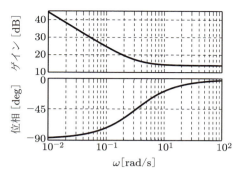

図 11.12 PI 補償器のボード線図

────────── **演習問題 11** ──────────

11.1 図 11.13 に示すプロセス系の応答より，PID 補償器のパラメータを決定せよ．

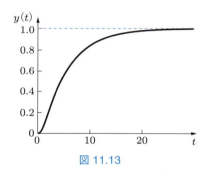

図 11.13

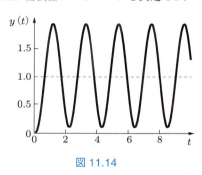

図 11.14

11.2 規範モデルを $M(s) = 1/(1+0.5s)$ とし，制御対象の伝達関数が $P(s) = 1/\{(1+2s)(1+3s)\}$ となるとき，部分モデルマッチング法を用いて PID 補償器を設計せよ．

11.3 未知制御対象 $P(s)$ に対して，ゲイン (比例) 補償のみを用いてフィードバック制御系を構成したとき，$K = K_{os} = 54$ で図 11.14 のような持続振動が出力されたとする．ジーグラ・ニコルスの限界感度法を用いて，$P(s)$ に対する PID 補償器を設計せよ（注：シミュレーションでは，$P(s) = 1/\{s(s+3)^2\}$ が使われている）．

11.4 制御対象 $P(s) = 6/(s+10)^2$ に対し，閉ループ制御系の代表根が仕様 $\zeta = 0.7$, $t_s < 0.2$ [s] を満たす PID 補償器を，部分モデルマッチング法を用いて設計せよ．

第12章 進化する制御理論と制御技術

　第11章までは，いわゆる古典制御理論とよばれる内容を，フィードバック制御に主眼をおいて説明してきた．制御理論や技術は日進月歩で進化しており，次々に新しい理論や技法が研究開発されている．しかし，これらは，これまでに学んだ内容を基本としていることはいうまでもない．工学の分野においても，文学と同様，古典には先人の知恵と多くの示唆が詰まっており，これをないがしろにしてさらなる進化はない．本章では，第11章までに説明した古典的フィードバック制御をもとに，制御理論の進化の過程のアウトラインを紹介する．

　各節の内容に対応する文献をいくつか挙げておいた．より深く制御技術を学ぼうとする技術者や，大学院などに進み制御工学を研究対象としようとする大学院生には，これらを参考とすることをお勧めする．

12.1　動的システムの新しい数学モデル ― 状態方程式 ―

　第2章では，動的システムをn階の線形微分方程式で記述できることを示した．微分方程式の研究分野では，n階の微分方程式を，正規表現といわれるn変数の1階連立微分方程式で表した方が扱いやすい場合があり，古くからよく用いられてきた．1960年代に入り制御工学の分野でも，動的システムのモデルとして正規表現が用いられるようになり，加えてラプラス変換を施さず，直接微分方程式を時間領域で扱うようになってきた．このモデルは状態方程式表現とよばれ，これをもとに，現代制御理論が急速に展開された．

　状態方程式モデルの概要を，式(2.25)に示されるR–L–C回路の微分方程式を例にして以下簡単に紹介する．式(2.25)は2階の微分方程式なので，2変数x_1, x_2を導入し，次のように定義する．$x_1(t)$をコンデンサの電荷量とする．すなわち，

$$x_1(t) = q(t) \tag{12.1}$$

である．そして，$x_2(t)$を回路に流れる電流とすれば，式(2.17)より，

$$x_2(t) = i(t) = \dot{q}(t) = \dot{x}_1(t) \tag{12.2}$$

となる.ただし,変数の上に冠した・は時間微分 d/dt を意味する.2 式の関係を式 (2.25) に代入すると,

$$L\dot{x}_2(t) + Rx_2(t) + \frac{1}{C}x_1(t) = v_i(t) \tag{12.3}$$

となる.ここで式 (12.2), (12.3) を,左辺に $\dot{x}_i$ (係数は 1) をおき,右辺は $\dot{x}_i$ を含まない正規表現に直すと,

$$\dot{x}_1(t) = x_2(t) \tag{12.4}$$
$$\dot{x}_2(t) = -\frac{1}{LC}x_1(t) - \frac{R}{L}x_2(t) + \frac{1}{L}v_i(t) \tag{12.5}$$

となる.両式をベクトルと行列を用いて表すと,

$$\begin{bmatrix} \dot{x}_1 \\ \dot{x}_2 \end{bmatrix} = \begin{bmatrix} 0 & 1 \\ -\frac{1}{LC} & -\frac{R}{L} \end{bmatrix} \begin{bmatrix} x_1 \\ x_2 \end{bmatrix} + \begin{bmatrix} 0 \\ \frac{1}{L} \end{bmatrix} v_i(t) \tag{12.6}$$

なる 1 階 2 元連立微分方程式が得られる.この微分方程式に対する初期条件も式 (2.26) よりベクトルで与えられ,

$$\begin{bmatrix} x_1(0) & x_2(0) \end{bmatrix}^T = \begin{bmatrix} q(0) & \dot{q}(0) \end{bmatrix}^T = \begin{bmatrix} Q_0 & \dot{Q}_0 \end{bmatrix}^T \tag{12.7}$$

となる.ここで,$[\ ]^T$ はベクトルと行列の転置を表す.また,出力変数は電荷量であるので,ベクトルと行列を用いて表現すれば,

$$q(t) = \begin{bmatrix} 1 & 0 \end{bmatrix} \begin{bmatrix} x_1 \\ x_2 \end{bmatrix} \tag{12.8}$$

となる.式 (12.6), 式 (12.8) を,それぞれ R–L–C 回路の状態方程式,出力方程式とよび,ベクトル $x(t) = [x_1(t)\ x_2(t)]^T$ を状態ベクトルとよぶ.

以上の 2 次元動的システムの状態方程式を,一般の n 次元システムに拡張すると,次のようになる.m 次元入力ベクトル $u(t) = [u_1(t)\ u_2(t)\ \ldots\ u_m(t)]^T$, r 次元出力ベクトル $y(t) = [y_1(t)\ y_2(t)\ \ldots\ y_r(t)]^T$, n 次元状態ベクトル $x(t) = [x_1(t)\ x_2(t)\ \ldots\ x_n(t)]^T$ が満たす状態方程式およびその出力方程式は,上にならって,

$$\dot{x}(t) = Ax(t) + Bu(t), \quad x(0) = x_0 \tag{12.9}$$
$$y(t) = Cx(t) \tag{12.10}$$

と表現される.ここで,A, B, C はそれぞれ $(n \times n)$, $(n \times m)$, $(r \times n)$ の行列であり,それぞれシステム行列,駆動行列,出力行列とよばれる.

このとき,状態方程式と伝達関数の間にはいかなる関係があるか興味深いが,結果

だけを示す．状態方程式と伝達関数は，

$$G(s) = C(sI - A)^{-1}B \tag{12.11}$$

の関係がある．上式は，入出力 $u(t)$, $y(t)$ がベクトルであっても成立するので，式 (12.11) は $(r \times m)$ 伝達関数行列になる．ここで，入出力がスカラー，すなわち駆動行列 B が $(n \times 1)$，出力行列 C が $(1 \times n)$ である場合を考えて，$(sI - A)^{-1}$ の余因子行列 $\mathrm{adj}(sI - A)$ と行列式 $\det(sI - A)$ を用いて表すと，スカラー伝達関数は，

$$G(s) = C \frac{\mathrm{adj}(sI - A)}{\det(sI - A)} B \tag{12.12}$$

となる．これより，$\det(sI - A)$ が伝達関数の分母多項式となり，$\det(sI - A) = 0$ が，4.4 節に示す特性方程式に対応する．したがって，状態方程式モデルで記述される動的システムが安定であるためには，システム行列 A の固有値の実数部がすべて負になることが必要十分条件となる．なお，この結果は，式 (12.11) の $(r \times m)$ 伝達関数行列においても成り立つ．このように，現代制御理論は，状態方程式をモデルとし，ベクトルと行列を中心とした線形代数学を駆使して展開されている．

12.2 新しい仕様 — 2 次形式評価関数と状態フィードバック制御 —

第 9 章〜第 11 章の補償器の設計仕様は，主としてステップ応答の時間的特性を周波数特性に翻訳し，ゲイン余裕や位相余裕などで与えたが，それでもかなり経験則といった曖昧性をもっていた．これに対し，制御系の応答仕様として評価関数を与え，これを最適にするといった数理的に明確な設計方法が確立された．

評価関数としてよく用いられるのが 2 次形式評価関数，

$$J = \int_0^\infty \{x^T(t)Qx(t) + u^T(t)Ru(t)\}dt \tag{12.13}$$

である．これを最小化する際，右辺積分の第 1 項は状態ベクトルをできるだけゼロに保持することを意味し，第 2 項は入力エネルギーをできるだけ小さくすることを意味する．式 (12.9) の動的挙動を満たしながら，式 (12.13) の評価関数を最小化する入力 $u(t)$ を求める問題を，最適レギュレータ問題といい，現代制御理論の中心的話題である．

最適レギュレータの解である最適操作量 $u^*(t)$ は大変美しい形をしており，次のように状態ベクトルの線形結合で与えられる．

$$u^*(t) = -Kx(t) \tag{12.14}$$

ここで，$u^*(t)$ を状態フィードバック制御則といい，ゲイン K はリッカチ方程式，

$$PA + A^T P - PBR^{-1}B^T P + Q = 0 \tag{12.15}$$

の解 P を用いて，

$$K = R^{-1}B^T P \tag{12.16}$$

と決定される．図 12.1 に状態フィードバック制御系の構成を示す．

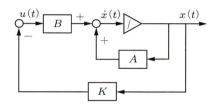

図 12.1 状態フィードバック制御系の構造

式 (12.16) で与えられる最適レギュレータ問題の解はつねに存在するわけでなく，状態方程式モデルが，可制御でかつ可観測であることが要求される．可制御性や可観測性は紙数の都合で割愛するが，これらは現代制御理論により初めて明らかにされたシステムの構造的特性である．

12.3 根軌跡を発展させたモデルマッチングと極配置による設計法
— 多項式代数法による制御理論 —

第 10 章で紹介した根軌跡法は，ゲイン K が唯一の可変パラメータであるので，極を望みの位置に配置するのは難しく，適当な領域に極が配置されるように K を調整した．ここでは，調整するパラメータ数を増やして，極を所望の配置にできる補償器の設計法を説明する．

モデルマッチング設計法は，所望の仕様を規範モデルとよばれる伝達関数 $G_m(s)$ として表し，図 12.2 の単位フィードバック制御系の閉ループ伝達関数 $T(s)$ が，$G_m(s)$ に一致するように補償器の伝達関数 $C(s)$ を決める方法である．第 11 章で説明した PID 補償器によるモデルマッチング法は，部分的にマッチングする方法であったが，ここでは完全に一致させる完全モデルマッチング法である．

$G_m(s)$ と $T(s)$ が等しいとき，

$$G_m(s) = \frac{P(s)C(s)}{1+P(s)C(s)} \tag{12.17}$$

より，$C(s)$ を求めると，

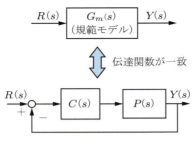

図 12.2　完全モデルマッチング法

$$C(s) = \frac{G_m(s)}{P(s) - P(s)G_m(s)} \tag{12.18}$$

となる．この補償器を用いれば，$G_m(s) = T(s)$ となることより，完全モデルマッチング法とよばれている．完全モデルマッチング法は，一見簡単で，性能のよい補償器を設計できるように思われるが，問題点も多く，そのまま実用化するのは困難である．たとえば，$G_m(s)$ の選び方によっては，補償器が不安定になったり，非プロパーになったりする．また，式 (12.18) が示すように，次数が大きくなる．

上の問題を回避するために工夫された方法が，次に紹介する極配置法である．ここでは図 12.3 に示すように補償器の入力として，出力 $Y(s)$ だけでなく，操作量 $U(s)$ も利用したフィードバック制御系を考える．制御仕様は，$R(s)$ から $Y(s)$ までの閉ループ伝達関数の極の配置，すなわち，所望の特性方程式を n 次のモニック多項式 $p^*(s)$ で与える．

$d(s)$ を n 次のモニック多項式として，制御対象の伝達関数を，

$$Y(s) = \frac{n(s)}{d(s)} U(s) \tag{12.19}$$

とする．図中の補償器の分母多項式 $q(s)$ は，n 次の安定多項式になるように適当に選ぶ．このとき，図 12.3 より，目標値 $R(s)$ から出力 $Y(s)$ までの伝達関数を計算すると，

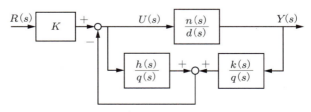

図 12.3　極配置制御系の構成

$$Y(s) = \frac{q(s)n(s)K}{q(s)d(s) + h(s)d(s) + n(s)k(s)} R(s) \tag{12.20}$$

となる．式 (12.20) の伝達関数が $q(s)$ で極零相殺されると仮定し，特性多項式が $q(s)p^*(s)$ に一致するとすれば，次式が成立する．

$$q(s)\{p^*(s) - d(s)\} = h(s)d(s) + k(s)n(s) \tag{12.21}$$

式 (12.21) は，ベズー（Bézout）恒等式とよばれ，$n(s)$，$d(s)$，$q(s)$，$p^*(s)$ が与えられたもとで，$n-1$ 次以下の次数の多項式 $h(s)$，$k(s)$ が求められることが知られている．すなわち，補償器の設計は，仕様である $p^*(s)$ が与えられ，上のベズー恒等式の解を求めることにより行われる．式 (12.20) での極零相殺は安定な極で行われているので，安定性への心配はない．

このような多項式の取り扱いを中心に組み立てられた設計法は，多項式代数法による制御理論として，昨今，大きく発展している．

12.4 不確実さを考慮した数式モデルとロバスト制御

第 11 章までの制御系の解析・設計は，すべて微分方程式ないしは伝達関数を数式モデルとして組み立てられてきた．その前提は，実制御対象の挙動を数式モデルが正確に表現していることである．ところが，実際の場合この前提が満たされることはまれで，多くは数式モデルに不確かさが存在する．不確かさを考慮しないで制御系を構成したとき，応答は目標値から大きく外れてしまったり，ときには不安定になったりする．

近年，モデルに不確さが存在しても安定性や応答特性を損なわない制御系の設計理論 — ロバスト制御理論 — が開発された．ロバストとは本来，頑強という意味であるが，実システムとモデルの間が少々ずれても，制御系は安定性や応答性能を失うことなく頑強であるという意味から名づけられた．

ここでは，まず，不確かさを考慮した数式モデルについて説明しよう．$P_0(s)$ は，おおよそ見当をつけた制御対象の伝達関数で，これをノミナル伝達関数とよぶ．一方，実制御対象の伝達関数は，$P_0(s)$ からずれて $P(s)$ であるとする．第 11 章までの設計理論は，ノミナル伝達関数をもとに行われていると考えてよい．ところが，上で説明したように実システムの伝達関数は不確さをもち，

$$P(s) = \{1 + \Delta_m(s)\} P_0(s) \tag{12.22}$$

であるとする．ここで，$\Delta_m(s)$ はモデルの不確かさを表す安定な伝達関数であるが，

その関数表現は正確にはわからない．しかし，大雑把な大きさ，すなわち $\Delta_m(s)$ のゲインの上限を見積もることができ，各周波数のゲインの上限が次のように与えられるとする．

$$|\Delta_m(j\omega)| \leqq |W_m(j\omega)| \qquad (\omega \in [0, \infty]) \tag{12.23}$$

ここで，$W_m(s)$ は上限を見積もるために導入した安定な伝達関数で，$W_m(s)^{-1}$ も安定であるとする．ただし，$W_m(s)$ はプロパー性を満たす必要はない．式 (12.23) より，$\Delta(s) = \Delta_m(s)/W_m(s)$ とおき，式 (12.22) を変形すると，

$$P(s) = \{1 + W_m(s)\Delta(s)\}P_0(s) \tag{12.24}$$

となる．このとき $\Delta(s)$ のゲインは，

$$|\Delta(j\omega)| \leqq 1 \qquad (\omega \in [0, \infty]) \tag{12.25}$$

を満たしている．以上，式 (12.24) が不確かさをもつ制御対象の伝達関数による数式モデルである．このように，ロバスト制御系の数式モデルは式 (12.24) に示すように，ノミナル伝達関数 $P_0(s)$ と $W_m(s)$ を見積もる必要がある．

次に，式 (12.24) を制御対象とした単位フィードバック制御系は，図 12.4 のような構成になる．図 12.4 のように，不確かさを含むフィードバック制御系が安定である場合をロバスト安定といい，それを実現する補償器 $K(s)$ をロバスト安定化補償器とよぶ．ロバスト安定化補償器 $K(s)$ が満たすべき条件を明らかにしよう．

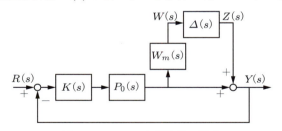

図 12.4　ロバスト制御系の構成

ロバスト安定であるためには，$\Delta(s) = 0$ でも安定である必要があるので，まず，ノミナル伝達関数 $P_0(s)$ に対してフィードバック制御系の閉ループ伝達関数，

$$T_{ry}(s) = \frac{P_0(s)K(s)}{1 + P_0(s)K(s)} \tag{12.26}$$

は安定でなくてはならない．

次に，$T_{ry}(s)$ が安定であるとしたうえで，$\Delta(s) \neq 0$ のとき，閉ループ伝達関数

12.4 不確実さを考慮した数式モデルとロバスト制御

$$\widetilde{T}_{ry}(s) = \frac{P(s)K(s)}{1+P(s)K(s)} = \frac{P_0(s)K(s)\{1+W_m(s)\Delta(s)\}}{1+P_0(s)K(s)\{1+W_m(s)\Delta(s)\}} \tag{12.27}$$

が安定となる条件を考える．

図 12.4 より，$Z(s)$，$R(s)$ と $W(s)$ の間には，次の関係が成り立つ．

$$\begin{cases} W(s) = W_m(s)T_{ry}(s)\{R(s)-Z(s)\} \\ Z(s) = \Delta(s)W(s) \end{cases} \tag{12.28}$$

この関係をブロック線図で表すと，図 12.5 の単位フィードバック制御系となり，その閉ループ伝達関数が，

$$\frac{Z(s)}{R(s)} = \frac{W_m(s)T_{ry}(s)\Delta(s)}{1+W_m(s)T_{ry}(s)\Delta(s)} \tag{12.29}$$

となる．一方，$\widetilde{T}_{ry}(s)$ は，

$$\widetilde{T}_{ry}(s) = \frac{T_{ry}(s) + W_m(s)T_{ry}(s)\Delta(s)}{1+W_m(s)T_{ry}(s)\Delta(s)} \tag{12.30}$$

と書き換えられる．したがって，図 12.5 のフィードバック制御系が安定となることが，図 12.4 のフィードバック制御系が安定となる必要十分条件となる．すなわち，両者の安定性問題は等価である．

図 12.5 ロバスト安定条件

$W_m(s)T_{ry}(s)$ も $\Delta(s)$ も安定であるので，図 12.5 の単位フィードバック系の安定性は第 7 章で説明したナイキストの安定判別法 II が適用できる．すなわち，図 12.5 の一巡伝達関数 $W_m(s)T_{ry}(s)\Delta(s)$ のベクトル軌跡が常に点 $(-1, j0)$ を左に見ることである．これは，すべての周波数において，

$$|W_m(j\omega)T(j\omega)\Delta(j\omega)| < 1 \quad (\omega \in [0,\ \infty]) \tag{12.31}$$

を満たせば，一巡伝達関数のゲイン，すなわち原点からの距離はつねに 1 以下になる．したがって，式 (12.31) を満たせば，$W_m(s)T_{ry}(s)\Delta(s)$ のベクトル軌跡は図 12.6 のように，常に -1 点の右側を通り，安定である．ただし，式 (12.31) は，必要以上に厳しい安定条件であり，ロバスト制御が今後乗り越えなくてはならない課題である．

式 (12.31) または図 12.6 がロバスト安定性の十分条件であり，これを満たす補償器 $K(s)$ がロバスト安定化補償器となる．ロバスト安定化補償器の設計には，伝達関数の

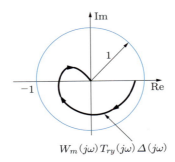

図 12.6　$W_m(s)T_{ry}(s)\Delta(s)$ のベクトル軌跡

ノルムとして H_∞ ノルムの導入が必要であるが，詳細は難しくなるのでこれ以上踏み込まない．ロバスト安定化補償器の設計は，第 8 章の周波数応答波形の整形をより発展させた H_∞ 制御理論へとつながり，精緻な理論が完成している．

12.5　ソフトコンピューティングによる制御

　序章で，人類は火という制御対象を巧みに操る手法を手にしたと説明したが，この場合は，人間が補償器とみなせる．人間は，五感と脳で，状態の観測と適当な制御量の計算を行い，手足をアクチュエータとして制御行動をとっている．そこで，人間の脳の情報処理手法を模擬した制御系を構成する手法が研究・実用化されはじめている．

　人間の情報処理の模擬手法はソフトコンピューティングとよばれ，人工知能の分野で研究が進み，その成果が制御工学に応用されている．ソフトコンピューティングとしてさまざまな技法が提案されているが，実用に供されているのが，ファジィー制御，プロダクションルールベース制御，遺伝的アルゴリズムによる制御，ニューラルネットワーク制御などである．これらの技法は，制御動作を繰り返すたびに学習し，制御対象のモデルがわからなくても，次第に良好な制御性能をあげることができたり，制御系が置かれた環境に適応したりする優れた機能をもつ．ただし，安定性の保証や，補償器の構造の複雑さなどの問題点も指摘されている．今後，これらの問題点を解決しながら大きく発展していく分野と思われる．

演習問題解答

第 1 章

1.1 （1） $\text{Re}[s] = a$, $\text{Im}[s] = 0$ （2） $\text{Re}[s] = 0$, $\text{Im}[s] = b$
  （3） $\text{Re}[s] = -a$, $\text{Im}[s] = -b$ （4） $\text{Re}[s] = \dfrac{a}{a^2+b^2}$, $\text{Im}[s] = -\dfrac{b}{a^2+b^2}$
  （5） $\text{Re}[s] = a$, $\text{Im}[s] = -1/b$ （6） $\text{Re}[s] = 2a$, $\text{Im}[s] = -a/\sqrt{3}$
  （7） $\text{Re}[s] = 0$, $\text{Im}[s] = A$ （8） $\text{Re}[s] = \dfrac{1}{A}\cos\phi$, $\text{Im}[s] = -\dfrac{1}{A}\sin\phi$
  （9） $\text{Re}[s] = A\cos\phi$, $\text{Im}[s] = -A\sin\phi$

1.2 （1） $|s| = b$, $\arg s = -\dfrac{\pi}{2}$ （2） $|s| = \sqrt{a^2+b^2}$, $\arg s = \pi - \tan^{-1}(b/a)$
  （3） $|s| = \sqrt{a^2+b^2}$, $\arg s = -\tan^{-1}(b/a)$
  （4） $|s| = \dfrac{\sqrt{a^2+b^2}}{ab}$, $\arg s = -\tan^{-1}(a/b)$
  （5） $|s| = \dfrac{1}{\sqrt{a^2+b^2}}$, $\arg s = \tan^{-1}(b/a)$
  （6） $|s| = \sqrt{a^2+b^2}$, $\arg s = \pi + \tan^{-1}(a/b)$

1.3 （1） $s^* = jb$ （2） $s^* = -a - jb$ （3） $s^* = a + jb$
  （4） $s^* = \dfrac{1}{a} + j\dfrac{1}{b}$ （5） $s^* = \dfrac{1}{a+jb}$ （6） $s^* = \dfrac{a+jb}{-j}$

1.4 $x = 4$, $y = 16$

1.5 （1） $s_1 + s_2 = 2 - j$, $s_1 \cdot s_2 = 5 + 35j$, $s_1/s_2 = -(7+j)/5$
  （2） $s_1 + s_2 = 2 + 11j$, $s_1 \cdot s_2 = -33 + 9j$, $s_1/s_2 = (27-21j)/26$
  （3） $s_1 + s_2 = 3.83 + 0.17j$, $s_1 \cdot s_2 = 12.65e^{0.46j} = 11.34 + 5.62j$,
    $s_1/s_2 = 0.79e^{2.04j} = -0.36 + 0.70j$
  （4） $s_1 + s_2 = 5.83 - 0.2j = 5.83e^{-0.034j}$, $s_1 \cdot s_2 = 8e^{0.1j}$,
    $s_1/s_2 = 2e^{-0.5j}$

1.6 $s = a + jb$, $s_1 = a_1 + jb_1 = r_1 e^{j\theta_1}$, $s_2 = a_2 + jb_2 = r_2 e^{j\theta_2}$ とする．
  （1） $|s|^2 = a^2 + b^2 = ss^*$ （2） $\left|\dfrac{1}{s}\right| = \left|\dfrac{1}{\sqrt{a^2+b^2}}\right| = \dfrac{1}{|s|}$
  （3） $(s_1 \pm s_2)^* = (a_1 \pm a_2) - j(b_1 \pm b_2) = (a_1 - jb_1) \pm (a_2 - jb_2) = s_1^* \pm s_2^*$
  （4） $(s_1 s_2)^* = \{r_1 r_2 e^{j(\theta_1+\theta_2)}\}^* = r_1 r_2 e^{-j(\theta_1+\theta_2)} = r_1 e^{-j\theta_1} \cdot r_2 e^{-\theta_2} = s_1^* s_2^*$
  （5） $\text{Re}[s] = a = \dfrac{1}{2}\{(a+jb)+(a-jb)\} = \dfrac{1}{2}(s+s^*)$
  （6） $\text{Im}[s] = b = \dfrac{1}{2j}\{(a+jb)-(a-jb)\} = \dfrac{1}{2j}(s-s^*)$

1.7 （1） $F(s) = \dfrac{1}{s} + \dfrac{2}{s^2} + \dfrac{2}{s^3}$ （2） $F(s) = \dfrac{1}{s} + \dfrac{3}{s^2} + \dfrac{1}{s+2}$

（3） $F(s) = \dfrac{2}{s^2} + \dfrac{\omega}{s^2+\omega^2} + \dfrac{1}{s+2}$ （4） $F(s) = \dfrac{1}{s^2+4s+5}$

（5） $F(s) = \dfrac{s+3}{s^2+6s+13}$ （6） $F(s) = \dfrac{2}{(s+1)^3}$

1.8 証明： $\mathcal{L}[f(t-\tau)I(t-\tau)] = \displaystyle\int_0^\infty f(t-\tau)I(t-\tau)e^{-st}dt = \int_\tau^\infty f(t-\tau)e^{-st}dt$

$= e^{-\tau s}\displaystyle\int_0^\infty f(\bar{t})e^{-s\bar{t}}d\bar{t} = e^{-\tau s}F(s),\ \ ただし,\ \bar{t} = t-\tau.$

1.9 （a） 図 1.11（a）のグラフは次の関数で表せる．

$$f(t) = \begin{cases} t & (0 \leqq t < 1) \\ -t+2 & (1 \leqq t < 3) \\ t-4 & (3 \leqq t < 4) \\ 0 & (4 \leqq t) \end{cases}$$

解法 1：ラプラス変換の定義式を使って計算する．途中計算は繁雑であるので，省略する．

$$F(s) = \int_0^\infty f(t)e^{-st}dt = \int_0^1 te^{-st}dt + \int_1^3 (-t+2)e^{-st}dt + \int_3^4 (t-4)e^{-st}dt$$
$$= \frac{1}{s^2}(1 - 2e^{-s} + 2e^{-3s} - e^{-4s})$$

解法 2：$f(t)$ を $f(t) = t + f_1(t-1)I(t-1) + f_2(t-3)I(t-3) + f_3(t-4)I(t-4)$ の形に表して，演習問題 1.8 の結果を用いて簡単に求める方法である．式中の $f_1(t-1), f_2(t-3)$ などは次のように求められる．たとえば，区間 $1 \leqq t < 3$ において，$I(t-1) = 1, I(t-3) = I(t-4) = 0$ であるので，$f(t) = t + f_1(t-1) = -t+2$ となる．これより，$f_1(t-1) = -2t+2 = -2(t-1)$ を得る．同様な方法で，$f_2(t-3) = 2t-6 = 2(t-3), f_3(t-4) = -t+4 = -(t-4)$ が得られる．そして，得られた $f(t) = t - 2(t-1)I(t-1) + 2(t-3)I(t-3) - (t-4)I(t-4)$ に対しラプラス変換を施すと，$F(s) = (1 - 2e^{-s} + 2e^{-3s} - e^{-4s})/s^2$ を得る．

（b） 図 1.11（b）のグラフは次の関数で表せる．

$$f(t) = \begin{cases} 1 + \dfrac{t}{T} & (0 \leqq t < T) \\ 1 - \dfrac{t}{T} & (T \leqq t < 2T) \\ 0 & (2T \leqq t) \end{cases}$$

（a）の解法 2 のように，$f(t) = 1 + t/T + f_1(t-T)I(t-T) + f_2(t-2T)I(t-2T)$ を満たす $f_1(t-T), f_2(t-2T)$ を求める．区間 $T \leqq t < 2T$ において，$f(t) = 1 + t/T + f_1(t-T) = 1 - t/T$ が成り立ち，これより，$f_1(t-T) = -2t/T = -2(t-T+T)/T = -2 - 2(t-T)/T$ が得られる．同様に，$f_2(t-2T) = -1 + t/T = -1 + (t-2T+2T)/T = 1 + (t-2T)/T$ が求められる．したがって，

$$f(t) = 1 + \frac{t}{T} - 2I(t-T) - \frac{2(t-T)I(t-T)}{T} + I(t-2T) + \frac{(t-2T)I(t-2T)}{T}$$

となり，次の結果が得られる．

$$F(s) = \frac{(1+Ts)(1-2e^{-Ts}+e^{-2Ts})}{Ts^2} = \frac{(1+Ts)(1-e^{-Ts})^2}{Ts^2}$$

（c） 上と同様な方法で，次の結果が得られる．

$$f(t) = \begin{cases} \dfrac{K}{T}t & (0 \leqq t < T) \\ K & (T \leqq t < 3T) \\ -\dfrac{K}{T}t + 4K & (3T \leqq t < 4T) \\ 0 & (4T \leqq t) \end{cases}$$

すなわち，

$$f(t) = \frac{K}{T}t - \frac{K}{T}(t-T)I(t-T) - \frac{K}{T}(t-3T)I(t-3T)$$
$$+ \frac{K}{T}(t-4T)I(t-4T)$$

$$F(s) = \frac{K}{Ts^2}(1 - e^{-Ts} - e^{-3Ts} + e^{-4Ts})$$

1.10 （1） $\mathcal{L}\left[\dfrac{df(t)}{dt}\right] = \displaystyle\int_0^\infty \dfrac{df(t)}{dt} e^{-st} dt = \int_0^\infty e^{-st} df(t)$

$$= f(t)e^{-st}\Big|_0^\infty - \int_0^\infty f(t)de^{-st}$$

$$= s\int_0^\infty f(t)e^{-st}dt - f(0) = sF(s) - f(0)$$

（2） $\mathcal{L}[e^{-at}f(t)] = \displaystyle\int_0^\infty e^{-at}f(t)e^{-st}dt = \int_0^\infty f(t)e^{-(s+a)t}dt = F(s+a)$

1.11 （1） $F(s) = \dfrac{1}{2}\left(\dfrac{1}{s} + \dfrac{1}{s+4}\right)$, $f(t) = \dfrac{1}{2}(1 + e^{-4t})$

（2） $F(s) = \dfrac{2}{s+1} - \dfrac{1}{s+2}$, $f(t) = 2e^{-t} - e^{-2t}$

（3） $F(s) = \dfrac{s+1}{(s+1)^2 + 2}$, $f(t) = e^{-t}\cos\sqrt{2}t$

（4） $F(s) = \dfrac{1}{s} - \dfrac{s+3}{(s+3)^2 + 3} + \sqrt{3}\dfrac{\sqrt{3}}{(s+3)^2 + 3}$

$f(t) = 1 - e^{-3t}\cos\sqrt{3}t + \sqrt{3}e^{-3t}\sin\sqrt{3}t$

（5） $F(s) = \dfrac{2}{s+1} - \dfrac{1}{(s+1)^2} - \dfrac{2}{(s+2)}$, $f(t) = (2-t)e^{-t} - 2e^{-2t}$

（6） $F(s) = \dfrac{1}{s} - \dfrac{2}{s+2} + \dfrac{s+1}{(s+1)^2 + 3}$, $f(t) = 1 - 2e^{-2t} + e^{-t}\cos\sqrt{3}t$

第 2 章

2.1 （a） $R_1R_2C\dfrac{dv_o(t)}{dt} + (R_1 + R_2)v_o(t) = R_1R_2C\dfrac{dv_i(t)}{dt} + R_2v_i(t)$

(b) $\quad LC\dfrac{d^2 v_o(t)}{dt^2} + RC\dfrac{dv_o(t)}{dt} + v_o(t) = RC\dfrac{dv_i(t)}{dt}$

(c) 図 2.14（c）の回路図は解図 2.1 のように変形できる．これより，

$$v_o(t) = R_2\{i_1(t) + i_2(t)\} + \dfrac{1}{C}\int i_2(t)dt \tag{A}$$

$$\dfrac{1}{C}\int i_1(t)dt = R_1 i_2(t) + \dfrac{1}{C}\int i_2(t)dt \tag{B}$$

が得られる．式（B）の両辺を微分して，C を掛ければ，

$$i_1(t) = R_1 C \dfrac{di_2(t)}{dt} + i_2(t)$$

となる．また，解図 2.1 より，$i_2(t) = \{v_i(t) - v_o(t)\}/R_1$ が成り立つことがわかる．これらの結果を式（A）に代入すると，

$$\begin{aligned}
v_0(t) &= R_2\left\{R_1 C \dfrac{di_2(t)}{dt} + 2i_2(t)\right\} + \dfrac{1}{C}\int i_2(t)dt \\
&= R_2 C \left\{\dfrac{dv_i(t)}{dt} - \dfrac{dv_o(t)}{dt}\right\} + 2\dfrac{R_2}{R_1}\{v_i(t) - v_o(t)\} \\
&\quad + \dfrac{1}{CR_1}\int\{v_i(t) - v_o(t)\}dt
\end{aligned}$$

を得る．その両辺を微分して整理すれば，次の入出力関係の微分方程式が得られる．

$$\begin{aligned}
&R_1 R_2 C^2 \dfrac{d^2 v_o(t)}{dt^2} + (R_1 + 2R_2)C\dfrac{dv_o(t)}{dt} + v_o(t) \\
&= R_1 R_2 C^2 \dfrac{d^2 v_i(t)}{dt^2} + 2R_2 C \dfrac{dv_i(t)}{dt} + v_i(t)
\end{aligned}$$

(d) （c）と同様な方法で次の結果を得ることができる．

$$C_1 C_2 R^2 \dfrac{d^2 v_o(t)}{dt^2} + (2C_1 + C_2)R\dfrac{dv_o(t)}{dt} + v_o(t) = C_1 C_2 R^2 \dfrac{d^2 v_i(t)}{dt^2} + 2C_1 R \dfrac{dv_i(t)}{dt} + v_i(t)$$

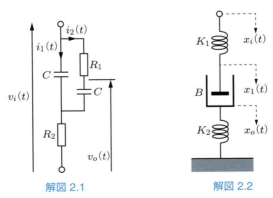

解図 2.1　　　　　解図 2.2

2.2 （a） $M\dfrac{d^2x_o(t)}{dt^2} + Kx_o(t) = f_i(t)$

（b） $M\dfrac{d^2x_o(t)}{dt^2} + (B_1+B_2)\dfrac{dx_o(t)}{dt} = B_1\dfrac{dx_i(t)}{dt}$

（c） $M\dfrac{d^2x_o(t)}{dt^2} + B\dfrac{dx_o(t)}{dt} + Kx_o(t) = f_i(t)$

（d） 解図 2.2 のようにばね K_1 とダンパー B の接続点の移動距離を $x_1(t)$ とすると，この点における力のつり合いは次式で表せる．

$$K_1\{x_i(t) - x_1(t)\} = B\dfrac{d}{dt}\{x_1(t) - x_o(t)\}$$

また，ダンパー B とばね K_2 の接続点における力のつり合いは，

$$B\dfrac{d}{dt}\{x_1(t) - x_o(t)\} = K_2 x_o(t)$$

で表される．この2つの式より，

$$x_1(t) = x_i(t) - \dfrac{K_2}{K_1}x_o(t)$$

が求められる．これを最初の式に代入して整理すれば，次の結果が得られる．

$$B(K_1+K_2)\dfrac{dx_o(t)}{dt} + K_1 K_2 x_o(t) = BK_1\dfrac{dx_i(t)}{dt}$$

（e） $B\dfrac{dx_o(t)}{dt} + (K_1+K_2)x_o(t) = B\dfrac{dx_i(t)}{dt} + K_1 x_i(t)$

2.3 （a） 電流 $i_1(t), i_2(t)$ を解図 2.3 のように設定すると，

$$v_o(t) = R_2\{i_1(t) + i_2(t)\} + \dfrac{1}{C_2}\int\{i_1(t) + i_2(t)\}dt$$

が得られる．両辺を t に対し微分すると，

$$\dfrac{dv_o(t)}{dt} = R_2\dfrac{di_1(t)}{dt} + R_2\dfrac{di_2(t)}{dt} + \dfrac{1}{C_2}\{i_1(t) + i_2(t)\} \tag{C}$$

となる．一方，R_1 と C_1 の上の電圧降下は等しいので，$(1/C_1)\int i_1(t)dt = R_1 i_2(t)$，すなわち，$i_1(t) = R_1 C_1\{di_2(t)\}/dt$ を得る．この結果を式 (C) に代入して整理すれば，

$$\dfrac{dv_o(t)}{dt} = R_1 R_2 C_1\dfrac{d^2 i_2(t)}{dt^2} + \dfrac{R_1 C_1 + R_2 C_2}{C_2}\dfrac{di_2(t)}{dt} + \dfrac{1}{C_2}i_2(t) \tag{D}$$

が得られる．また，解図 2.3 より，$v_i(t) - v_o(t) = R_1 i_2(t)$，すなわち，$i_2(t) = \{v_i(t) - v_o(t)\}/R_1$ が成り立つ．これを式 (D) に代入し，両辺に $R_1 C_2$ を掛けて整理すれば，次の結果を得る．

$$R_1 R_2 C_1 C_2 \dfrac{d^2 v_o(t)}{dt^2} + (R_1 C_1 + R_2 C_2 + R_1 C_2)\dfrac{dv_o(t)}{dt} + v_o(t)$$
$$= R_1 R_2 C_1 C_2 \dfrac{d^2 v_i(t)}{dt^2} + (R_1 C_1 + R_2 C_2)\dfrac{dv_i(t)}{dt} + v_i(t)$$

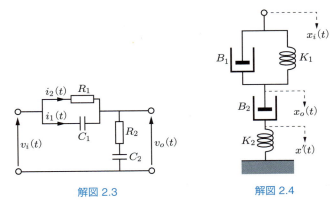

解図 2.3　　　　解図 2.4

（b）解図 2.4 のように，ダンパー B_2 とばね K_2 の接続点の移動距離を表す新しい変数 $x'(t)$ を導入する．これより，この接続点における力のつり合いは次式で表される．

$$B_2 \frac{d}{dt}\{x_o(t) - x'(t)\} = K_2 x'(t)$$

また，ダンパー B_1 とばね K_1 の並列接続部分とダンパー B_2 との接続点における力のつり合いの式は次のようになる．

$$B_1 \frac{d}{dt}\{x_i(t) - x_o(t)\} + K_1\{x_i(t) - x_o(t)\} = B_2 \frac{d}{dt}\{x_o(t) - x'(t)\}$$

この 2 つの式より，

$$B_1 \frac{d}{dt}\{x_i(t) - x_o(t)\} + K_1\{x_i(t) - x_o(t)\} = K_2 x'(t)$$

すなわち，

$$x'(t) = \frac{B_1}{K_2} \frac{d}{dt}\{x_i(t) - x_o(t)\} + \frac{K_1}{K_2}\{x_i(t) - x_o(t)\}$$

が得られる．この結果を最初の式に代入し，さらに式の両辺を K_1 で割って整理すれば，次の入出力関係の微分方程式が求められる．

$$\frac{B_1 B_2}{K_1 K_2} \frac{d^2 x_o(t)}{dt^2} + \left(\frac{B_1}{K_1} + \frac{B_2}{K_1} + \frac{B_2}{K_2}\right) \frac{dx_o(t)}{dt} + x_o(t)$$
$$= \frac{B_1 B_2}{K_1 K_2} \frac{d^2 x_i(t)}{dt^2} + \left(\frac{B_1}{K_1} + \frac{B_2}{K_2}\right) \frac{dx_i(t)}{dt} + x_i(t)$$

以上で求められた 2 つのシステムの微分方程式は，それぞれの変数と係数の物理的な意味が異なるが，形式はまったく同じであるので，数式モデルとしては互いに等価であるといえる．

第 3 章

3.1 (1) $G(s) = \dfrac{5}{s^2 + 3s + 4}$ (2) $G(s) = \dfrac{s^2 - \left(\dfrac{2}{3}\right)s + 4}{s^3 + 3s^2 - 2s + \dfrac{2}{3}}$

(3) $G(s) = \dfrac{\dfrac{1}{L}}{s + \dfrac{R}{L}}$ (4) $G(s) = \dfrac{\dfrac{b_1}{a_3}s + \dfrac{b_0}{a_3}}{s^3 + \dfrac{a_2}{a_3}s^2 + \dfrac{a_1}{a_3}s + \dfrac{a_0}{a_3}}$

3.2 演習問題 2.1 の解答となる微分方程式にラプラス変換を施すことで，次の結果が得られる．

(a) $G(s) = \dfrac{V_o(s)}{V_i(s)} = \dfrac{R_1 R_2 C s + R_2}{R_1 R_2 C s + R_1 + R_2}$

(b) $G(s) = \dfrac{V_o(s)}{V_i(s)} = \dfrac{RCs}{LCs^2 + RCs + 1}$

(c) $G(s) = \dfrac{V_o(s)}{V_i(s)} = \dfrac{R_1 R_2 C^2 s^2 + 2R_2 C s + 1}{R_1 R_2 C^2 s^2 + (2R_2 + R_1)Cs + 1}$

(d) $G(s) = \dfrac{V_o(s)}{V_i(s)} = \dfrac{C_1 C_2 R^2 s^2 + 2C_1 R s + 1}{C_1 C_2 R^2 s^2 + (2C_1 + C_2)Rs + 1}$

3.3 上と同様の方法で，次の結果が得られる．

(a) $G(s) = \dfrac{X_o(s)}{F_i(s)} = \dfrac{1}{Ms^2 + K}$ (b) $G(s) = \dfrac{X_o(s)}{X_i(s)} = \dfrac{B_1 s}{Ms^2 + (B_1 + B_2)s}$

(c) $G(s) = \dfrac{X_o(s)}{F_i(s)} = \dfrac{1}{Ms^2 + Bs + K}$

(d) $G(s) = \dfrac{X_o(s)}{X_i(s)} = \dfrac{BK_1 s}{B(K_1 + K_2)s + K_1 K_2}$

(e) $G(s) = \dfrac{X_o(s)}{X_i(s)} = \dfrac{Bs + K_1}{Bs + K_1 + K_2}$

3.4 (a) $\dfrac{Y(s)}{U(s)} = \dfrac{5}{(s+1)(s+2)}$ (b) $\dfrac{Y(s)}{U(s)} = \dfrac{6s + 7}{(s+1)(s+2)}$

(c) $\dfrac{Y(s)}{U(s)} = \dfrac{5(s+1)}{s^2 + 3s + 7}$ (d) $\dfrac{Y(s)}{U(s)} = \dfrac{5}{s^2 + 3s + 7}$

3.5 各問について，以下に示すようにブロック線図の等価変換で簡約を行う．簡単のため，図中において変数 s を省略している．また，第 6 章に示す代数演算で全体の伝達関数を直接導出する方法もあるので，各自で試してほしい．

(a) 解図 3.1 参照．

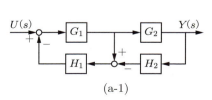
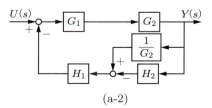

解図 3.1

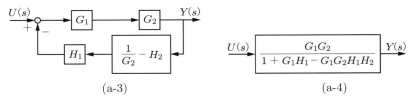

解図 3.1 （続き）

(b) 解図 3.2 参照.

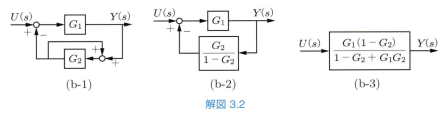

解図 3.2

(c) 解図 3.3 参照.

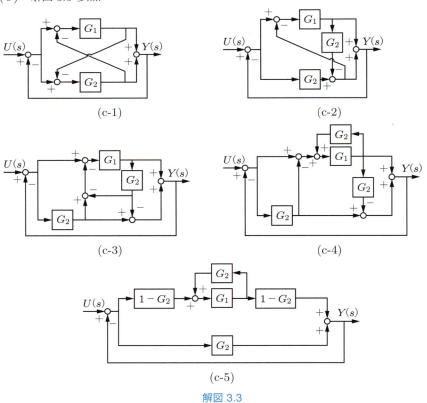

解図 3.3

演習問題解答 ◆ **195**

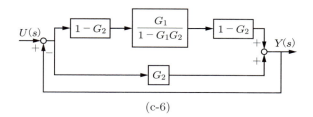

(c-6)

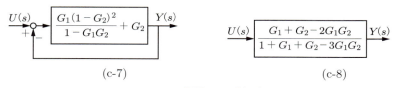

解図 3.3（続き）

(d) 解図 3.4 参照.

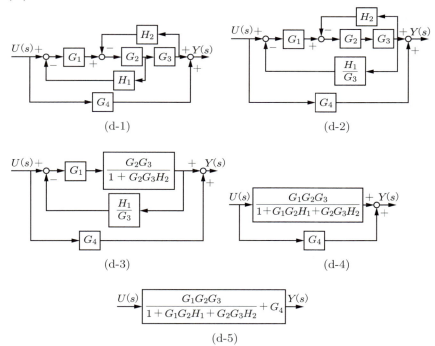

解図 3.4

3.6　$G(s) = \dfrac{K_0 K_1}{s(s+1)(Ts+1) + K_0 K_1}$

第 4 章

4.1 （1） $G(s) = \dfrac{5}{(s+1)(s+2)}$, 零点：なし；極：$-1, -2$

（2） $G(s) = \dfrac{2(s+0.5)}{(s+1.5-0.5\sqrt{7}j)(s+1.5+0.5\sqrt{7}j)}$
零点：-0.5; 極：$-1.5 \pm 0.5\sqrt{7}j$

（3） $G(s) = \dfrac{(s+2)(s+4)}{(s+3)(s-2)(s+1)}$, 零点：$-2, -4$; 極：$-1, 2, -3$

（4） $G(s) = \dfrac{1}{s+4}$, 零点：なし；極：-4

4.2 $g(t)$ と $y(t)$ でそれぞれインパルス応答とステップ応答を表すとする．

（1） $g(t) = \mathcal{L}^{-1}\left[\dfrac{5}{s+1} - \dfrac{5}{s+2}\right] = 5(e^{-t} - e^{-2t})$

$y(t) = \mathcal{L}^{-1}\left[\dfrac{5}{2s} - \dfrac{5}{s+1} + \dfrac{5}{2(s+2)}\right] = \dfrac{5}{2}(1 - 2e^{-t} + e^{-2t})$

（2）
$g(t) = \mathcal{L}^{-1}[G(s)] = \mathcal{L}^{-1}\left[2\dfrac{s+\dfrac{3}{2}}{\left(s+\dfrac{3}{2}\right)^2 + \left(\dfrac{\sqrt{7}}{2}\right)^2} - \dfrac{4}{\sqrt{7}}\dfrac{\dfrac{\sqrt{7}}{2}}{\left(s+\dfrac{3}{2}\right)^2 + \left(\dfrac{\sqrt{7}}{2}\right)^2}\right]$

$= 2e^{-\frac{3}{2}t}\left(\cos\dfrac{\sqrt{7}}{2}t - \dfrac{2}{\sqrt{7}}\sin\dfrac{\sqrt{7}}{2}t\right)$

$= -2\sqrt{\dfrac{11}{7}}e^{-\frac{3}{2}t}\left(\dfrac{2}{\sqrt{11}}\sin\dfrac{\sqrt{7}}{2}t - \sqrt{\dfrac{7}{11}}\cos\dfrac{\sqrt{7}}{2}t\right)$

$= -2\sqrt{\dfrac{11}{7}}e^{-\frac{3}{2}t}\left(\cos\theta\sin\dfrac{\sqrt{7}}{2}t - \sin\theta\cos\dfrac{\sqrt{7}}{2}t\right)$

$= -2\sqrt{\dfrac{11}{7}}e^{-\frac{3}{2}t}\sin\left(\dfrac{\sqrt{7}}{2}t - \theta\right), \qquad \theta = \tan^{-1}\dfrac{\sqrt{7}}{2}$

$y(t) = \mathcal{L}^{-1}\left[G(s)\cdot\dfrac{1}{s}\right]$

$= \mathcal{L}^{-1}\left[\dfrac{1}{4}\left\{\dfrac{1}{s} - \dfrac{s+\dfrac{3}{2}}{\left(s+\dfrac{3}{2}\right)^2 + \left(\dfrac{\sqrt{7}}{2}\right)^2} + \dfrac{13}{\sqrt{7}}\dfrac{\dfrac{\sqrt{7}}{2}}{\left(s+\dfrac{3}{2}\right)^2 + \left(\dfrac{\sqrt{7}}{2}\right)^2}\right\}\right]$

$= \dfrac{1}{4}\left(1 - e^{-\frac{3}{2}t}\cos\dfrac{\sqrt{7}}{2}t + \dfrac{13}{\sqrt{7}}e^{-\frac{3}{2}t}\sin\dfrac{\sqrt{7}}{2}t\right)$

$= \dfrac{1}{4} + \dfrac{1}{4}e^{-\frac{3}{2}t}\left(\dfrac{13}{\sqrt{7}}\sin\dfrac{\sqrt{7}}{2}t - \cos\dfrac{\sqrt{7}}{2}t\right)$

$= \dfrac{1}{4} + \dfrac{1}{4}\sqrt{\dfrac{176}{7}}e^{-\frac{3}{2}t}\left(\dfrac{13}{\sqrt{176}}\sin\dfrac{\sqrt{7}}{2}t - \sqrt{\dfrac{7}{176}}\cos\dfrac{\sqrt{7}}{2}t\right.$

$$= \frac{1}{4} + \sqrt{\frac{11}{7}} e^{-\frac{3}{2}t} \left(\cos\theta \sin \frac{\sqrt{7}}{2}t - \sin\theta \cos \frac{\sqrt{7}}{2}t \right)$$

$$= \frac{1}{4} + \sqrt{\frac{11}{7}} e^{-\frac{3}{2}t} \sin\left(\frac{\sqrt{7}}{2}t - \theta\right), \qquad \theta = \tan^{-1}\frac{\sqrt{7}}{13}$$

（3） $g(t) = \mathcal{L}^{-1}\left[-\frac{1}{2(s+1)} + \frac{8}{5(s-2)} - \frac{1}{10(s+3)}\right]$

$$= -\frac{1}{2}e^{-t} + \frac{8}{5}e^{2t} - \frac{1}{10}e^{-3t}$$

$$y(t) = \mathcal{L}^{-1}\left[-\frac{4}{3s} + \frac{1}{2(s+1)} + \frac{4}{5(s-2)} + \frac{1}{30(s+3)}\right]$$

$$= -\frac{4}{3} + \frac{1}{2}e^{-t} + \frac{4}{5}e^{2t} + \frac{1}{30}e^{-3t}$$

（4） $g(t) = \mathcal{L}^{-1}\left[\frac{1}{s+4}\right] = e^{-4t},$

$$y(t) = \mathcal{L}^{-1}\left[\frac{1}{4}\left(\frac{1}{s} - \frac{1}{s+4}\right)\right] = \frac{1}{4}(1 - e^{-4t})$$

4.3（1） $\omega_n = \sqrt{\frac{K}{T}},\ \zeta = \frac{1}{2\sqrt{TK}}$

（2） $y(t) = \mathcal{L}^{-1}\left[\frac{1}{s} - \frac{s+5}{(s+5)^2 + 375} - \frac{5}{\sqrt{375}}\frac{\sqrt{375}}{(s+5)^2 + 375}\right]$

$$= 1 - \frac{20}{\sqrt{375}}e^{-5t}\sin(\sqrt{375}\,t + \theta), \qquad \theta = \tan^{-1}\frac{\sqrt{375}}{5}$$

4.4 図 4.13 の制御系の閉ループ伝達関数 $G(s) = Y(s)/U(s)$ は次のように求められる．

$$G(s) = \frac{K}{(1+a)s^2 + 2s + (1+K)} = \frac{K}{1+K} \cdot \frac{\frac{1+K}{1+a}}{s^2 + \frac{2}{1+a}s + \frac{1+K}{1+a}}$$

2 次遅れ系の標準形 $G(s) = K'\omega_n^2/(s^2+2\zeta\omega_n s+\omega_n^2)$ と比較すれば，$\omega_n^2 = (1+K)/(1+a)$，$2\zeta\omega_n = 2/(1+a)$，$K' = K/(1+K)$ を得る．よって，$a = 1/(\zeta\omega_n)-1$，$K = \omega_n^2(1+a)-1$ が求められる．これらの式に $\omega_n = 2\,\mathrm{rad/s}$，$\zeta = 0.8$ を代入すれば，$a = -0.375$，$K = 1.5$ を得る．

4.5（1） 安定　（2） 安定

（3） この特性方程式に対応するラウス表を作成する際，第 3 行の先頭の係数がゼロとなるため，それ以降の計算が続けられない．この場合，次のように十分小さい正の数 ε でそのゼロを置き換えたうえ，引き続き解表 4.1 のようにラウス表を完成する．
安定性は次のように判別する．ε は十分小さいので，$2 - 2/\varepsilon < 0$ となる．したがって，不安定である．しかも，第 1 列の数値の符号は 2 回反転するので，右半平面に 2 つの（不安定）根があることがわかる．

解表 4.1

第 1 行 (s^4)	1	1	1
第 2 行 (s^3)	2	2	0
第 3 行 (s^2)	ε	1	
第 4 行 (s^1)	$2 - \dfrac{2}{\varepsilon}$		
第 5 行 (s^0)	1		

（4） 不安定，2 個
（5） この特性方程式のラウス表の第 3 行において，その行の係数がすべてゼロとなるため，計算が続けられない．この現象は，特性方程式は原点に対称する実根，共役複素根をもっていることを意味している．一般的に，第 k 行の係数がすべてゼロである場合，以下の方法で判別する．
① 第 $k-1$ 行の係数を利用して新たな補助多項式を構築する．
② 構築した補助多項式の s に対する微分を求め，得られた多項式の係数を第 k 行に置く．
③ ラウス表の計算を続ける．
④ 原点に対称する根は，補助多項式から求める．

この演習問題に対し，以下の結果が得られる．

以上のラウス表の第 1 列は，符号が 1 回反転しているので，少なくとも 1 個の右半平面の根があることがわかる．全部の不安定根の数を決めるには，補助多項式を利用する必要がある．

解表 4.2

第 1 行 (s^5)	1	3	-4	
第 2 行 (s^4)	2	6	-8	→ 補助多項式 $2s^4 + 6s^2 - 8$
第 3 行 (s^3)	8	12	0	← その微分 $8s^3 + 12s$
第 4 行 (s^2)	3	-8		
第 5 行 (s^1)	$\dfrac{100}{3}$			
第 6 行 (s^0)	-8			

補助多項式 $2s^4 + 6s^2 - 8$ より，次の方程式を得る．
$$s^4 + 3s^2 - 4 = (s^2 - 1)(s^2 + 4) = 0$$
この方程式より，原点に対称する根 $s = \pm 1$，$s = \pm 2j$ が求められる．また，
$$s^5 + 2s^4 + 3s^3 + 6s^2 - 4s - 8 = (s+2)(s^4 + 3s^2 - 4) = 0$$
より，根 $s = -2$ が得られる．よって，このシステムは $s = 1$ と $s = \pm 2j$ の 3 つの不安定根をもっている．

（6） 不安定，2 個

4.6　$0 < T < 1$

4.7 （1）$\zeta > 0$, $0 < K < 20\zeta$

（2）$\zeta = 2$ のときの特性多項式は $d(s) = s^3 + 4s^2 + 10s + K$ である．座標変換 $s = \tilde{s} - 1$ を行うと，$\tilde{d}(\tilde{s}) = d(\tilde{s} - 1) = \tilde{s}^3 + \tilde{s}^2 + 5\tilde{s} + K - 7$ が得られる．$\tilde{d}(\tilde{s})$ に対しラウスの安定判別法を適用すれば，$7 < K < 12$ のとき，制御系の極は，すべて $s = -1$，すなわち $\tilde{s} = 0$ より左側の平面にあることがわかる．

第 5 章

5.1 （1） **解法 1**： 式 (5.11) の導出と同様に，逆ラプラス変換を利用して解く．

$$y(t) = \mathcal{L}^{-1}\left[\frac{\frac{1}{4}}{s^2 + \frac{1}{2}s + \frac{1}{4}} \cdot \frac{2}{s^2 + 1}\right] = \frac{4}{\sqrt{39}} e^{-j\tan^{-1}\frac{7\sqrt{3}}{3}} \cdot e^{-\left(\frac{1}{4} - \frac{\sqrt{3}}{4}j\right)t} + \frac{4}{\sqrt{39}} e^{j\tan^{-1}\frac{7\sqrt{3}}{3}} \cdot e^{-\left(\frac{1}{4} + \frac{\sqrt{3}}{4}j\right)t}$$
$$+ \frac{2}{\sqrt{13}} e^{-j\tan^{-1}\frac{2}{3}} \cdot \frac{1}{2j} \cdot e^{-jt} - \frac{2}{\sqrt{13}} e^{j\tan^{-1}\frac{2}{3}} \cdot \frac{1}{2j} \cdot e^{jt}$$
$$= \frac{4}{\sqrt{39}} e^{-\frac{1}{4}t}\left(e^{j\left(\frac{\sqrt{3}}{4}t - \tan^{-1}\frac{7\sqrt{3}}{3}\right)} + e^{-j\left(\frac{\sqrt{3}}{4}t - \tan^{-1}\frac{7\sqrt{3}}{3}\right)}\right) + \frac{2}{\sqrt{13}} \frac{e^{-j\left(t + \tan^{-1}\frac{2}{3}\right)} - e^{j\left(t + \tan^{-1}\frac{2}{3}\right)}}{2j}$$
$$= \frac{4}{\sqrt{39}} e^{-\frac{1}{4}t} \cos\left(\frac{\sqrt{3}}{4}t - \tan^{-1}\frac{7\sqrt{3}}{3}\right) - \frac{2}{\sqrt{13}} \sin\left(t + \tan^{-1}\frac{2}{3}\right) \rightarrow -\frac{2}{\sqrt{13}} \sin\left(t + \tan^{-1}\frac{2}{3}\right)$$

解法 2： 直接式 (5.11) を使って解く．$G(j1) = 1/(-3 + 2j) = e^{-j\left(\pi - \tan^{-1}\frac{2}{3}\right)}/\sqrt{13}$ より，

$$y(t) = 2|G(j1)|\sin(t + \arg G(j1)) = \frac{2\sqrt{13}}{13} \sin\left(t - \pi + \tan^{-1}\frac{2}{3}\right)$$
$$= -\frac{2\sqrt{13}}{13} \sin\left(\pi - \left(t + \tan^{-1}\frac{2}{3}\right)\right) = -\frac{2\sqrt{13}}{13} \sin\left(t + \tan^{-1}\frac{2}{3}\right)$$

（2） **解法 1**： $y(t) = \mathcal{L}^{-1}\left[\frac{s}{s^2 + 3s + 2} \cdot \frac{1}{s}\right] = -e^{-2t} + e^{-t} \rightarrow 0$

解法 2： $u(t) = I(t)$ を $u(t) = 1 = \sin\left(\omega t + \frac{\pi}{2}\right),\ t \geq 0,\ \omega = 0$ とみなせば，周波数応答の観点からも求められる．このとき，$A = 1$ とし，

$$U(s) = \mathcal{L}\left[A\sin\left(\omega t + \frac{\pi}{2}\right)\right] = A\frac{\omega \cos\frac{\pi}{2} + s \sin\frac{\pi}{2}}{s^2 + \omega^2} = \frac{As}{s^2 + \omega^2}$$

を得る．詳細は省略するが，この $U(s)$ に基づいて式 (5.11) の導出と同様な方法で，十分時間が経過したとき，

$$y(t) = A|G(j\omega)|\cos\{\omega t + \arg G(j\omega)\}$$

となることが示せる．そして，$|G(j0)| = 0,\ A = 1$ より，$y(t) = 0$ を得る．

（3） **解法 1**：

$$y(t) = \mathcal{L}^{-1}\left[\frac{s^2 + 4}{(s+1)(s+2)(s+3)} \cdot \frac{12}{s^2 + 4}\right] = 6e^{-t} - 12e^{-2t} + 6e^{-3t} \rightarrow 0$$

解法 2： $|G(j2)| = 0$ より，$y(t) = 6|G(j2)|\sin\{2t + \arg G(j2)\} = 0$

（4） **解法 1**： $y(t) = \mathcal{L}^{-1}\left[\frac{s+1}{s^2 + 5s + 4} \cdot \frac{1}{s+1}\right] = -\frac{1}{3}e^{-4t} + \frac{1}{3}e^{-t} \rightarrow 0$

解法 2： $u(t) = e^{-t}$ を $u(t) = A\sin\left(\omega t + \frac{\pi}{2}\right), A = e^{-t}, \omega = 0$ とみなす．時間が経つと $A = 0$ になる．そして (2) の結果より $y(t) = A|G(j0)|\cos\{\arg G(j0)\} = 0$ を得る．

5.2 与えられた ω の各値に対し，$G(j\omega) = 2/\{j\omega(1+0.1j\omega)\}$ のゲインと位相は解表 5.1 のように計算される．

解表 5.1

ω	点 s の番号	$G(j\omega)$	$|G(j\omega)|$	$20\log|G(j\omega)|$ [dB]	$\arg G(j\omega)$
0	s_0	$-0.20 - j\infty$	∞	∞	$-90°$
1	s_1	$-0.20 - 1.98j$	1.99	5.98	$-95.8°$
5	s_2	$-0.16 - 0.32j$	0.36	-8.87	$-116.6°$
10	s_3	$-0.10 - 0.10j$	0.14	-17.08	$-135.0°$
50	s_4	$-0.01 - 0.00j$	0.01	-40.00	$-180.0°$

$G(s)$ のナイキスト線図は解図 5.1 のように，まず解表 5.1 にもとづいて実線で示すベクトル軌跡の部分，そしてその実軸に対称な破線の部分を描くことによって得られる．

また，表の計算結果を用いて，解図 5.2 のようにゲイン線図と位相線図を別々に描くことで，$G(s)$ のボード線図の概形を得ることができる．ただし，ここでは横軸は ωT ではなく，ω であることに注意が必要である．

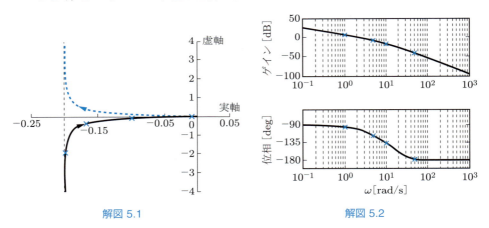

解図 5.1 　　　　　　　　　　　　解図 5.2

5.3 (a) 実線のベクトル軌跡の部分に注目して，元の伝達関数 $G(s)$ の特徴を考えよう．まず，ベクトル軌跡は実軸上の点 $(2, j0)$ から出発していることから，$G(s)$ は $s=0$ に極をもたず，式 (5.39) より，$\lim_{\omega \to +0} G(j\omega) = G(0) = b_0/a_0 = 2$ を満たす．また，ベクトル軌跡の終点は $-3\pi/2$ の方向から原点に近づいていることから，$G(s)$ の分母多項式の次数と分子多項式の次数の差，すなわち，その相対次数 $r=3$ であることがわかる．たとえば，これらの条件を満たす一番簡単な伝達関数を次のように構築すれば，図 5.13 (a) に似た形のナイキスト線図が得られる．ただし，a_1, a_2, a_3 は実数である．

$$G(s) = \frac{2}{a_3 s^3 + a_2 s^2 + a_1 s + 1}$$

試行錯誤によって，$a_1 = 1.7, a_2 = 3, a_3 = 2$ のとき，図 5.13 (a) に非常に近い解図 5.3 のようなナイキスト線図が得られることが確認できる．

(b) 上と同様な方法で考える．始点が $(1, j0)$ にあることから，$G(0) = b_0/a_0 = 1$ を

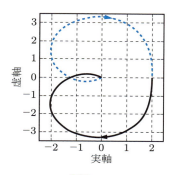
解図 5.3

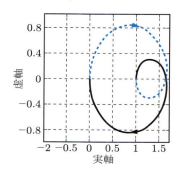
解図 5.4

得る．また，ベクトル軌跡は $-\pi/2$ の方向から原点に収束していくことから，$G(s)$ の相対次数 $r = 1$ である．これらの条件を満たすように $G(s)$ を構築し，試行錯誤によって係数を決めた伝達関数

$$G(s) = \frac{s^2 + 4s + 1}{0.1s^3 + s^2 + 2.5s + 1}$$

が解図 5.4 のように，図 5.13(b) に非常に近いナイキスト線図をもつことが確認できる．

5.4 (1) $G(s) = K(Ts+1)$ ($K = 10$, $T = 0.1$) の場合において，$G(s) = G_1 G_2$, $G_1 = 10$, $G_2 = 0.1s + 1$ とすれば，図 5.9 と図 5.10 で示した方法で $G(s)$ のボード線図を解図 5.5 のように描ける．

また，$G(s) = K(Ts-1)$ ($K = 10$, $T = 0.1$) の場合においては，$G(s) = G_1 G_2$, $G_1 = 10$, $G_2 = 0.1s - 1$ とすれば，$G_2(j\omega) = 0.1\omega j - 1$, $|G_2(j\omega)| = 20\log\sqrt{(0.1\omega)^2 + 1}$, $\arg G(j\omega) = 180° - \tan^{-1} 0.1\omega$ を得る．$|G_2(j\omega)|$ の結果より，ゲイン特性は上に示した $G_2 = 0.1s + 1$ の場合と同様であることがわかる．位相特性に対しては，

$$0.1\omega \ll 1: \arg G(j\omega) \approx 180° - 0° = 180°$$
$$0.1\omega = 1: \arg G(j\omega) = 180° - 45° = 135°$$
$$0.1\omega \gg 1: \arg G(j\omega) \approx 180° - 90° = 90°$$

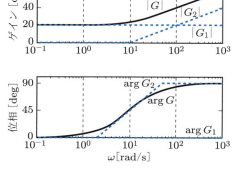

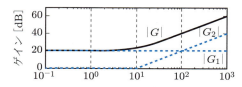

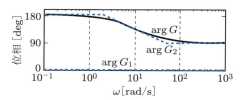

解図 5.5　　　　　　　　　　　解図 5.6

との結果が得られる．したがって，$0.1\omega \leqq 1/5$ すなわち $\omega \leqq 2$ のとき，$180°$ の直線 (漸近線)，$0.1\omega \geqq 5$，すなわち $\omega \geqq 50$ のとき，$90°$ の直線，$1/5 < 0.1\omega < 5$，すなわち $2 < \omega < 50$ のとき，$\omega = 10$，$\arg G(j\omega) = 135°$ の点を通って点 $(2, 180°)$ と $(50, 90°)$ を連結する斜線で $G(s)$ の位相線図を近似できる．以上より，$G(s)$ のボード線図は解図 5.6 のようになる．

(2) $G(s) = K/(Ts+1)$ ($K = 10$, $T = 0.1$) の場合において，$G(s) = G_1 G_2$, $G_1 = 10$, $G_2 = 1/(0.1s+1)$ とすれば，図 5.7 と図 5.10 で示した方法で $G(s)$ のボード線図を解図 5.7 のように描くことができる．

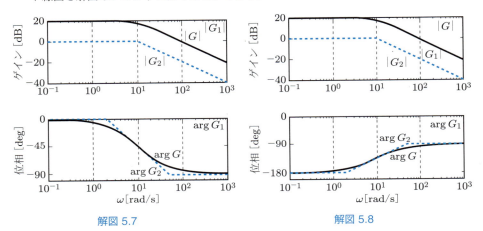

解図 5.7   解図 5.8

また，$G(s) = K/(Ts-1)$ ($K = 10$, $T = 0.1$) の場合においては，$G(s) = G_1 G_2$, $G_1 = 10$, $G_2 = 1/(0.1s-1)$ とすれば，(1) で示した $G_2 = 0.1s - 1$ の場合の結果を用いて，解図 5.8 のように $G(s)$ のボード線図を描くことができる．

(3) $G(s) = Ks^l$ ($K = 10$, $l = 1$) の場合において，$G(s) = G_1 G_2$, $G_1 = 10$, $G_2 = s$ とすれば，上に示した方法で $G(s)$ のボード線図は解図 5.9 のように得られる．

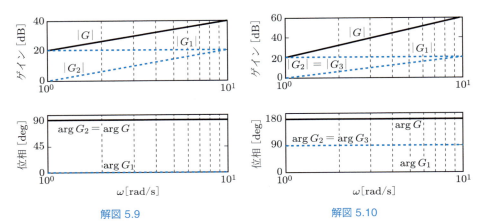

解図 5.9   解図 5.10

また，$G(s) = Ks^l$ ($K = 10$, $l = 2$) の場合においては，$G(s) = G_1G_2G_3$, $G_1 = 10$, $G_2 = G_3 = s$ とすれば，$G(s)$ のボード線図は解図 5.10 のように得られる．

同様に，$G(s) = Ks^l$ ($K = 10$, $l = 3$) の場合に対し，$G(s) = G_1G_2G_3G_4$, $G_1 = 10$, $G_2 = G_3 = G_4 = s$ とすれば，$G(s)$ のボード線図は解図 5.11 のように得られる．

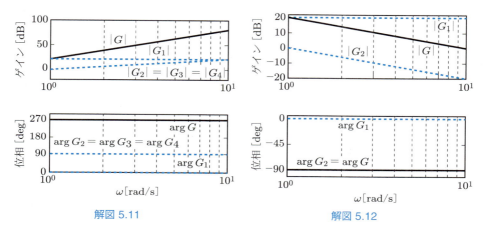

解図 5.11　　　　　　　　　　　　解図 5.12

（4）$G(s) = K/s^l$ ($K = 10$, $l = 1$) の場合において，$G(s) = G_1G_2$, $G_1 = 10$, $G_2 = 1/s$ とすれば，$G(s)$ のボード線図は解図 5.12 のように得られる．

また，$G(s) = K/s^l$ ($K = 10$, $l = 2$) の場合においては，$G(s) = G_1G_2G_3$, $G_1 = 10$, $G_2 = G_3 = 1/s$ とすれば，$G(s)$ のボード線図は解図 5.13 のように得られる．

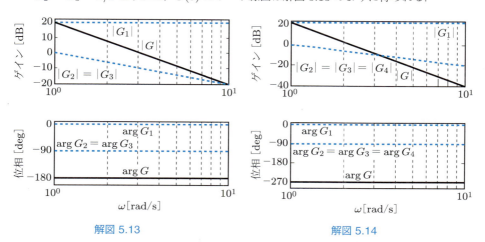

解図 5.13　　　　　　　　　　　　解図 5.14

同様に，$G(s) = K/s^l$ ($K = 10$, $l = 3$) の場合に対し，$G(s) = G_1G_2G_3G_4$, $G_1 = 10$, $G_2 = G_3 = G_4 = 1/s$ とすれば，$G(s)$ のボード線図は解図 5.14 のように得られる．

（5）$G(s) = (T_1s+1)/(T_2s+1)$, $(1 > T_1 > T_2 > 0)$ に対し，$G(s) = G_1G_2$, $G_1 = T_1s + 1$, $G_2 = 1/(T_2s + 1)$ とする．ここで，たとえば $T_1 = 0.5$, $T_2 = 0.1$ と仮

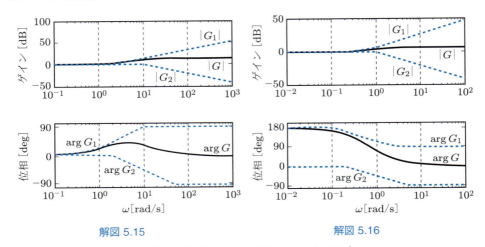

解図 5.15   解図 5.16

定すれば，そのボード線図を解図 5.15 のように描くことができる．

（6） $G(s) = (T_1 s - 1)/(T_2 s + 1)$, $(T_1 > T_2 > 0)$ に対し，$G(s) = G_1 G_2$, $G_1 = T_1 s + 1$, $G_2 = 1/(T_2 s + 1)$, また $T_1 = 2$, $T_2 = 1$ と仮定したうえで，そのボード線図を解図 5.16 のように描くことができる．

5.5 （1） $G(s) = 2/\{s(1+3s)\}$ に対し，$G(s) = G_1 G_2 G_3$, $G_1 = 2$, $G_2 = 1/s$, $G_3 = 1/(1+3s)$ とすれば，そのボード線図が解図 5.17 のように得られる．

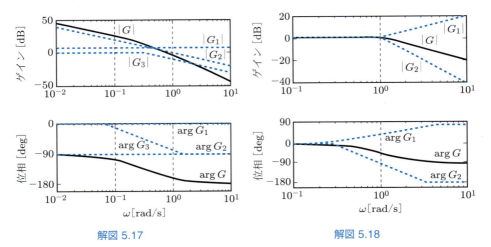

解図 5.17   解図 5.18

（2） $G(s) = (s+1)/(s^2 + 1.4s + 1)$ に対し，$G(s) = G_1 G_2$, $G_1 = s+1$, $G_2 = 1/(s^2 + 1.4s + 1)$ とすれば，そのボード線図が解図 5.18 のように得られる．ここで，G_2 の自然角周波数は $\omega_n = 1$, 減衰係数は $\zeta = 0.7$ であり，そのボード線図は図 5.8 の結果を用いて近似的に描ける．

（3） $G(s) = 2s + 1/\{(5s+1)(3s+1)\}$ に対し，$G(s) = G_1 G_2 G_3$, $G_1 = 2s+1$, $G_2 = 1/(5s+1)$, $G_3 = 1/(3s+1)$ とすれば，そのボード線図が解図 5.19 のように得

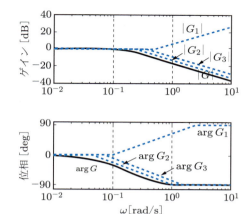

解図 5.19

られる．

第 6 章

6.1 式 **(6.14)** の証明：

$$T_{ry}(s) = \frac{P(s)C(s)}{1+P(s)C(s)} = \frac{1+P(s)C(s)-1}{1+P(s)C(s)} = 1 - \frac{1}{1+P(s)C(s)} = 1 - S(s)$$

式 **(6.16)** の証明：

$$\begin{aligned} E(s) &= \{1 - T_{ry}(s)\}R(s) - S(s)P(s)D(s) \\ &= [1 - \{1 - S(s)\}]R(s) - S(s)P(s)D(s) = S(s)R(s) - S(s)P(s)D(s) \end{aligned}$$

式 **(6.17)** の証明：

$$\frac{T'_{ry}(s) - T_{ry}(s)}{T'_{ry}(s)} = \frac{\dfrac{P'(s)C(s)}{1+P'(s)C(s)} - \dfrac{P(s)C(s)}{1+P(s)C(s)}}{\dfrac{P\prime(s)C(s)}{1+P'(s)C(s)}}$$

$$= \frac{1}{1+P(s)C(s)} \frac{\{1+P(s)C(s)\}P'(s) - \{1+P'(s)C(s)\}P(s)}{P'}$$

$$= S(s)\frac{P'(s) - P(s)}{P'(s)}$$

6.2 $L(s) = \dfrac{6(s+4)}{(s+1)(s+2)^2}$, $T_{ry}(s) = \dfrac{6(s+4)}{(s+1)(s+2)^2 + 6(s+4)}$,

$T_{dy}(s) = \dfrac{2(s+2)}{(s+1)(s+2)^2 + 6(s+4)}$, $S(s) = \dfrac{(s+1)(s+2)^2}{(s+1)(s+2)^2 + 6(s+4)}$,

相対感度 $= \dfrac{(s+2)^2}{(s+1)(s+2)^2 + 6(s+4)}$.

6.3 (1) (a) 開ループ系: $T_{ry}(s) = \dfrac{K}{s^2+5s+8}$, $T_{dy}(s) = \dfrac{1}{(s+2)(s+3)}$.

(b) 閉ループ系: $T_{ry}(s) = \dfrac{K}{(s+2)(s+3)+K}$, $T_{dy}(s) = \dfrac{1}{(s+2)(s+3)+K}$.

(2) $K = 2$

(3) 開ループ制御系の $T_{dy}(s)$ は，K と無関係であり，K の調整を通じて外乱抑制を行うことができない．一方，閉ループ制御系の $T_{dy}(s)$ の分母に K が含まれていて，K をうまく調整することで，制御系の外乱抑制力を増すことが可能である．

第 7 章

7.1 (1) $L(s) = 50/\{s(s+5)\}$ のナイキスト軌跡は，第 5 章で示した方法により解図 7.1 のように得られる．$L(s)$ は右半平面に極をもたない，かつそのナイキスト軌跡は点 $(-1, j0)$ を反時計方向に回らないので，対応する閉ループ系が安定であると判断できる．

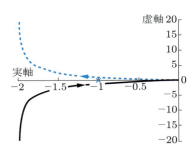

解図 7.1

(2) $L(s) = 50/\{s^2(s+5)\}$ のナイキスト軌跡は解図 7.2 のように示せる．ただし，原点の極を迂回した ∞ 部分も含む全体のナイキスト軌跡は解図 7.3 のようになる．$L(s)$ は右半平面に極をもたないが，そのナイキスト軌跡は点 $(-1, j0)$ を -2 回反時計方向に回っているので，閉ループ系が不安定であると判断できる．

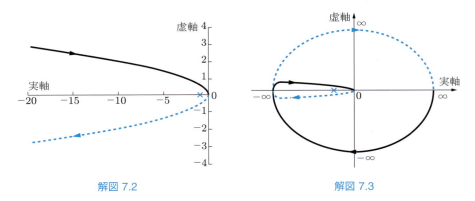

解図 7.2   解図 7.3

(3) $L(s) = 50/\{s(s+5)(s+10)\}$ は右半平面に極をもたない，かつ，解図 7.4 に示すそのナイキスト軌跡が点 $(-1, j0)$ を反時計方向に回らないので，閉ループ系が安定であると判断できる．

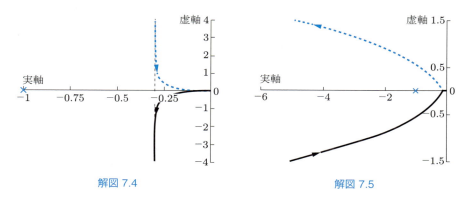

解図 7.4　　　　　　　　　　　解図 7.5

（4）$L(s) = 50(s+1)/\{s^2(s+5)(s+10)\}$ は右半平面に極をもたない．かつ，解図 7.5 に示すそのナイキスト軌跡が点 $(-1, j0)$ を反時計方向に回らないので，閉ループ系が安定であると判断できる．

（5）安定

証明：与えられた $L(s)$ のナイキスト軌跡の概形は，$s = 0$ に 1 位の極をもつ点に注意して，7.1.1 項で説明した方法で検討可能であるが，その細部に関する一般的な検討は T_1, T_2, T_3 の値にもよるので，相当複雑になる．しかし，ここでの目的は安定性の判定であるので，以下に示すような代数的な手法で，ナイキスト軌跡は実軸との交点の有無，位置，点 $(-1, j0)$ を回るかどうかなどを中心に検討すれば十分である．

$$L(j\omega) = \frac{K(1 + j\omega T_3)}{j\omega(1 + j\omega T_1)(1 + j\omega T_2)}$$

$$= \frac{K\left(\omega\left\{-(T_1 + T_2) + T_3 - \omega^2 T_1 T_2 T_3\right\} - j\left[1 + \omega^2\{(T_1 + T_2)T_3 - T_1 T_2\}\right]\right)}{\omega\{1 + (\omega T_1)^2\}\{1 + (\omega T_2)^2\}}$$

ここで，$\text{Im}[L(j\omega)] = 0$ とすると，

$$1 + \omega^2\{(T_1 + T_2)T_3 - T_1 T_2\} = 0$$

すなわち，

$$\omega^2 = \frac{1}{T_1 T_2 - (T_1 + T_2)T_3}$$

となる．もし，$T_1 T_2 - (T_1 + T_2)T_3 < 0$，すなわち，

$$\frac{1}{T_3} < \frac{1}{T_1} + \frac{1}{T_2}$$

であれば，$\omega^2 < 0$ となり，解が存在しない．このとき，$L(j\omega)$ のナイキスト軌跡は実軸と交点をもたなく，点 $(-1, j0)$ を回らない，かつ，$L(s)$ は右平面に極をもたないので，閉ループ制御系はすべての K に対し安定である．

一方，$(T_1 - T_2)^2 \geqq 0$ より，$T_1^2 + T_2^2 \geqq 2T_1 T_2$ であるので，$(T_1 + T_2)^2 \geqq 4T_1 T_2$，すなわち，$(T_1 + T_2) \geqq 4T_1 T_2/(T_1 + T_2)$ が得られる．よって，

$$\frac{4}{T_1 + T_2} \leqq \frac{1}{T_1} + \frac{1}{T_2}$$

条件 $T_3 > (T_1 + T_2)/4$ より，

$$\frac{1}{T_3} < \frac{4}{T_1 + T_2} \leqq \frac{1}{T_1} + \frac{1}{T_2}$$

よって，閉ループ系が安定である．

（6） 安定

証明：（5）と同じ方法で考える．$L(s)$ は右半平面に極をもたない．そして，

$$L(j\omega) = \frac{K(1 + j\omega T_1)}{-\omega^2(1 + j\omega T_2)} = -\frac{K\{(1 + \omega^2 T_1 T_2) + j\omega(T_1 - T_2)\}}{\omega^2\{1 + (\omega T_2)^2\}}$$

$$\mathrm{Im}[L(j\omega)] = \frac{-K(T_1 - T_2)}{\omega\{1 + (\omega T_2)^2\}}$$

が求められる．$T_1 > T_2$ との条件より，ω の任意の値に対し，$\mathrm{Im}[L(j\omega)] \neq 0$ である．これは，$L(s)$ のナイキスト軌跡は実軸との交点をもたなく，点 $(-1, j0)$ を回らないことを意味するので，閉ループ制御系はすべての K に対し安定であると判断できる．

7.2 条件 z＝p－n＝0 が成り立つかどうかによって，閉ループ系の安定性を判別する．ただし，明示されない原点の極を迂回した部分の軌跡も考えて n の値を決める必要がある．

（1） $L(s) = 10/\{s(s-1)(0.2s+1)\}$ は右半平面に $s = 1$ の極をもつので，p＝1 である．解図 7.6 に示すそのナイキスト軌跡は点 $(-1, j0)$ を -1 回反時計方向に回っている．すなわち，n＝-1 である．よって，z＝p－n＝2 となり，閉ループ系が不安定であると判断できる．

（2） $L(s) = 50/\{s^2(0.1s+1)(0.2s+1)\}$ は右半平面に極をもたないので，p＝0 である．しかし，解図 7.7 に示すそのナイキスト軌跡は点 $(-1, j0)$ を -2 回反時計方向に回っ

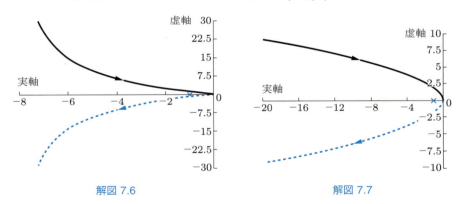

解図 7.6　　　　　　　　　解図 7.7

ているので，n＝-2 である．よって，z＝p－n＝2 となり，閉ループ系が不安定であると判断できる

（3） $L(s) = 20/\{s(0.01s+1)(0.2s+1)\}$ は右半平面に極をもたないので，p＝0 である．解図 7.8 に示すそのナイキスト軌跡は点 $(-1, j0)$ を反時計方向に一回も回っていないので，n＝0 である．よって，z＝p－n＝0 となり，閉ループ系が安定であると判断できる．

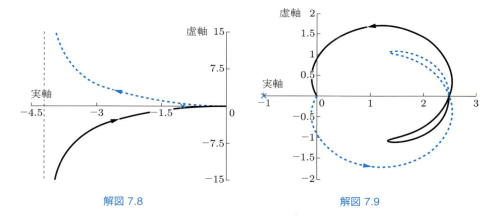

解図 7.8　　　　　　　　　　　　解図 7.9

（4）　$L(s) = 2.5(0.2s+1)/(s^3+2s+1)$ の分母多項式 s^3+2s+1 は，ラウス判別法などの方法によって右半平面に 2 つの根をもっていることが判別できる．すなわち，$L(s)$ は右半平面に 2 つの極をもち，p＝2 である．解図 7.9 に示す $L(s)$ のナイキスト軌跡は点 $(-1, j0)$ を反時計方向に回らないので，n＝0 である．よって，z＝p－n＝2 となり，閉ループ系が不安定であると判断できる．

（5）　$L(s) = 50(0.01s+1)/\{s(s-1)\}$ は右半平面に $s=1$ の極をもつので，p＝1 である．解図 7.10 に示すそのナイキスト軌跡は点 $(-1, j0)$ を -1 回反時計方向に回っているので，n＝-1 である．よって，z＝p－n＝2 となり，閉ループ系が不安定であると判断できる．

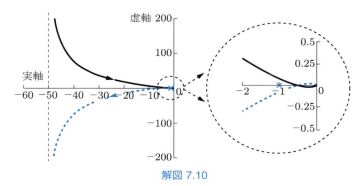

解図 7.10

（6）　$L(s) = 100(s+1)/\{s(0.1s+1)(0.2s+1)(0.5s+1)\}$ は右半平面に極をもたず，p＝0 である．解図 7.11 に示すそのナイキスト軌跡は点 $(-1, j0)$ を -2 回反時計方向に回っているので，n＝-2 である．よって，z＝p－n＝2 となり，閉ループ系が不安定であると判断できる．

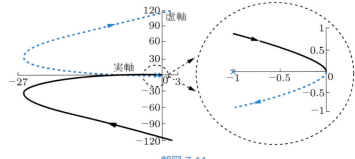

解図 7.11

7.3（1） $L(s) = 50/\{s(s+5)\}$ のボード線図は第 5 章で示した方法で解図 7.12 のように得られる．ゲイン余裕と位相余裕とも正の値をとなっているので，閉ループ系は安定である．
（2） $L(s) = 50/\{s^2(s+5)\}$ のボード線図は解図 7.13 のように得られる．ゲイン余裕と位相余裕とも負の値となっているので，閉ループ系は不安定である．

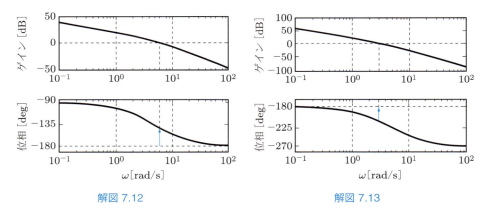

解図 7.12 解図 7.13

（3） $L(s) = 50/\{s(s+5)(s+10)\}$ のボード線図は解図 7.14 のようになる．ゲイン余裕と位相余裕とも正の値となっているので，閉ループ系は安定である．
（4） $L(s) = 50(s+1)/\{s^2(s+5)(s+10)\}$ のボード線図は解図 7.15 のようになる．ゲイン余裕と位相余裕とも正の値となっているので，閉ループ系は安定である．
（5） $L(s) = K(T_3s+1)/\{s(T_1s+1)(T_2s+1)\}$ （$T_1 > 0, T_2 > 0, T_3 > 0, T_3 > (T_1+T_2)/4$）に対応する閉ループ系の安定性は演習問題 7.1 ですでに証明されている．ここでは簡単のため，たとえば $K=1, T_1=1, T_2=3, T_3=2$ の特殊ケースについて調べてみる．この場合のボード線図は解図 7.16 のようになっている．ゲイン余裕と位相余裕とも正であるので，閉ループ系は安定である．

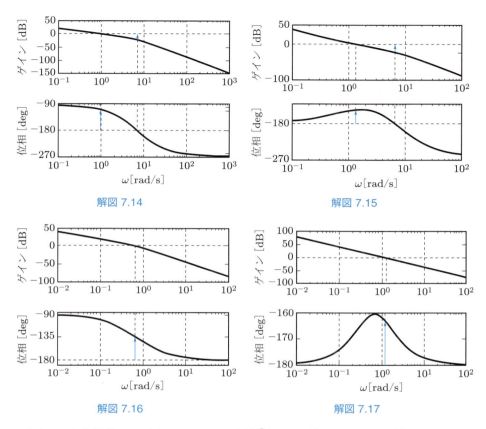

解図 7.14

解図 7.15

解図 7.16

解図 7.17

（6）（5）と同様に，$L(s) = K(T_1 s + 1)/\{s^2(T_2 s + 1)\}$ $(T_1 > T_2)$ に対し，$K = 1$，$T_1 = 2$，$T_2 = 1$ の特殊ケースについて調べてみる．この場合のボード線図は解図 7.17 のようになる．ゲイン余裕と位相余裕とも正であるので，閉ループ系は安定である．

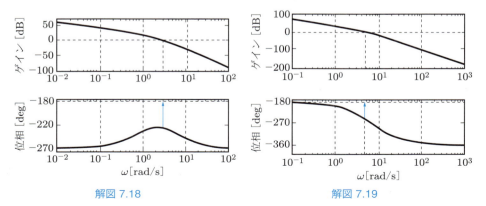

解図 7.18

解図 7.19

7.4 （1） まず，一巡伝達関数 $L(s) = 10/\{s(s-1)(0.2s+1)\}$ は不安定であり，安定余裕を導入するための前提条件を満たしていないことに注意されたい．このとき，$L(s)$ を複素有理関数と見て，解図 7.18 に示すようにそのボード線図を（関連ソフトを使って）作成することが可能であるが，システム制御の観点からそのボード線図の物理的な意味の解釈などは大変難しく，本書の範囲を超えるので，これ以上深入りしない．ここでは結論として，ボード線図による安定性判別は不安定な極あるいは零点をもつ一巡伝達関数に対し適用できないことのみを記しておく．一方，演習問題 7.2 で示されたように，不安定な一巡伝達関数に対し，ナイキスト軌跡を利用してその閉ループ系の安定性を判別することができる．

（2） $L(s) = 50/\{s^2(0.1s+1)(0.2s+1)\}$ のボード線図は解図 7.19 のようになる．位相余裕が負であるので，閉ループ系は不安定である．

（3） $L(s) = 20/\{s(0.01s+1)(0.2s+1)\}$ のボード線図は解図 7.20 のようになる．ゲイン余裕と位相余裕とも正であるので，閉ループ系は安定である．

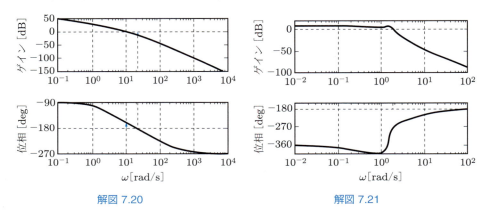

解図 7.20　　　　　　　　　　解図 7.21

（4） $L(s) = 2.5(0.2s+1)/(s^3+2s+1)$ のボード線図は解図 7.21 のようになる．位相余裕が負であるので，閉ループ系は不安定である．

（5） $L(s) = 50(0.01s+1)/\{s(s-1)\}$ は不安定であるが，解図 7.22 に示すようにそのボード線図を作成することができる．しかし，その閉ループ系の安定性は (1) で述べたように $L(s)$ のボード線図で判別できず，演習問題 7.2 で示されたようにナイキスト軌跡を利用して判別すべきである．

（6） $L(s) = 100(s+1)/\{s(0.1s+1)(0.2s+1)(0.5s+1)\}$ のボード線図は解図 7.23 のようになる．ゲイン余裕と位相余裕とも負であるので，閉ループ系は不安定である．

7.5 （1） $L(s) = 2000/\{s(s+10)(s+20)\}$ のボード線図は解図 7.24 のようになる．位相余裕とゲイン余裕はそれぞれ $p_m = 32.61°$，$g_m = 9.54\,\mathrm{dB}$ であり，閉ループ系は安定である．

（2） $L(s) = 20/\{s(s+2)(s+5)\}$ のボード線図は解図 7.25 のようになる．位相余裕とゲイン余裕はそれぞれ $p_m = 35.79°$，$g_m = 10.88\,\mathrm{dB}$ であり，閉ループ系は安定である．

（3） $L(s) = 20/\{s(0.2s+1)(0.02s+1)\}$ のボード線図は解図 7.26 のようになる．位相余裕とゲイン余裕はそれぞれ $p_m = 17.71°$，$g_m = 8.79\,\mathrm{dB}$ であり，閉ループ系は安定

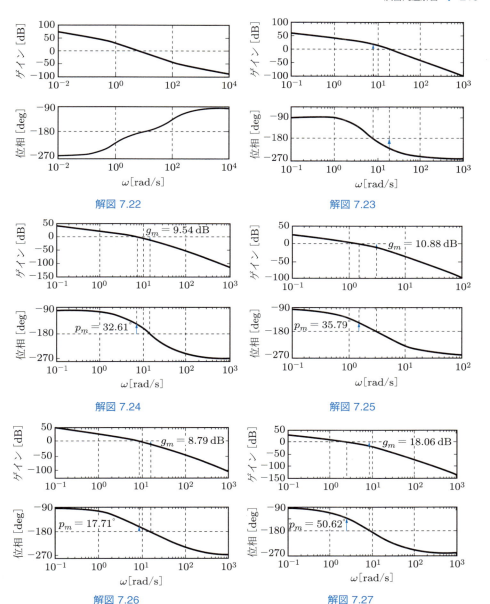

解図 7.22

解図 7.23

解図 7.24

解図 7.25

解図 7.26

解図 7.27

である.

(4) $L(s) = 3/\{s(0.25s+1)(0.05s+1)\}$ のボード線図は解図 7.27 のようになる. 位相余裕とゲイン余裕はそれぞれ $p_m = 50.62°$, $g_m = 18.06\,\mathrm{dB}$ であり, 閉ループ系は安定である.

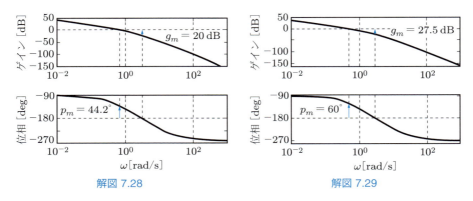

解図 7.28　　　　　　　　　　　解図 7.29

7.6　$L(j\omega) = \dfrac{K}{j\omega(0.1j\omega+1)(j\omega+1)} = \dfrac{-1.1\omega K}{\omega(0.01\omega+1)(\omega^2+1)} - j\dfrac{(1-0.1\omega^2)K}{\omega(0.01\omega+1)(\omega^2+1)}$

が得られる．

（1）まず，位相交差周波数 ω_{cp} を求める．$L(j\omega)$ の虚数部がゼロとなるとき，$1-0.1\omega^2=0$ より $\omega_{cp}=3.1623$ を得る．ゲイン余裕 $g_m=20\,\mathrm{dB}$，すなわち $20\log|L(j\omega_{cp})|=-20\,\mathrm{dB}$ より，$|L(j\omega_{cp})|=K/(\omega_{cp}\sqrt{0.1^2\omega_{cp}^2+1}\sqrt{\omega_{cp}^2+1})=0.1$．そして，$K=1.1$ が求められる．このときのボード線図は解図 7.28 のようになる．

（2）ゲイン交差周波数は次のように求められる．上に示した $L(j\omega)$ より，$p_m = \tan^{-1}(1-0.1\omega_{cg}^2)/(1.1\omega_{cg})$ が得られる．$p_m=60°$ と $\tan 60°=\sqrt{3}$ より，$(1-0.1\omega_{cg}^2)/(1.1\omega_{cg})=\sqrt{3}$，すなわち $0.1\omega_{cg}^2+1.1\sqrt{3}\omega_{cg}-1=0$ が導出される．この 2 次方程式を解くことで，$\omega_{cg}=0.51115$ が得られる．一方，$|L(j\omega_{cp})|=K/(\omega_{cg}\sqrt{0.1^2\omega_{cg}^2+1}\sqrt{\omega_{cg}^2+1})=1$ より，$K=0.5748\approx 0.58$ が求められる．このときのボード線図は解図 7.29 のようになる．

第 8 章

8.1　1 次遅れ系の単位ステップ応答は $y(t)=1-e^{-t/T}$ である．$y(\infty)=1$，$\delta=0.05$ および $|y(T_s)-y(\infty)|=\delta y(\infty)$ より，$e^{-T_s/T}=0.05$，すなわち，$T_s=-T\ln 0.05=3T$ を得る．

8.2　図 8.11 の制御系の閉ループ伝達関数は $T_{ry}(s)=1/(s/K+1)$ であり，$T=1/K$ とおけば演習問題 8.1 の $G(s)$ と一致する．よって，$T_s=3T=3/K\leqq 0.5$ より，$K\geqq 6$ を得る．

8.3　$K=50$ のとき，$T_r=0.10$ s，$A_p=19\%$，$T_s=0.40$ s．$K=100$ のとき，$T_r=0.06$ s，$A_p=36\%$，$T_s=0.395$ s．$K=200$ のとき，$T_r=0.038$ s，$A_p=49\%$，$T_s=0.3936$ s．明らかに，K の増大に伴って，T_r が小さくなり速応性がよくなるが，オーバーシュート A_p が大きくなり減衰特性が悪くなる．一方，T_s は少し小さくなるが，あまり影響を受けていない．

8.4（1）$k_p=20$，$k_v=0$，$k_a=0$ であるので，$\varepsilon_p=1/21$，$\varepsilon_v=\infty$，$\varepsilon_a=\infty$．

（2）$k_p=\infty$，$k_v=10$，$k_a=0$ であるので，$\varepsilon_p=0$，$\varepsilon_v=1/10$，$\varepsilon_a=\infty$．

（3） $k_p = \infty, k_v = \infty, k_a = 2$ であるので，$\varepsilon_p = 0, \varepsilon_v = 0, \varepsilon_a = 1$.
（4） $k_p = \infty, k_v = 5/6, k_v = 0$ であるので，$\varepsilon_p = 0, \varepsilon_v = 6/5, \varepsilon_a = \infty$.

8.5 （a） $\varepsilon = 3\varepsilon_v$ であるので，（1）$\varepsilon = \infty$, （2）$\varepsilon = 0.3$, （3）$\varepsilon = 0$, （4）$\varepsilon = 18/5$
（b） $\varepsilon = 3\varepsilon_p + 3\varepsilon_v + \varepsilon_a$ であるので，（1）$\varepsilon = \infty$, （2）$\varepsilon = \infty$, （3）$\varepsilon = 1$, （4）$\varepsilon = \infty$

8.6 $T(s) = 1/(s^3 + 2s^2 + 2s + 1), S(s) = s(s^2 + 2s + 2)/(s^3 + 2s^2 + 2s + 1), \varepsilon_p = 0, \varepsilon_v = 2, \varepsilon_a = \infty$.

8.7 $L(s) = 12(s+1)/\{s^2(s+1+12K_a)\}$ であるので，$k_p = \infty, k_v = \infty, k_a = 12/(1+12K_a) \approx 1/K_a$ である．よって，$\varepsilon_p = 0, \varepsilon_v = 0, \varepsilon_a \approx 2K_a$. 明らかに，$K_a$ が増加すると，加速度偏差も増加する．

第 9 章

9.1 （1） $K = 10, \phi_m = 10°, \alpha = 1.43, \omega_m = 7.69, T = 0.11$,
$$C(s) = \frac{1+\alpha Ts}{1+Ts} = \frac{1+0.16s}{1+0.11s}.$$
このとき，$k_v = K = 10, p_m = 46.40°, \omega_{cg} = 6.94$ rad/s.
（2） $K = 10, \phi_m = 55°, \alpha = 10.11, \omega_m = 4.76, T = 0.07$,
$$C(s) = \frac{1+\alpha Ts}{1+Ts} = \frac{1+0.71s}{1+0.07s}.$$
このとき，$k_v = K = 10, p_m = 45.47°, \omega_{cg} = 20.05$ rad/s.

9.2 （1） $K = 10$, 希望位相余裕 $\phi_m = 40°$，すなわち $-140°$ に対応する $\omega_c = 1.7$ rad/s. ω_c におけるゲインは 12.8 dB である．$-20\log\beta = 12.8$ より，$\beta = 0.23$. $T = 10/(\beta\omega_c) = 25.58$. よって，
$$C(s) = \frac{1+\beta Ts}{1+Ts} = \frac{1+5.88s}{1+25.58s}.$$
このとき，$k_v = K = 10, p_m = 35.21°, \omega_{cg} = 1.72$ rad/s.
（2） $K = 10$, 希望位相余裕 $\phi_m = 40°$，すなわち $-140°$ に対応する $\omega_c = 0.94$ rad/s. ω_c におけるゲインは 17.7 dB である．$-20\log\beta = 17.7$ より，$\beta = 0.13$. $T = 10/(\beta\omega_c) = 81.66$. よって，
$$C(s) = \frac{1+\beta Ts}{1+Ts} = \frac{1+10.62s}{1+81.66s}.$$
このとき，$k_v = K = 10, p_m = 35.22°, \omega_{cg} = 0.94$ rad/s.

9.3 $\varepsilon_v = 1/k_v = 2/K = 0.5$ より，$K = 4$. このとき，$g_m = 3.52$ dB, $p_m = 11.43°$ であり，仕様を満たさない．
まず，次のような位相進み補償器を設計する．$\phi_m = 45°, \alpha = 5.90, \omega_m = 2.47$ rad/s, $T_1 = 0.17$,
$$C_1(s) = \frac{4(1+\alpha T_1 s)}{1+T_1 s} = \frac{4(1+s)}{1+0.17s}.$$
このとき，$g_m = 11.91$ dB, $p_m = 37.85°$.
次に，位相遅れ補償器を設計する．希望位相余裕 $\phi_m = 48°$，すなわち，$-132°$ に対応

する $\omega_c = 1.17$ rad/s. ω_c におけるゲインは 3.22 dB である．$-20\log\beta = 3.22$ より，$\beta = 0.69$. $T_2 = 10/(\beta\omega_c) = 12.39$. よって，

$$C_2(s) = \frac{1+\beta T_2 s}{1+T_2 s} = \frac{1+8.55s}{1+12.39s}.$$

全体の位相進み–遅れ補償器は，

$$C(s) = C_1(s)C_2(s) = \frac{K(1+\alpha T_1 s)(1+\beta T_2 s)}{(1+T_1 s)(1+T_2 s)} = \frac{4(1+s)(1+8.55s)}{(1+0.17s)(1+12.39s)}.$$

このとき，$\varepsilon_v = 0.5$, $g_m = 14.89$, $\omega_{cp} = 3.38$ rad/s, $p_m = 46.43°$, $\omega_{cg} = 1.17$ rad/s.

第 10 章

10.1 閉ループ系の代表根 $s_1 s_2 = -\omega_n \zeta \pm j\omega_n\sqrt{1-\zeta^2} = 2.1 \pm 2.1j$ である．制御対象の極 $s = -1$ を相殺するため，$T_1 = 1$ とする．このとき，$L(s) = K'/\{s(s+1/T_2)\}$, $K' = 10K/T_2$ となる．s_1 点における位相条件，

$$\arg\frac{1}{s_1\left(s_1+\dfrac{1}{T_2}\right)} = -\arg s_1 - \arg\left(s_1+\frac{1}{T_2}\right)$$

$$= -\arg(-2.1+2.1j) - \arg\left(\frac{1}{T_2}-2.1+2.1j\right)$$

$$= -(\pi - \tan^{-1} 1) - \tan^{-1}\frac{2.1}{\dfrac{1}{T_2}-2.1}$$

$$= -2.356 - \tan^{-1}\frac{2.1}{\dfrac{1}{T_2}-2.1} = -\pi$$

より，

$$\tan^{-1}\frac{2.1}{\dfrac{1}{T_2}-2.1} = \pi - 2.36 = 0.782$$

と $T_2 = 0.24$ が得られる．また，ゲイン条件 $|L(s_1)| = 1$ より，$K' = 8.76$, $K = 0.21$ が求められる．

10.2 $L(s)$ の根軌跡と $\theta = \cos^{-1}\zeta = \cos^{-1} 0.5 = 60°$ の直線との交点を求めると，$\zeta = 0.5$ ときの代表根 $s_{1,2} = -0.94 \pm 1.64j$ が求められる．そしてゲイン条件 $|L(s_1)| = 1$ より，$K \approx 25$ が求められる．

第 11 章

11.1 与えられた応答より，$K = 1$, $T = 0.93$, $L = 0.13$ が読み取れる．したがって，ジーグラ・ニコルスの過渡応答法により，$K_p = 1.2T/(LK) = 8.58$, $T_I = 2.0L = 0.26$, $T_D = 0.5L = 0.07$ である．

11.2
$$\frac{1}{P(s)} = (1+2s)(1+3s) = 1+5s+6s^2$$

したがって，$b_0 = 1$, $b_1 = 5$, $b_2 = 6$. 一方，$M(s) = 1/(1 + 0.5s)$ より，$\tau = 0.5$, $\alpha_2 = \alpha_3 = 0$ である．部分モデルマッチング法により，このとき $K_I = b_0/\tau = 2$, $K_p = b_1/\tau = 10$, $K_D = b_2/\tau = 12$ となる．すなわち，設計した PID 補償器は，

$$C(s) = \frac{2 + 10s + 12s^2}{s}$$

である．

11.3 与えられた持続振動の応答より，$P_{os} = 2$ が読み取れる．したがって，ジーグラ・ニコルスの限界感度法により，$K_p = 0.6K_{os} = 32.4$, $T_I = 0.5P_{os} = 1$, $T_D = 0.125P_{os} = 0.25$ である．

11.4

$$\frac{1}{P(s)} = \frac{s^2 + 20s + 100}{6} = \frac{100}{6} + \frac{20}{6}s + \frac{1}{6}s^2$$

したがって，$b_0 = 100/6$, $b_1 = 20/6$, $b_2 = 1/6$.

一方，式 (10.19) より，$\omega_n > 3/(\zeta T_0) = 3/(0.7 \times 0.2) = 21.43$，ここでは，$\omega_n = 25$ とする．よって，規範モデルは，

$$M(s) = \frac{25^2}{s^2 + 2 \times 0.7 \times 25s + 25^2} = \frac{1}{1 + 0.056s + 0.51(0.056s)^2}$$

と設定できる．$M(s)$ から，$\tau = 0.056$, $\alpha_2 = 0.51$ が読み取れる．
よって，

$$K_I = \frac{b_0}{\tau} = \frac{1785.71}{6}, \qquad K_P = \frac{b_1}{\tau} = \frac{357.14}{6}$$

$$K_D = \frac{b_2}{\tau} - \alpha_2 \tau \frac{b_1}{b_0} = \frac{17.82}{6}$$

となる．PID 補償器

$$C(s) = \frac{K_I + K_P s + K_D s^2}{s} = \frac{1785.71 + 357.14s + 17.82s^2}{6s}$$

が得られる．この補償器を用いて構成したフィードバック制御系の単位ステップ応答は解図 11.1 のようになり，$t_s < 0.2$ の仕様を満たしていることがわかる．

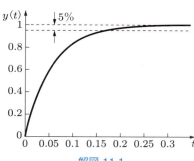

解図 11.1

総合演習問題解答

1.（1） 総合演習図 1 の 2 つのフィードバックループに対し，式 (3.50) のフィードバック結合の計算式を適用することで，伝達関数 $G_{uy}(s)$ は次のように求められる．

$$G_{uy}(s) = \frac{Y(s)}{U(s)} = \frac{\dfrac{K_1}{s} \cdot \dfrac{\dfrac{1}{Ts+1}}{1 + \dfrac{K_2}{Ts+1}}}{1 + \dfrac{K_1}{s} \cdot \dfrac{\dfrac{1}{Ts+1}}{1 + \dfrac{K_2}{Ts+1}}} = \frac{\dfrac{K_1}{s} \cdot \dfrac{1}{Ts+1+K_2}}{1 + \dfrac{K_1}{s} \cdot \dfrac{1}{Ts+1+K_2}}$$

$$= \frac{K_1}{s(Ts+1+K_2) + K_1} = \frac{K_1}{Ts^2 + (K_2+1)s + K_1}$$

（2） $G_{uy}(s)$ を次のように 2 次系の標準形に変形する．

$$G_{uy}(s) = \frac{\dfrac{K_1}{T}}{s^2 + \dfrac{K_2+1}{T}s + \dfrac{K_1}{T}} = \frac{\omega_n^2}{s^2 + 2\zeta\omega_n s + \omega_n^2}$$

対応する係数を比較すれば，

$$\omega_n = \sqrt{\frac{K_1}{T}}, \quad \zeta = \frac{K_2+1}{2T\omega_n} = \frac{K_2+1}{2\sqrt{TK_1}}$$

を得る．

（3） $y(t)$ は制御系の単位ステップ応答であることより，

$$Y(s) = G_{uy}(s) \cdot \frac{1}{s} = \mathcal{L}[1 - e^{-\frac{1}{2}t}\cos(2t) - \frac{1}{4}e^{-\frac{1}{2}t}\sin(2t)]$$

$$= \frac{1}{s} - \frac{s+\dfrac{1}{2}}{\left(s+\dfrac{1}{2}\right)^2 + 2^2} - \frac{1}{4}\frac{2}{\left(s+\dfrac{1}{2}\right)^2 + 2^2}$$

$$= \frac{1}{s} - \frac{s+1}{\left(s+\dfrac{1}{2}\right)^2 + 2^2} = \frac{\dfrac{17}{4}}{s^2+s+\dfrac{17}{4}} \cdot \frac{1}{s}$$

$$= \frac{17}{4s^2+4s+17} \cdot \frac{1}{s}$$

を得る．よって，

$$G_{uy}(s) = \frac{17}{4s^2+4s+17} = \frac{K_1}{Ts^2+(K_2+1)s+K_1}$$

となる．係数を比較することで，$T = 4, K_1 = 17, K_2 = 3$ を得る．またこのとき，
$$\omega_n = \sqrt{\frac{K_1}{T}} = \frac{\sqrt{17}}{2}, \quad \zeta = \frac{K_2 + 1}{2\sqrt{TK_1}} = \frac{\sqrt{17}}{17}$$
となる．

2.（1） 総合演習図 2 より，
$$Y(s) = \frac{K_2}{s(Ts + 1)}\{K_3 s U(s) + K_1 E(s)\}, \ E(s) = U(s) - Y(s)$$
を得る．$E(s)$ を代入して整理することによって，
$$Y(s) = \frac{K_2 K_3 s + K_1 K_2}{s(Ts + 1)} U(s) - \frac{K_1 K_2}{s(Ts + 1)} Y(s),$$
$$\left\{1 + \frac{K_1 K_2}{s(Ts + 1)}\right\} Y(s) = \frac{K_2 K_3 s + K_1 K_2}{s(Ts + 1)} U(s)$$
が得られる．よって，伝達関数 $G_{uy}(s)$ は次のように求められる．
$$G_{uy}(s) = \frac{Y(s)}{U(s)} = \frac{\dfrac{K_2 K_3 s + K_1 K_2}{s(Ts + 1)}}{1 + \dfrac{K_1 K_2}{s(Ts + 1)}}$$
$$= \frac{K_2 K_3 s + K_1 K_2}{s(Ts + 1) + K_1 K_2} = \frac{K_2 K_3 s + K_1 K_2}{Ts^2 + s + K_1 K_2}$$
また，伝達関数 $G_{ue}(s)$ は次のように求められる．
$$G_{ue}(s) = \frac{E(s)}{U(s)} = \frac{U(s) - Y(s)}{U(s)} = \frac{U(s) - G_{uy}(s)U(s)}{U(s)}$$
$$= 1 - G_{uy}(s) = 1 - \frac{K_2 K_3 s + K_1 K_2}{Ts^2 + s + K_1 K_2} = \frac{Ts^2 + (1 - K_2 K_3)s}{Ts^2 + s + K_1 K_2}$$

（2） $G_{uy}(s)$ の特性多項式は $Ts^2 + s + K_1 K_2$ である．$T \neq 0$ より，$G_{uy}(s)$ はつねに 2 次系である．2 次系が安定となるための必要十分条件は，その特性多項式のすべての係数が同符号であることから，$K_1 K_2 > 0, T > 0$ を得る．よって，$K_1 > 0, K_2 > 0, T > 0$，または $K_1 < 0, K_2 < 0, T > 0$ のとき，制御系が安定となる．

（3） $K_1 = 1, K_2 = 2, K_3 = 1/2, T = 1$ および $u(t) = I(t), U(s) = 1/s$ より，
$$Y(s) = G_{uy}(s) U(s) = \frac{K_2 K_3 s + K_1 K_2}{Ts^2 + s + K_1 K_2} \cdot \frac{1}{s}$$
$$= \frac{s + 2}{s(s^2 + s + 2)} = \frac{1}{s} - \frac{s}{s^2 + s + 2}$$
$$= \frac{1}{s} - \frac{s + \dfrac{1}{2}}{\left(s + \dfrac{1}{2}\right)^2 + \left(\dfrac{\sqrt{7}}{2}\right)^2} + \frac{1}{\sqrt{7}} \frac{\dfrac{\sqrt{7}}{2}}{\left(s + \dfrac{1}{2}\right)^2 + \left(\dfrac{\sqrt{7}}{2}\right)^2}$$
となる．したがって，制御系の単位ステップ応答が次のようになる．

$$y(t) = \mathcal{L}^{-1}[Y(s)] = 1 - e^{-\frac{1}{2}t}\cos\frac{\sqrt{7}}{2}t + \frac{1}{\sqrt{7}}e^{-\frac{1}{2}t}\sin\frac{\sqrt{7}}{2}t$$

$$= 1 + 2\sqrt{\frac{2}{7}}e^{-\frac{1}{2}t}\left(\frac{1}{2\sqrt{2}}\sin\frac{\sqrt{7}}{2}t - \frac{\sqrt{7}}{2\sqrt{2}}\cos\frac{\sqrt{7}}{2}t\right)$$

$$= 1 + 2\sqrt{\frac{2}{7}}e^{-\frac{1}{2}t}\left(\cos\theta\sin\frac{\sqrt{7}}{2}t - \sin\theta\cos\frac{\sqrt{7}}{2}t\right)$$

$$= 1 + 2\sqrt{\frac{2}{7}}e^{-\frac{1}{2}t}\sin\left(\frac{\sqrt{7}}{2}t - \theta\right)$$

ただし，$\theta = \tan^{-1}\sqrt{7}$ である．

3.（1）伝達関数 $G_{uy}(s)$ は，$D(s) = 0$ とした上で，次のように求めることができる．

$$G_{uy}(s) = \frac{Y(s)}{U(s)} = \frac{\dfrac{K}{s(s+1)(Ts+1)}}{1 + \dfrac{K}{s(s+1)(Ts+1)}} = \frac{K}{Ts^3 + (1+T)s^2 + s + K}$$

同様に，伝達関数 $G_{dy}(s)$ は，$U(s) = 0$ とした上で，次のように求められる．

$$G_{dy}(s) = \frac{Y(s)}{D(s)} = \frac{1}{1 + \dfrac{K}{s(s+1)(Ts+1)}}$$

$$= \frac{s(s+1)(Ts+1)}{s(s+1)(Ts+1) + K} = \frac{Ts^3 + (1+T)s^2 + s}{Ts^3 + (1+T)s^2 + s + K}$$

（2）$T \neq 0$ との制限条件がないため，特性多項式 $Ts^3 + (1+T)s^2 + s + K$ を用いて安定性を判別する際，T の値によって次の2つの場合に分けて考える必要がある．

　$T = 0$ の場合，特性方程式は $s^2 + s + K = 0$ となる．2次系が安定となるための必要十分条件は，その特性多項式のすべての係数が同符号であることから，$K > 0$ のとき，$G_{uy}(s)$ は安定となる．

　$T \neq 0$ の場合，特性方程式は $Ts^3 + (1+T)s^2 + s + K = 0$ となる．これに対応するラウス表は次のようになる．

ラウスの判別法により，条件 $T > 0$，$1 + T > 0$，$1 - TK/(1+T) > 0$，$K > 0$ を得る．$1 + T > 0$ より，$T > -1$ となるので，$T > 0$ をとる．また，$1 - TK/(1+T) > 0$ より，$T(K-1) < 1$，すなわち $K < 1 + 1/T$ を得る．以上の結果をまとめると，T, K は次の条件を満たすとき，制御系が安定になる．

解表

第1行 (s^3)	T	1
第2行 (s^2)	$1+T$	K
第3行 (s^1)	$1 - \dfrac{TK}{1+T}$	
第4行 (s^0)	K	

　（a）$T = 0$ の場合，$K > 0$
　（b）$T \neq 0$ の場合，$0 < K < 1 + 1/T$

（3）$T = 0$ のとき，$G_{uy}(s) = K/(s^2 + s + K) = \omega_n^2/(s^2 + 2\zeta\omega_n s + \omega_n^2)$ より，

$$\omega_n = \sqrt{K}, \quad \zeta = \frac{1}{2\omega_n} = \frac{1}{2\sqrt{K}}$$

となる．また，$K = 4$ のとき，次の結果を得る．

$$\omega_n = \sqrt{4} = 2, \quad \zeta = \frac{1}{2\sqrt{4}} = \frac{1}{4}$$

（4） $T = 0, K = 4, D(s) = 0$ のとき，制御系の入出力関係は，次のようになる．

$$Y(s) = G_{uy}(s)U(s) = \frac{4}{s^2 + s + 4}U(s)$$

入力信号がインパルス信号，すなわち $u(t) = \delta(t)$ となるとき，$U(s) = 1$ となり，次の結果が得られる．

$$Y(s) = G_{uy}(s)U(s) = \frac{4}{s^2 + s + 4}$$

$$= \frac{4}{s^2 + s + \left(\frac{1}{2}\right)^2 + \frac{15}{4}} = \frac{8}{\sqrt{15}} \frac{\frac{\sqrt{15}}{2}}{\left(s + \frac{1}{2}\right)^2 + \left(\frac{\sqrt{15}}{2}\right)^2}$$

よって，制御系のインパルス応答は次のようになる．

$$y(t) = \frac{8}{\sqrt{15}} e^{-\frac{1}{2}t} \sin\left(\frac{\sqrt{15}}{2}t\right)$$

また，入力信号が単位ステップ信号，すなわち $u(t) = I(t)$ となるとき，$U(s) = 1/s$ となり，

$$Y(s) = G_{uy}(s)U(s) = \frac{4}{s^2 + s + 4} \cdot \frac{1}{s} = \frac{A}{s} + \frac{Bs + C}{s^2 + s + 4}$$

$$= \frac{(A+B)s^2 + (A+C)s + 4A}{s(s^2 + s + 4)}$$

を得る．上式より，$A + B = 0, A + C = 0, 4A = 4$ を得る．よって，$A = 1, B = C = -1$，

$$Y(s) = \frac{1}{s} - \frac{s+1}{s^2 + s + 4} = \frac{1}{s} - \frac{s + \frac{1}{2} + \frac{1}{2}}{\left(s + \frac{1}{2}\right)^2 + \left(\frac{\sqrt{15}}{2}\right)^2}$$

$$= \frac{1}{s} - \frac{s + \frac{1}{2}}{\left(s + \frac{1}{2}\right)^2 + \left(\frac{\sqrt{15}}{2}\right)^2} - \frac{1}{\sqrt{15}} \frac{\frac{\sqrt{15}}{2}}{\left(s + \frac{1}{2}\right)^2 + \left(\frac{\sqrt{15}}{2}\right)^2}$$

を得る．したがって，制御系の単位ステップ応答は次のようになる．

$$y(t) = 1 - e^{-\frac{1}{2}t}\left\{\cos\left(\frac{\sqrt{15}}{2}t\right) + \frac{1}{\sqrt{15}}\sin\left(\frac{\sqrt{15}}{2}t\right)\right\}$$

$$= 1 - \frac{4}{\sqrt{15}} e^{-\frac{1}{2}t}\left\{\frac{1}{4}\sin\left(\frac{\sqrt{15}}{2}t\right) + \frac{\sqrt{15}}{4}\cos\left(\frac{\sqrt{15}}{2}t\right)\right\}$$

$$= 1 - \frac{4}{\sqrt{15}} e^{-\frac{1}{2}t}\left\{\cos\theta \sin\left(\frac{\sqrt{15}}{2}t\right) + \sin\theta \cos\left(\frac{\sqrt{15}}{2}t\right)\right\}$$

$$= 1 - \frac{4}{\sqrt{15}} e^{-\frac{1}{2}t} \sin\left(\frac{\sqrt{15}}{2}t + \theta\right)$$

ただし，$\theta = \tan^{-1}\sqrt{15}$ である．

4.(1) $D(s) = 0$ のとき，K のブロックの出力を $X(s)$ とすると，

$$Y(s) = \frac{\frac{s+5}{s(s+3)}}{1 + \frac{s+5}{s+3}} X(s) = \frac{s+5}{s(s+3)+s+5} X(s) = \frac{s+5}{s^2+4s+5} X(s)$$

を得る．よって，

$$G_{uy} = \frac{Y(s)}{U(s)} = \frac{\frac{K(s+5)}{(Ts+4)(s^2+4s+5)}}{1 + \frac{K(s+5)}{(Ts+4)(s^2+4s+5)}}$$

$$= \frac{K(s+5)}{(Ts+4)(s^2+4s+5) + K(s+5)}$$

$$= \frac{K(s+5)}{Ts^3 + 4(T+1)s^2 + (5T+K+16)s + 5K + 20}$$

となる．一方，$U(s) = 0$ のとき，K のブロックの出力を $X(s)$ とすると，

$$Y(s) = \frac{\frac{s+5}{s(s+3)}}{1 + \frac{s+5}{s(s+3)}} \{D(s) + X(s)\} = \frac{s+5}{s^2+4s+5} \{D(s) + X(s)\}$$

を得る．また，

$$X(s) = -\frac{K}{Ts+4} Y(s)$$

より，

$$Y(s) = \frac{s+5}{s^2+4s+5} \left\{ D(s) - \frac{K}{Ts+4} Y(s) \right\}$$

すなわち，

$$\left\{ 1 + \frac{K(s+5)}{(Ts+4)(s^2+4s+5)} \right\} Y(s) = \frac{s+5}{s^2+4s+5} D(s)$$

となる．したがって，

$$G_{dy}(s) = \frac{Y(s)}{D(s)} = \frac{\frac{s+5}{s^2+4s+5}}{1 + \frac{K(s+5)}{(Ts+4)(s^2+4s+5)}}$$

$$= \frac{(Ts+4)(s+5)}{(Ts+4)(s^2+4s+5) + K(s+5)}$$

$$= \frac{(Ts+4)(s+5)}{Ts^3 + 4(T+1)s^2 + (5T+K+16)s + 5K + 20}$$

（2） $T=0$ のとき，$G_{uy}(s)$ が 2 次系となり，その特性方程式は次のようになる．
$$4s^2 + (K+16)s + 5K + 20 = 0$$

2 次系が安定となるための必要十分条件は，その特性多項式のすべての係数が同符号であることである．よって，
$$K + 16 > 0, \; 5K + 20 > 0$$
すなわち，
$$K > -16, \quad K > -\frac{20}{5} = -4$$
を得る．したがって，$K > -4$ のとき，制御系が安定である．

（3） $D(s) = 0, T = 0, K = 4$ のとき，
$$G_{uy}(s) = \frac{4(s+5)}{4s^2 + 20s + 40} = \frac{s+5}{s^2 + 5s + 10}$$
となる．よって，このときの単位ステップ応答は次のように求められる．
$$Y(s) = G_{uy}(s) \cdot \frac{1}{s} = \frac{s+5}{s(s^2+5s+10)} = \frac{A}{s} + \frac{Bs+C}{s^2+5s+10}$$
$$= \frac{(A+B)s^2 + (5A+C)s + 10A}{s(s^2+5s+10)}$$
より，$A+B = 0, 5A+C = 1, 10A = 5$ を得る．よって，$A = \frac{1}{2}, B = -\frac{1}{2}, C = -\frac{3}{2}$,
$$Y(s) = \frac{1}{2s} + \frac{-\frac{1}{2}s - \frac{3}{2}}{s^2 + 5s + 10} = \frac{1}{2}\left(\frac{1}{s} - \frac{s+3}{s^2+5s+10}\right)$$
$$= \frac{1}{2}\left\{\frac{1}{s} - \frac{s+3}{\left(s+\frac{5}{2}\right)^2 + \left(\frac{\sqrt{15}}{2}\right)^2}\right\}$$
$$= \frac{1}{2}\left\{\frac{1}{s} - \frac{s+\frac{5}{2}}{\left(s+\frac{5}{2}\right)^2 + \left(\frac{\sqrt{15}}{2}\right)^2} - \frac{1}{\sqrt{15}}\frac{\frac{\sqrt{15}}{2}}{\left(s+\frac{5}{2}\right)^2 + \left(\frac{\sqrt{15}}{2}\right)^2}\right\}$$
となる．そして，
$$y(t) = \mathcal{L}^{-1}[Y(s)] = \frac{1}{2}\left(1 - e^{-\frac{5}{2}t}\cos\frac{\sqrt{15}}{2}t - \frac{1}{\sqrt{15}}e^{-\frac{5}{2}t}\sin\frac{\sqrt{15}}{2}t\right)$$
$$= \frac{1}{2}\left\{1 - \frac{4}{\sqrt{15}}e^{-\frac{5}{2}t}\left(\frac{\sqrt{15}}{4}\cos\frac{\sqrt{15}}{2}t + \frac{1}{4}\sin\frac{\sqrt{15}}{2}t\right)\right\}$$
$$= \frac{1}{2}\left\{1 - \frac{4}{\sqrt{15}}e^{-\frac{5}{2}t}\sin\left(\frac{\sqrt{15}}{2}t + \theta\right)\right\}$$
ただし，$\theta = \tan^{-1}\sqrt{15}$ である．

参考文献

1. 樋口龍雄　著「自動制御理論」森北出版，1989 年
2. 竹田 宏，松坂知行，苫米地 宣裕　著「入門制御工学」朝倉書店，2000 年
3. 村崎憲雄，大音 透，渡辺 嘉二郎　訳「大学演習　システム制御（I），（II），オーム社，1998 年
4. 斉藤制海，天沼克之，早乙女 英夫「入門電気回路」朝倉書店，2000 年
5. 斉藤制海　編著「電気数学」オーム社，1997 年
6. 細江繁幸　著「システムと制御」オーム社，1997 年
7. 新 誠一　著「制御理論の基礎」昭晃堂，1996 年
8. Richard C. Dorf and Robert H. Bishop: "Modern Control Systems" (12th Edition), Prentice Hall, 2011
9. Katsuhiko Ogata: "Modern Control Engineering" (5th Edition), Pretice Hall, 2009
10. 計測自動制御学会　編「自動制御ハンドブック」オーム社，1983 年
11. 中川憲治 著「工科のための一般力学」森北出版，1995 年

【たたみ込み積分】

12. 片山 徹　著「フィードバック制御の基礎」朝倉書店，2002 年

【同　定】

13. 足立修一 著「MATLAB による制御のためのシステム同定」東京電機大学出版局，1996 年

【PID 補償器の設計法】

14. 須田信英　編著「PID 制御」朝倉書店，1992 年

【現代制御】

15. J. M. Maciejowski: "Multivariable Feedback Design," Addison-Wesley, 1989
16. 吉川恒夫　著「現代制御論」昭晃堂，1994 年

【ロバスト制御】

17. 劉 康志　著「線形ロバスト制御」コロナ社，2002 年

【ファジー制御】

18. 菅野道夫　著「ファジー制御」日刊工業新聞社，1988 年

【知能制御】

19. 猪岡 光，石原 正，池浦 良淳 著「知能制御」講談社サイエンティフィク，2000 年

【代数学の基本定理】

20. 高木貞治　著「代数学講義　改訂新版」共立出版，1965 年

【MATLAB, Scilab 関係】

21. 野波健蔵，西村秀和　著「MATLAB による制御理論の基礎」東京電機大学出版局，1998 年
22. 足立修一　著「MATLAB による制御工学」東京電機大学出版局，1999 年
23. 橋本洋志，石井千春，小林裕之，大山泰弘　著「Scilab で学ぶシステム制御の基礎」オーム社，2007 年

索　引

英　数

0 型の制御系　　140
1 型の制御系　　141
1 次遅れ系　　50, 69, 87, 92, 93
2 次遅れ系　　51, 60, 70, 88, 94
2 次振動系　　137, 175
DC サーボシステム　　38
PD 補償器　　171, 176
PID 補償器　　168, 170, 171, 173, 176
s 平面　　15
s 領域　　15, 17

あ　行

アクチュエータ　　104
アンダーシュート　　98
安定極　　97
安定限界　　122
安定性　　59, 72, 115, 121
安定判別　　73, 75, 115
安定余裕　　121
安定余裕の評価　　121
位相遅れ補償　　154, 176
位相遅れ要素　　154
位相角　　13
位相交差周波数　　121
位相－周波数特性　　92
位相進み補償　　150, 157, 166, 176
位相進み要素　　151
位相線図　　92
位相特性　　85, 91, 157
位相余裕　　121, 151
一巡伝達関数　　109
位置偏差定数　　140
インターフェイス　　39
インダクタ　　28
インディシャル応答　　67
インパルス応答　　62, 65, 73
エバンズの根軌跡法　　161
オイラーの公式　　7
応答　　59

応答特性　　127
オーバーシュート　　98

か　行

回転機械系　　34
回転ダンパー　　35
外乱　　104, 108
開ループ伝達関数　　107, 112
角速度　　13
重み付き正弦波関数　　14
過渡応答　　154
過渡応答法　　172
過渡特性　　11, 128
慣性　　35
完全モデルマッチング法　　181
ガンマ関数　　16
機械系　　32
基本要素　　27, 29, 92
逆伝達関数　　96
逆ラプラス変換　　16, 18, 19, 64
キャパシタ　　28
共振角周波数　　135
共役複素根　　66
共役複素数　　8
極　　64
極配置　　133, 134, 159, 182
虚数部　　6
加え合わせ点　　53
ゲイン交差周波数　　121, 151
ゲイン－周波数特性　　92
ゲイン線図　　92
ゲイン特性　　85, 91, 92, 157
ゲイン補償　　148, 165
ゲイン余裕　　121, 122, 148
減衰性　　129
現代制御理論　　180
根軌跡　　159, 160, 163
コンダクタンス　　46
コントローラ　　104, 144, 168

さ 行

最終値定理　17
最小位相系　97
最大行き過ぎ量　128
最適レギュレータ問題　180
サブシステム　39, 41
サーボ機構　106
サーボ系の設計　173
サーボシステム　103
時間応答　59, 145
ジーグラ・ニコルスの調整法　171
指数関数　12
自然角周波数　52, 132
実数部　6
質量　32
自動制御　3
自動調節系　107
シミュレーション　129, 144, 173
周波数応答　5, 80, 86, 145
周波数応答関数　84
周波数伝達関数　84, 85
周波数特性　93, 155
周波数領域　22, 80
出力　25, 46, 47
出力応答　64
状態方程式　178
信号　10, 11, 12, 14, 15, 16
数式モデル　37, 40
数値的評価　121
スカラー伝達関数　180
ステップ応答　62, 127
制御系の設計　164
制御対象　4, 5, 25, 41, 44, 103, 104
正弦波　13, 80
正弦波関数　13
整定時間　128
性能評価　144
積分　17
積分時間　170
積分要素　28, 49, 50, 52, 87, 92
絶対値　7
線形性　17
操作量　104
速応性　112, 122, 129, 154
測定器　105

た 行

ソフトコンピューティング　186

代表根　164
多項式代数法　181
畳み込み積分　18, 63
立ち上がり時間　128, 137, 165, 167, 172
単位インパルス　10
単位インパルス応答　61
単位インパルス関数　16
単位ステップ　11, 16
単位ステップ応答　62, 67
単位ステップ関数　11
単位ランプ　140
ダンパー　32
遅延時間　128
直列結合　54, 95
追従制御　107
抵抗　27
定常位置偏差　140, 148
定常加速度偏差　141
定常速度偏差　140, 148, 154
定常特性　128
定数変化法　61
定値制御　107, 168
デルタ関数　10
電気系　27
伝達関数　44, 46, 48, 64, 80, 108
等価変換　55
等価性　37
動的システム　25, 59, 178
特性根　64, 66
特性方程式　64, 75

な 行

ナイキスト安定判別法　119
ナイキスト線図　88
ナイキストの安定判別　86, 118
ナイキストの安定判別法　116
入力　25
ねじりばね　35
粘性抵抗　35
ノミナル伝達関数　183

は 行

ばね　33

パラボラ関数　12
比較器　106
引出し点　53
非最小位相系　97
微分　17
微分時間　170
微分方程式　60
微分要素　29, 41, 50, 52
評価関数　180
比例要素　28, 49, 52
不安定極　97
フィードバック結合　54
フィードバック制御　2, 4, 5, 103, 148, 159
フィードバック制御系　105, 109
複合系　37
複素指数関数　14
複素数　6
複素多項式関数　14
複素有理関数　15
部分分数展開　19, 21, 64
フルビッツの安定判別法　77
プロセス制御　168
プロセス制御系　107
ブロック線図　53
プロパー　15
閉ループ系　167
閉ループ周波数応答　135, 137
閉ループ伝達関数　108, 135, 137, 145, 159
並列結合　54

冪乗関数　12
ベクトル軌跡　85, 88, 169
ヘルツ　13
偏角　7
偏差　109, 140
変数分離形　60
ボード線図　85, 91, 92, 94, 95, 122, 135, 176
補償器　4, 5, 104, 106, 144, 154, 168

ま　行

むだ時間　168, 172
目標値　4, 11, 105, 107
目標値信号　127
モデル化　25, 144
モデルマッチング法　173, 181
モニック多項式　12

や　行

有界入力有界出力安定　73
余弦波関数　14

ら　行

ラウスの安定判別法　75
ラプラス変換　6, 15, 16, 18, 22, 23, 44
ランプ関数　11
留数　19, 20
零点　64, 160, 166
ロバスト安定　184
ロバスト制御　183

著 者 略 歴

斉藤　制海（さいとう・おさみ）
　1944 年　愛知県に生まれる．
　1973 年　東北大学 大学院工学研究科 博士課程修了（工学博士）
　1989 年　豊橋技術科学大学 工学部 教授
　1997 年　千葉大学 工学部電子機械工学科 教授
　2008 年　逝去

徐　　粒（じょ・りゅう，Xu Li）
　1956 年　中国に生まれる．
　1993 年　豊橋技術科学大学 大学院工学研究科 博士課程修了（博士（工学））
　2007 年　秋田県立大学 システム科学技術学部 電子情報システム学科 教授
　　　　　現在に至る

編集担当　大橋貞夫，小林巧次郎（森北出版）
編集責任　富井　晃（森北出版）
組　　版　藤原印刷
印　　刷　同
製　　本　同

制御工学（第 2 版）
——フィードバック制御の考え方——　　　Ⓒ 斉藤制海，徐 粒　2015

2003 年 1 月 20 日　第 1 版第 1 刷発行	【本書の無断転載を禁ず】
2015 年 3 月 10 日　第 1 版第 11 刷発行	
2015 年 11 月 25 日　第 2 版第 1 刷発行	
2022 年 2 月 21 日　第 2 版第 8 刷発行	

著　　者　斉藤制海，徐 粒
発 行 者　森北博巳
発 行 所　森北出版株式会社
　　　　　東京都千代田区富士見 1-4-11（〒 102-0071）
　　　　　電話 03-3265-8341 ／ FAX 03-3264-8709
　　　　　https://www.morikita.co.jp/
　　　　　日本書籍出版協会・自然科学書協会　会員
　　　　　JCOPY＜（一社）出版者著作権管理機構 委託出版物＞

落丁・乱丁本はお取替えいたします．
Printed in Japan ／ ISBN978-4-627-72822-6